国家林业和草原局普通高等教育"十三五"规划教材

木材生产技术与森林环境保护

（第2版）

赵 康 主编

中国林业出版社
China Forestry Publishing House

内 容 简 介

本教材的主要内容包括：木材的特点与用途；我国森林资源现状与经营战略；木材生产与森林经营理论；森林与森林环境；森林采伐方式与森林环境保护；伐区木材生产作业与森林环境保护；竹材生产与持续利用；合理造材与贮木场作业；木材运输与森林环境保护；森林采伐规划设计与森林环境保护。

本教材具有下列特点：一是系统阐述了木材（包括竹材）生产的全过程；二是根据森林资源可再生的特点，在阐述木材生产作业的同时紧密贯穿了森林环境的保护和有利于森林更新的作业措施；三是紧密结合"两山"理念和"双碳"目标阐释了木材生产与森林生态效益发挥以及与"碳减排"和"碳中和"的关系；四是结合我国的实际情况，介绍了我国森林资源的概况和林业发展战略；五是根据我国木材进口的现状，介绍了全球森林资源的分布情况和木材贸易概况。

本教材适于作为森林工程专业学生的专业必修课教材，也适于作为其他涉林专业学生的选修课教材，以使学生了解木材生产的相关知识。同时，本教材也适于林业技术人员的自学使用。

图书在版编目（CIP）数据

木材生产技术与森林环境保护/赵康主编．—2版．
—北京：中国林业出版社，2023.6
国家林业和草原局普通高等教育"十三五"规划教材
ISBN 978-7-5219-2045-1

Ⅰ.①木… Ⅱ.①赵… Ⅲ.①木材采运-高等学校-教材
②森林保护-高等学校-教材 Ⅳ.①S782②S76

中国国家版本馆 CIP 数据核字（2022）第 254267 号

责任编辑：范立鹏
责任校对：苏 梅
封面设计：周周设计局

出版发行：中国林业出版社
　　　　　（100009，北京市西城区刘海胡同7号，电话83223120）
电子邮箱：cfphzbs@163.com
网址：www.forestry.gov.cn/lycb.html
印刷：北京中科印刷有限公司
版次：2016年8月第1版
　　　2023年6月第2版
印次：2023年6月第1次
开本：787mm×1092mm　1/16
印张：12.625
字数：300千字
定价：56.00元

第2版前言

自本教材出版以来，我国的林业方针和政策发生了很大的变化，习近平同志提出的"我们既要绿水青山，也要金山银山。宁要绿水青山，不要金山银山，而且绿水青山就是金山银山"重要发展理念深入人心。2016年，国家林业局（现国家林业和草原局）组织编制了《全国森林经营规划（2016—2050年）》，对我国未来的林业发展提出了许多新观点和新理念。2019年，国家林业和草原局公布了第九次全国森林资源清查数据，对我国森林资源总体概况、森林资源结构和质量、森林资源存在的问题进行了分析。针对全球气候变化，我国提出了中国二氧化碳排放力争于2030年前实现"碳达峰"、努力争取2060年前实现"碳中和"的"双碳"目标。编者认为这些新内容应该反映在教材中，为此对本教材进行了修订。修订中增加了"我国森林资源的现状与经营战略"一章内容，以反映国家林业政策的宏观布局；还增加了"木材运输与森林环境保护"一章内容，以反映木材生产的全过程；另外还增加了"全球气候变化与木材生产"的内容，以反映木材生产与"双碳"目标的关系。

修订后的教材内容共10章，分别为木材的特点与用途、我国森林资源现状与经营战略、木材生产与森林经营理论、森林与森林环境、森林采伐与森林环境保护、伐区木材生产与森林环境保护、竹材生产与可持续利用、合理造材与贮木场作业、木材运输与森林环境保护、森林采伐规划设计与森林环境保护。编者认为只有科学合理地利用森林资源，保护森林的生态环境，木材这种可再生的资源才可以实现"青山常在，永续利用"。

本教材由南京林业大学赵康主编，参加编写的还包括南京林业大学余爱华、赵曜、冯岚、杜浩。

由于编者知识水平有限，教材中可能存在若干疏漏，敬请广大读者批评指正。本教材在编写过程中，参阅并引用了许多相关领域的文献资料，在此向有关作者致以衷心的感谢。

编　者
2023年2月

第1版前言

木材具有其他材料所没有的优点，是重要的生产资料和生活资料，在生产和生活中有着广泛的用途。我国是一个木材消费大国，对于木材的需求量很大，随着城镇化进程的推进，对木材的需求量必然增加。目前，我国的木材消费对外依赖程度很高，进口木材已占消费总量的50%以上，这对国家的木材安全非常不利。从长远看，解决我国木材短缺的主要途径，还是要通过对森林资源的合理经营和合理采伐，提高国产木材的供给量，保障国家木材安全。

森林是陆地生态系统的主体，对维持陆地生态系统平衡起重要的支撑作用，对人类的生存环境有着重要的、不可替代的影响。因此，木材生产要兼顾森林的生态效益、经济效益和社会效益。其中，最重要的环节之一，就是在生产木材中保护好森林环境，使森林资源能够得到恢复和更新，能够可持续利用，可持续地发挥其三大效益。

基于以上认识，本教材以木材生产与森林环境保护为出发点，介绍了木材生产的基本技术以及与森林环境保护的关系，突出了木材生产中的森林环境保护和恢复措施。

本教材由南京林业大学赵康编写，全书共九章，主要内容包括：木材的用途与森林资源的多种效益、森林资源分布与森林经营理论、森林与森林环境、森林采伐方式与森林环境保护、伐区木材生产与森林环境保护、竹子利用与竹材生产、造材与贮木场作业、森林采伐规划设计与森林环境保护、林区道路及木材运输与森林环境保护等，涵盖了木材生产的各个环节。

本教材可作为森林工程专业和其他林业工程类专业的教学参考书，也可供有关工程技术人员参考。

本教材在编写中，参阅并引用了许多相关领域的文献资料，在此向有关作者致以衷心的感谢。由于水平有限，衷心希望广大读者对本书的错漏之处给予指教。

编　者
2016年8月

目 录

第 2 版前言
第 1 版前言

第 1 章 木材的特点与用途 (1)
1.1 木材的特点 (1)
1.2 木材的用途 (3)
1.3 我国商品木材的类别 (5)
1.4 我国的木材消费与供给 (7)
1.5 全球森林资源概况和木材贸易 (10)
复习思考题 (16)

第 2 章 我国森林资源现状与经营战略 (17)
2.1 我国的森林资源概况 (17)
2.2 我国森林资源的结构、质量和生态服务功能 (18)
2.3 我国森林资源存在的问题 (18)
2.4 我国的森林经营战略 (20)
2.5 我国木材生产格局的变化 (29)
复习思考题 (29)

第 3 章 木材生产与森林经营理论 (30)
3.1 森林资源的多种效益 (30)
3.2 我国的林种划分和森林经营分类 (34)
3.3 木材生产基本工序 (36)
3.4 我国木材生产的沿革 (38)
3.5 木材生产与森林生态效益 (41)
3.6 木材生产与森林环境 (43)
3.7 木材生产与森林经营理论 (45)
3.8 木材生产与全球气候变暖与"双碳"目标 (51)
复习思考题 (54)

第 4 章 森林与森林环境 (55)
4.1 森林的组成成分 (55)
4.2 森林的结构特征 (59)

4.3　森林与环境的关系 …………………………………………………………… (65)
　　复习思考题 ……………………………………………………………………… (80)
第5章　森林采伐与森林环境保护 ………………………………………………… (81)
　5.1　森林采伐类型和采伐方式分类 ……………………………………………… (81)
　5.2　森林抚育采伐的目的与理论基础 …………………………………………… (82)
　5.3　森林抚育采伐的种类和方法 ………………………………………………… (86)
　5.4　抚育采伐的技术要素与森林环境保护 ……………………………………… (90)
　5.5　森林主伐与森林环境保护 …………………………………………………… (93)
　5.6　低产林改造采伐 ……………………………………………………………… (101)
　5.7　其他采伐 ……………………………………………………………………… (101)
　5.8　森林更新 ……………………………………………………………………… (102)
　　复习思考题 ……………………………………………………………………… (103)
第6章　伐区木材生产与森林环境保护 …………………………………………… (104)
　6.1　木材生产与森林环境保护 …………………………………………………… (104)
　6.2　木材生产基本原则 …………………………………………………………… (104)
　6.3　伐区木材生产工艺类型与特点 ……………………………………………… (105)
　6.4　木材生产准备作业与森林环境保护 ………………………………………… (107)
　6.5　林木采伐与森林环境保护 …………………………………………………… (109)
　6.6　打枝作业与剥皮作业 ………………………………………………………… (118)
　6.7　集材作业与森林环境保护 …………………………………………………… (120)
　6.8　伐区归楞与装车 ……………………………………………………………… (128)
　6.9　伐区清理与林地环境恢复 …………………………………………………… (131)
　6.10　伐区作业质量检查与环境保护评估 ……………………………………… (133)
　6.11　伐区安全生产与劳动保护 ………………………………………………… (137)
　6.12　森林防火与机械设备维护 ………………………………………………… (139)
　6.13　场地卫生与环境保护 ……………………………………………………… (139)
　　复习思考题 ……………………………………………………………………… (140)
第7章　竹材生产与可持续利用 …………………………………………………… (141)
　7.1　竹类资源概述 ………………………………………………………………… (141)
　7.2　竹类资源的分布 ……………………………………………………………… (141)
　7.3　竹类资源的开发利用 ………………………………………………………… (142)
　7.4　竹类资源的生态效益 ………………………………………………………… (145)
　7.5　竹林分类 ……………………………………………………………………… (145)
　7.6　竹类植物的生长特点 ………………………………………………………… (146)
　7.7　竹类植物的形态 ……………………………………………………………… (147)
　7.8　竹林的生长周期与采伐 ……………………………………………………… (148)

7.9　竹林的更新改造 …………………………………………………………（152）
　　复习思考题 ……………………………………………………………………（152）
第8章　合理造材与贮木场作业 ……………………………………………………（154）
8.1　原木材种和原木标准概述 ………………………………………………（154）
8.2　木材的缺陷与检量 ………………………………………………………（156）
8.3　原木检量 …………………………………………………………………（163）
8.4　合理造材与资源节约 ……………………………………………………（163）
8.5　贮木场生产 ………………………………………………………………（165）
　　复习思考题 ……………………………………………………………………（169）
第9章　木材运输与森林环境保护 …………………………………………………（170）
9.1　木材运输概述 ……………………………………………………………（170）
9.2　林道的作用与森林环境保护 ……………………………………………（174）
9.3　林道设计 …………………………………………………………………（175）
9.4　木材水运 …………………………………………………………………（177）
　　复习思考题 ……………………………………………………………………（181）
第10章　森林采伐规划设计与森林环境保护 ……………………………………（182）
10.1　森林采伐规划设计分类 …………………………………………………（182）
10.2　伐区调查设计 ……………………………………………………………（188）
　　复习思考题 ……………………………………………………………………（191）
参考文献 ………………………………………………………………………………（192）

第1章

木材的特点与用途

木材是重要的生产资料和生活资料。近十几年来，随着国民经济的不断发展和人民生活水平的不断提高，我国的木材消费量也随之提高，我国木材消费总量从2007年的$3.8 \times 10^8 \text{ m}^3$增长到2017年的$6 \times 10^8 \text{ m}^3$，年均增长4.67%。2018年，我国消费木材$5.7 \times 10^8 \text{ m}^3$，2019年，我国消费木材$6.31 \times 10^8 \text{ m}^3$。2019年，欧洲（俄罗斯除外）以及北美洲（墨西哥除外）木材消费总量各占全球木材消费总量的29%，我国的木材消费全球占全球木材消费的比例为19%，是全球最大的木材与木制品消费国。尽管如此，由于我国人口多，人均消费水平还很低，人均木材产品消费量不仅远低于西方国家，还低于世界平均水平。例如，2018年我国人均木材消费量为0.33 m^3，而2017年世界人均木材消费量为0.52 m^3，说明我国的木材市场还有很大的发展潜力。随着经济社会的发展、人民生活水平的提高及人口的增长，我国对木材与林产品的需求将日益扩大。

森林有三大效益：生态效益、社会效益和经济效益。生态效益没有替代品，"用之不觉，失之难存"。党的二十大报告指出，我们坚持绿水青山就是金山银山的理念，坚持山水林田湖草沙一体化保护和系统治理，全方位、全地域、全过程加强生态环境保护，生态文明制度体系更加健全，污染防治攻坚向纵深推进，绿色、循环、低碳发展迈出坚实步伐，生态环境保护发生历史性、转折性、全局性变化，我们的祖国天更蓝、山更绿、水更清。因此，如何处理好木材生产与森林生态效益的发挥，保护好森林环境，保证森林的更新，是现代林业必须重视和解决的问题。

1.1 木材的特点

当今，新材料层出不穷，然而木材的需求量却在持续不断地增长。这是因为木材具有其他材料所不具备的优点，具体来说，这些优点包括：

(1) 质量轻、强度高

比强度是材料抗拉强度与材料表观密度之比，比强度越高表明达到相应强度所用的材料质量越轻。优质的结构材料应具有较高的比强度，才能尽量以较小的截面满足强度要求，同时可以大幅度减小结构体本身的自重。

木材的比强度大，远高于普通混凝土和低碳钢，具有质量轻、强度高的特点，与其他材料相比,木材能以较小的截面满足强度要求,同时大幅度减小结构体自重,是一种优质的结构材料。但木材的力学性能存在各向异性,木材的顺纹抗拉、抗压及抗弯强度均较高,横纹抗剪强度也较大,但横纹抗拉和抗压强度较低。木材的力学强度依次为:顺纹抗拉>抗弯>顺纹抗压>横纹切断>顺纹抗剪>横纹抗剪>横纹抗压>横纹抗拉。

(2) 易于加工,加工耗能少

木材可以任意锯、刨、削、切、钉,在建材、家具、装修方面能被灵活应用。木材加工耗能少,如以加工单位木材的能耗为1,则水泥为5,塑料为30,钢为40,铝为70,木材加工的能耗是最低的。

此外,木制品的生产过程,无论纸浆蒸解、木质板类热压还是锯材的人工干燥,都是在不超过200 ℃的温度下完成的,而铁、陶瓷制品均需在1000 ℃以上高温条件下生产,塑料制品是在近800 ℃高温条件下生产的。木制品的生产是节能的。当用木材制品替代这些高能耗材料时,能减少整个生产过程中的能源消耗,从而减少二氧化碳排放。这体现了木材利用的"节能效果"。

(3) 有良好的视觉特性

木材的视觉特性是指木材对光的反射与吸收,以及颜色、花纹等对人的生理与心理舒适性的影响。当人身处不同的建材环境(如金属、石材、混凝土、砖、木等)时,在视觉效果上,人的眼睛对木纹的感觉最为舒适。

木材有良好的视觉特性,有天然的花纹、光泽和颜色,纹理美观、易于着色、装饰效果好。木材作为装饰材料,有特殊的装饰效果,可以满足当下人类渴望回归自然的要求,很适合作为装修、家具材料。

(4) 可再生

木材是当今四大材料(钢材、水泥、木材和塑料)中唯一可再生而又可以多次使用和循环使用的生物资源。林木一般生长10~20年就可以采伐利用,只要采用科学的森林培育措施,采伐量不超过森林蓄积增长量,木材资源可以实现可持续利用。

此外,木材还可以根据需要进行培育,如根据需要选择培育不同材质的树种。

(5) 可以循环利用,使用后处置方便,无污染

已经使用过的家具或木质建筑材料可回收用于生产刨花板和纤维板,刨花板和纤维板分解得到的木质部分也可作为原料制造新的板材。因此,木材是可以循环利用的材料,使用木材可以达到节约环保的目的。

(6) 具有吸湿、解吸特性,并具有良好的吸声效果

以木质材料作为墙体或装饰材料,能直接缓和室内空间相对空气湿度的变化。当空气湿度变化时,用木材围合形成的空间湿度变化小,木造房屋的年平均空气湿度变化范围可以保持在60%~80%。木材的调湿性是这种生物材料所具备的独特性能之一,它是靠木材自身的吸湿、解吸作用,直接缓和室内空间空气的湿度变化。采用木材装修的住宅与未采用木材装修的住宅相比,其室内空气湿度条件明显更适宜于人类生活。

此外,木材能吸收和反射噪声,降低室内的混响。这个特性也使木材成为室内装修的环保材料。

(7) 导热系数较小，为热的不良导体

从材料的导热性能来看，与钢筋混凝土相比，在同等厚度下，木质建材的隔热值比混凝土高 16 倍。木质材料墙体明显减轻了室外气温的影响，减小了室内温度的变化幅度，起到了保温隔热作用，大大降低了采暖制冷能耗，节约了能源。

木结构建筑是单纯由木材或主要由木材承受荷载，并通过各种金属连接件或榫卯手段进行连接和固定的建筑。

(8) 有利于缓解温室效应

全球变暖是全人类必须面对的问题。全球变暖的根本原因是人类生产、生活活动排放了大量以二氧化碳为主的温室气体。森林每生成 1 t 木材，不仅不释放二氧化碳，反而可固定二氧化碳约 1470 kg。而生产相同体积的钢铁和水泥，则分别释放二氧化碳约 5000 kg 和 2500 kg。

木材的使用可以促进森林更新，间接和直接地减缓温室效应。直接作用是指吸收二氧化碳，间接作用是指减少了水泥、钢材等高耗能材料的使用，以及加工时能耗较低。此外，木材作为生物质燃料可部分替代化石能源。

(9) 容易解离，是重要的纤维原料

木材解离后可制造纸浆和纤维板，提供了世界造纸纤维需求量的 90% 以上。木材原料的纤维长、纤维形态好、纤维素含量高，可作为高档纸的原料。图 1-1 所示为成品木材。

图 1-1　成品木材

1.2　木材的用途

(1) 建筑、室内装修

木材是传统的建筑材料。由于木材具有强度高、质量轻、有天然花纹、吸湿隔热、容易加工、容易着色等优点，因而是用途十分广泛的建筑材料，在古建筑和现代建筑中都得到了广泛应用。在结构上，木材主要用于构架和屋顶，如梁、柱、椽、望板、斗拱等。许多古建筑物均为木结构，它们在建筑技术和艺术上均有很高的水平，并具有独特的风格。

由于我国人工林面积快速增长，为国内木材利用发展带来了机遇。此外，在国内外，木材历来被广泛用于建筑室内装修，它给人以自然美的享受，还能使室内空间产生温暖感与亲切感，所以，在住宅建筑、商业建筑、办公建筑、公共娱乐建筑等建筑中广泛使用木材。建筑中，木屋架、木门、木地板、梁、柱、隔墙和其他装修(如木装饰线条、木花格、窗帘盒、门框、窗框等)均使用大量木材，建筑模板也使用大量木材，园林建筑中也广泛使用木材。2017 年，我国木材消费总量中建筑业用材 $1.86×10^8$ m³，约占全国木材消费量的 31%；2018 年，我国消费木材 $5.7×10^8$ m³，建筑业用材占比 30.6%。

(2) 家具

木制家具是指主要部件(装饰件、配件除外)采用木材、人造板等木质材料制成的家具。木制家具具有质量轻、强度高、易于加工、有天然的纹理和色泽、手感好、给人以亲切感等特点。家具产品按照用途可分为民用家具、商用家具和办公家具3种,其中民用家具占比最大。按照木制家具使用的主要材料又分为实木类家具、板材类家具、软体家具3种。

木制家具是生活、办公以及其他用途的必需品,需求量很大。随着我国城镇化的发展和居住条件的改善,家具年人均消费逐年攀升。2010年,我国家具年人均消费75美元,就已经超过世界年人均消费50美元的水平,但距世界发达国家还有很大差距,如德国、美国、英国等年人均消费都在350~500美元。意大利米兰国际工业研究中心(The Centre for Industrial Studies,CSIL)发布的《2017—2018年全球家具市场报告》显示:2017年,北美家具年人均消费185美元,全球年人均消费为72美元。2017年,我国家具用材$7200 \times 10^4 \, m^3$,占木材总消费量的12%;2018年,家具用材占木材总消费量的10.1%。

(3) 生产纸浆和纸

木材是最主要的造纸纤维来源,针叶树中的云杉、冷杉、马尾松、落叶松、云南松,阔叶树中的杨树、桦树、桉树、枫树、榉树都是造纸原料树种。近年来,我国人工林的发展许多是为了满足造纸原料的需求,如广西、福建大面积发展的桉树人工林。2013年起,我国纸及纸板产量和消费量均居世界第一。2017年,造纸用材$1.74 \times 10^8 \, m^3$,占木材总消费量的29%;2018年,造纸用材占木材总消费量的29.1%。2020年1~10月,全国机制纸及纸板总产量$10\,266.8 \times 10^4 \, t$,突破亿吨大关。

(4) 煤炭业用材、木枕

木材被广泛应用到煤矿的多个领域,如锚杆支护的木垫板、轨道的木枕、点柱用的各类圆木、挑顶用的小径木,以及架棚用的各类圆木、帮板、楔子和水沟或砌碹用的模板、帮板、齐边板等。例如,坑木是指矿井里用作支柱的木料,木材的顺纹抗压、抗弯的能力均较强,适合作支柱。2018年,木材消费中,煤炭等部门用材占比5.8%。

(5) 薪材

木材作为燃料有悠久的历史,现在仍是许多山区的主要燃料。能源林通常多选择耐干旱瘠薄、适应性广、萌芽力强、生长快、再生能力强、耐樵采、燃值高的树种进行营造和培育经营,一般以硬阔叶树种为主,如刺槐、柳树等。2018年,木材消费中农民自用和烧材占4.0%。此外,木材生产中剩余的规格尺寸为长度不超过1 m、径级不大于5 cm,以及枝丫等可作为薪材。以木材为燃料的生物质发电是未来清洁能源发展的方向之一。

(6) 包装

木材被广泛应用于工程设备的货箱和其他货物的包装材料。木材质量轻、比强度高,能增加运输工具的载量,降低运输成本。

(7) 制作文化娱乐用品和体育器材

利用木材质量轻、比强度高、易于加工、有较好的视觉感受等特点,木材被广泛用于制作文化娱乐用品和体育器材,如绘图板、算盘、钢琴、吉他、乒乓球拍、各种木制玩具等。

(8) 工具、设备的配件

木材还被制成一些工具、设备的配件，如农具、农用大棚支架、树木支护等。

(9) 林化产品

从木材中可以提炼出一些林产化工产品。木材化学物质主要包括三大成分：纤维素、半纤维素、木素，另外还有一些天然的树脂等。林产化工产品主要包括以下几类：

①松香和松节油。松香是以松脂为原料，通过不同的加工方式得到的非挥发性天然树脂。松香是重要的化工原料，广泛应用于造纸、油漆、橡胶、肥皂等行业。例如，橡胶工业中用作橡胶的乳化、软化和增塑剂，电器工业中用于制造绝缘材料等。松节油是通过蒸馏或其他方法从松料和柏科植物的树脂中提取的液体，主要成分是萜烯。松节油主要用于化学工业，用于合成樟脑、冰片、合成香料、合成橡胶等。松香和松节油的生产采脂选用的树种主要有马尾松、云南松、思茅松、湿地松、油松、黄山松等。此外，红松、华山松、樟子松和落叶松等树种也可用于采脂。我国松脂资源丰富，是松香产量最大的国家。采脂活动区主要在广西、广东、福建、江西、湖南、云南等省份，这些区域也是我国松香产业发达的地区。

②栲胶。栲胶是由富含单宁的植物原料经水浸提和浓缩等步骤加工制得的化工产品。单宁是栲胶的主要成分，目前主要用作皮革鞣剂、锅炉软化剂、金属表面防腐剂、纺织印染的固色剂。栲胶可从一些树种的树皮、果实、根、茎、叶、木材等部位提取，如栎类、云杉的树皮。

③木材干馏产品。将木材置于干馏釜中，在隔绝空气的条件下加热分解出木炭的过程，称为木材干馏。木材在干馏釜中进行热分解，可以制造甲醇、醋酸、丙酮、木焦油等化工产品。逸出的不能冷凝的挥发物是木煤气，主要成分是二氧化碳、甲烷、乙烯、氢气，可作为燃料。剩余的固体是木炭，木炭是制造活性炭的主要原料，活性炭可作为吸附剂、催化剂及载体，广泛应用于水处理、废气处理、有机合成、医药、食品等领域。以松木为原料进行干馏，还可获得松节油。

④木材水解产品。木材等植物纤维原料所含的半纤维素和纤维素经水、热作用催化分解成单糖(木糖、葡萄糖)等产物，可以再进行化学和生物化学加工，制取工业乙醇、酵母、糠醛、木糖醇、乙酰丙酸等化工产品。可以以森林采伐和木材加工的剩余物为原料，在一定温度和催化剂作用下，使其中的纤维素和半纤维素加水分解成为单糖。工业乙醇主要用于化工、医药、塑料等领域。糠醛主要用于生产农药、医药、兽药、合成树脂、橡胶等，是重要的基本化工原料。木糖醇主要用作食品添加剂、涂料等。

1.3 我国商品木材的类别

商品木材指符合国家技术标准，可以在市场进行交换的原料木材。这些原料木材可以根据需要加工成建筑装修的材料、家具、造纸原料等。商品木材可以分为以下几类：

(1) 圆材类

商品圆材包括原条和原木。

①原条。树木伐倒后，只经过打枝而不进行造材的产品称为原条。东北林区生产的原

条，只作为生产原木的原料，不是商品材。而在南方林区作为商品材供应的是杉原条、马尾松原条、阔叶树原条，这3类原条主要用于建筑、家具、造船、采掘支架、支柱等。

②原木。树木伐倒后，经过打枝（南方材有时须剥树皮）并按照标准规定的尺寸进行造材，这种产品称为原木。原木是由原条按一定尺寸加工成规定直径和长度的木材，又分为直接使用原木和加工用原木。直接使用原木用作屋架、檩条、椽木、木桩、电杆、坑木等；加工用原木用于锯制普通锯材、制作胶合板等。特级原木用于高级装饰、装修用。另外，全国各地还生产有小径原木、次加工原木、脚手架杆等商品材。凡未列入国家、行业木材标准范围内的木材产品种类可作薪材利用。薪材的规格尺寸为长度不超过1 m，检尺径不大于5 cm（含劈柴复原径级）。

a. 按树种分类。一般分为针叶树材和阔叶树材。

针叶树材：针叶树树叶细长，大部分为常绿树种，如各种松木、云杉、冷杉等。树干直而高大，纹理顺直，木质较软，易加工，故又称软木材。针叶树材表观密度小，比强度较高，胀缩变形小，是建筑工程、家具、造船的主要用材。

阔叶树材：阔叶树材树干通直部分较短，木材较硬，加工比较困难，故又称为硬（杂）木，如榆木、水曲柳、栎木、榉木、椴木、樟木、柚木、柞木、香樟、檫木、桦木、楠木、杨木、紫檀、酸枝、乌木等。阔叶树材表观密度较大，易胀缩、翘曲、开裂，但阔叶树材质坚硬、纹理色泽美观，适于作为装修用材、胶合板材等，常用作室内装饰、次要承重构件、胶合板等。

b. 按质量分类。可分为等内原木和等外原木。分类的依据是木材的缺陷（如节子、腐朽、变色、裂纹、虫害、形状缺陷等）。

原木也可以按尺寸分类，如按径级或长度分类。

（2）锯材类

锯材是原木经锯割加工成具有一定尺寸（厚度、宽度和长度）的产品，按用途分为通用锯材和专用锯材两个大类，按树种分为针叶树锯材和阔叶树锯材。凡宽度为厚度3倍以上的锯材称为板材，宽度不足厚度3倍的锯材称为方材。普通锯材是指已经加工锯解成材的木料，其长度针叶树一般为1~8 m，阔叶树为1~6 m。锯材广泛用于工农业生产、建筑施工以及枕木、车辆、包装等。

（3）人造板类

我国木质人造板主要分为胶合板、纤维板、刨花板和细木工板。

①胶合板。胶合板生产具有悠久的历史，是先将原木旋切成薄片，再用胶黏合热压而成的人造板材，其中薄片的叠合必须按照奇数层数进行，而且保持各层纤维互相垂直。胶合板最高层数可达15层。胶合板木纹美观、稳定性好、胶合强度高、比强度高、耐久性、耐水和耐气候性都很好，是用途广泛的人造板。

②纤维板。纤维板在我国生产已近50年，湿法纤维板生产已遍及我国主要省份。近年来，中密度纤维板发展较快。纤维板是将木材加工剩余的板皮、刨花、树枝等边角废料，经破碎、浸泡、研磨成木浆，再加入一定的胶料，经热压成型、干燥处理而成的人造板材。纤维板分硬质纤维板、半硬质纤维板和软质纤维板3种。密度在0.8 g/cm^3以上的

称为硬质纤维板,密度在 0.5~0.8 g/cm³ 的称为中密度纤维板,密度更低的称为软质板。制造 1 m³ 纤维板需 2.5~3.0 m³ 的木材,可代替 3 m³ 锯材或 5 m³ 原木。发展纤维板生产是木材资源综合利用的有效途径。

③刨花板。刨花板是以刨花木渣为原料,先经干燥后拌入胶黏剂,再经热压成型而制成的人造板材,所用胶黏剂为合成树脂。这类板材一般表观密度较小,比强度较低,主要用作绝热和吸声材料,但热压树脂刨花板和木屑板的表面可粘贴塑料贴面或胶合板作为饰面层,这样既增加了板材的强度,又使板材具有装饰性,可用作吊顶、隔墙、家具等材料。

④细木工板。细木工板是指在胶合板生产基础上,以木板条拼接或空心板(以方格板芯制成)作芯板,两面覆盖两层或多层胶合板,经胶压制成的一种特殊胶合板。细木工板的特点主要由芯板结构决定,被广泛用于家具、车厢、船舶等的制造和建筑业。

(4)木片

木片是指利用森林采伐、造材、加工的剩余物和定向培育的木材制成的片状木材,可加工成造纸原料和制作木基板材的原料,也可直接作为木材商品进行国际林产品贸易。

(5)薪材

凡未列入国家、行业木材标准范围内的木材种类可作薪材利用。在林业调查中直立主干长度小于 2 m 或径阶小于 8 的林木称为薪材。

(6)木浆

木浆分为机械木浆、化学木浆和半化学木浆。

①机械木浆。也称磨木浆,是利用机械方法磨解纤维原料制成的纸浆。机械木浆在造纸工业中占有重要地位,它的生产成本低,生产过程简单。

②化学木浆。是木片在含有适当化学品的水溶液中,以高温高压进行蒸煮而得,常用硫酸盐法或亚硫酸盐法制得。由于制浆方法不同,故有硫酸盐木浆、亚硫酸盐木浆之分。

③半化学木浆。是在化学蒸煮工序中脱木素作用不充分,纤维未完全分离,需要随后进行机械处理而制得的木浆。

1.4 我国的木材消费与供给

1.4.1 我国的木材消费

(1)消费总量

我国是世界上最大的木业加工和木制品生产基地,是最主要的木制品加工出口国,同时也是世界上最大的木材采购方之一。近十几年来,我国的木材消费量逐年攀升,2005年,全国木材产品总消费 3.26×10^8 m³;2006 年,全国木材产品总消费 3.37×10^8 m³;之后,我国木材消费总量从 2007 年的 3.8×10^8 m³ 增长到 2017 年的 6×10^8 m³,年均增长 4.67%。2018 年,我国消费木材 5.7×10^8 m³,2019 年,我国消费木材 6.31×10^8 m³。联合国粮食及农业组织统计数据表明,我国是工业用木材、人造板、纸和纸板、回收纸及纸板方面的全球第一大消费国。2019年，中国、美国、加拿大以及欧洲总共占到全球75%以上的木材消费，其中我国的占比为19%。

(2) 消费结构

目前，我国木材需求主要集中在建筑业用材、造纸用材、出口用材、国内家具用材、煤炭业用材、农村用材等方面。

2017年，我国木材消费总量中：建筑业用材 $1.86×10^8$ m^3，约占全国木材总消费量的31%；造纸用材 $1.74×10^8$ m^3，约占总消费量的29%；出口用材 $1.14×10^8$ m^3，约占总消费量的19%；国内家具用材 $7200×10^4$ m^3，约占总消费量的12%。

2018年，我国建筑业用材、造纸业用材、出口用材、国内家具用材、煤炭等其他部门用材、农民自用和烧材分别占比 30.6%、29.1%、19.2%、10.1%、5.8%、4.0%。

2019年，我国木材消费 $6.31×10^8$ m^3，其中建筑用木材 $2.37×10^8$ m^3，约占木材消费总量的36.7%；造纸消费木材 $2.62×10^8$ m^3，约占木材消费总量的40.6%；国内家具用材 $1×10^8$ m^3，约占木材消费总量的15.3%。

(3) 消费预测

①建筑和装饰用材。2018年，我国城镇人口占总人口的比重（城镇化率）为59.58%；2019年年底，我国城镇常住人口占总人口的比重第一次超过60%，达60.6%，这是我国工业化、城镇化取得重要进展的标志性数据。随着城镇化的推进，未来20年会有3亿至4亿农村人口转移到城市，将会促进产生大规模的城市基础设施建设和住房建设，需要大量的木材。随着我国建筑行业的发展，各种大型的酒店、体育馆、写字楼的兴建，将需要大量的建筑装饰材料。住房投资方面也将出现较大增长，住房建成后，会产生大量的装修需求，如木地板、木门、木门套、木窗套、装饰线条、木隔断等。2016年2月，《关于进一步加强城市规划建设管理工作的若干意见》提出"未来十年三成新房工厂造，倡导发展现代木结构建筑"。木结构建筑的发展也会促进对木材的需求。此外，园林景观建筑的发展也需要大量木材。

②造纸用材。纸及纸板的消费水平是衡量一个国家现代化水平和文明程度的标志之一。纸及纸板包括文化用纸、包装用纸和生活用纸。随着经济社会的发展和人民生活水平的提高，我国对于纸张及纸板的需求在未来一段时间内会继续以非常快的速度扩大。2017年，我国造纸业用材占木材消费总量的29%。2018年我国造纸业用材占木材消费总量的29.1%。2019年我国造纸业用材占木材消费总量的40.6%。中国造纸协会数据显示，2019年全国纸及纸板生产量为 $10\,765×10^4$ t，同比增长3.16%，消费总量为 $10\,704×10^4$ t，同比增长2.54%，产销基本处于平衡状态。

③家具用材。木材既是重要的生产资料，也是重要的生活资料，直接用于生活的比重非常高。根据意大利米兰国际工业研究中心（The Centre for Industrial Studies, CSIL）发布的《2017—2018年全球家具市场报告》，70个占世界家具生产总值90%以上的重要国家，2015年的家具生产总值约4060亿美元。在这70个国家中，我国是最主要的家具制造国，占世界家具生产总量的41%。我国家具产量位居世界第一，已经成为世界家具制造中心。

家具是生活的必需品。由于商品房交易、存量房换新、城镇化的推进、保障性住房的增长,我国的家具市场还有很大发展空间。2016 年,我国木制家具产量为 26 051.7 万件;2017 年,我国木制家具产量为 27 072.9 万件;2018 年,木家具产值稳步增长,木家具企业超 8 万家,从业人员约 500 多万,木家具产值同比增长 6.31%;2019 年,我国木制家具产值为 6530 亿元。我国的木制家具产值仍处于增长状态。

④出口用材。我国木制品相对价格低廉,质量有保证,不仅满足国内需要,也受到国际消费者的喜爱,亚洲、北美洲和欧洲等全球 100 多个国家从我国进口木制品,出口量位居世界前列。我国出口的木制品主要包括家具、橱柜、强化地板、木框架坐具、木制门、胶合板、纤维板、刨花板、纸及纸板等。我国是世界木制品出口大国,2017 年出口用材 1.14×10^8 m^3,占消费总量的 19%。2018 年出口用材占消费总量的 19.2%。我国木制品主要出口地包括欧洲、中东、南美,以及美国、日本和韩国。"一带一路"倡议的提出将有利于开拓和扩大我国对丝绸之路沿线国家的木制品出口。

⑤煤炭行业用材。由于我国能源结构的调整,节能减排等相关政策在一定程度上将抑制煤炭需求,煤炭消费的增长可能明显趋缓,将影响煤炭领域对木材的需求。

⑥农民自用材。农民自用材 90% 左右用于农民建房与装修、自用材和烧柴,考虑到农村节能设施和非薪材能源的推广,预计薪材人均年消费量会下降。但随着新农村建设的深入实施,农村用材将逐步增加。

⑦其他。文体用品、车船制造、化工化纤及铁路部门等消耗的木材量较少。但随着人民生活水平的提高,一些领域的木材用量也会增加,例如,乐器用木材近年来呈现逐步增长的态势。

1.4.2 我国的木材供给

(1)国产木材供给

第九次全国森林资源清查数据显示,我国人工林面积 7954×10^4 hm^2,排在世界首位。近几年,我国的天然林木材采伐量逐年下调,2017 年,国家全面停止天然林商业性采伐。2014—2018 年,全国林木年均采伐消耗量 3.85×10^8 m^3,在木材消费国内供给中人工林发挥着重要作用。从产量分布看,木材生产的重心已经转移到南方林区。2020 年,广西木材产量居全国首位,木材产量占全国总产量的 36.41%;广东的木材产量占全国总产量的 10.29%;云南木材产量占全国总产量的 8.56%;福建木材产量占全国总产量的 5.83%。

大径级木材和珍贵木材供应较少。人工林虽然在原木供给中占有较大的比重,但是由于资源结构、经营水平等原因,我国人工林发展依然存在产量低、质量差、径级不达标、结构不合理等很多不足,这些不足严重影响人工林的木材供给能力。

我国的人工林单产量为 46.6 m^3/hm^2,远低于林业发达国家的水平。我国木材品种的结构失衡问题非常突出,珍贵品种、大径级木材普遍较少。

(2)进口木材供给

从 1998 年起,我国启动了天然林资源保护工程。为了鼓励木材进口以满足国内木材消费的需求,对各种进口木材实施零关税。得益于此,我国木材进口量大幅度增长。

目前,我国的原木、锯材、纸浆、回收纸进口量分别占全球的 35%、20%、29%、50%,均排世界第一位,成为继石油、铁矿石之后对外依存度最高的自然资源。我国每年从世界 100 多个国家进口木材,是世界最大的木材采购方。2018 年我国进口木材占我国木材消费总量的比例为 53.6%。2019 年 1~10 月,我国木材进口前十大来源国依次为:俄罗斯、新西兰、加拿大、美国、澳大利亚、泰国、德国、巴布亚新几内亚、所罗门群岛、捷克,以上 10 个国家向我国出口的木材占我国木材进口总量的 80.75%,其中,俄罗斯向我国出口的木材占我国木材进口总量的 30.58%。2020 年,我国进口木材的主要货源国为:俄罗斯、新西兰、德国、加拿大和美国,来自这 5 个国家的进口量占我国进口总量的 63.60%。随着国民经济的不断发展和人民生活水平的不断提高,我国的木材消费量也随之提高。目前,国际木材市场的资源供给仍很充足,如新西兰、俄罗斯及美洲国家等,因此,进口木材是我国木材消费的重要来源。但是,我们不能完全依靠进口,除了废旧林产品的加快利用外,更重要的是应该大力发展速生丰产林,立足于自力更生,以防木材出口国对我国木材进口的控制。

1.5　全球森林资源概况和木材贸易

全球森林资源主要分布在南美洲、北美洲、亚洲北部和东南部、非洲赤道附近、欧洲北部,以及俄罗斯、新西兰、澳大利亚。

1.5.1　全球森林资源概况

联合国粮食及农业组织发布的《2020 年全球森林资源评估》报告显示,目前全球森林面积共 $40.6 \times 10^8 \ hm^2$,占陆地总面积的近 31%,相当于人均 $0.52 \ hm^2$。全球森林中有 25% 分布在欧洲(含俄罗斯全境)、21% 在南美洲、19% 在中北美洲、16% 在非洲、15% 在亚洲、5% 在大洋洲。俄罗斯、巴西、加拿大、美国和中国的森林面积之和占全球的 54%。自 1990 年以来,世界森林面积减少了 $1.78 \times 10^8 \ hm^2$,约等于利比亚的国土面积;过去 10 年,亚洲、大洋洲和欧洲的森林面积有所增加;森林净损失率最高的大洲是非洲,其次是南美洲。全球原始森林面积约 $11.1 \times 10^8 \ hm^2$,其中约 30% 主要用于生产木材和非木质林产品。大多数地区的森林由天然林组成,其余为人工林。以水土保持为主要用途的森林所占比例正在增加。自 1990 年以来,全球保护区内的森林面积增加了 $1.91 \times 10^8 \ hm^2$,目前世界上有 18% 的森林位于保护区内,其中南美洲所占比例最高。自 2015 年以来,每年有 $1000 \times 10^4 \ hm^2$ 林地被转换为其他用途,较前 5 年每年 $1200 \times 10^4 \ hm^2$ 有所下降。2010—2020 年,全球森林年均净损失面积最大的 10 个国家为:巴西、刚果(金)、印度尼西亚、安哥拉、坦桑尼亚、巴拉圭、缅甸、柬埔寨、玻利维亚和莫桑比克。而同一时期森林面积年均净增加最多的前 10 个国家则为:中国、澳大利亚、印度、智利、越南、土耳其、美国、法国、意大利和罗马尼亚。森林总碳储量正随着森林面积的减少而降低。

联合国粮食及农业组织统计资料显示,越来越多的森林按照森林可持续经营计划开展经营活动,如今已有 $20.5 \times 10^8 \ hm^2$ 森林制定实施了森林经营计划,超过全球森林面积的 1/2。这对实现可持续发展目标(即保护、恢复和促进陆地生态系统并促进其可持续利用)至关重要。资料显示,全球保护区内的森林面积自 1990 年以来增加了 $1.91 \times 10^8 \ hm^2$。目前,全球有 18% 的森林处于保护区内,其中南美洲保护区内森林面积比例最高。

1.5.2 全球森林资源的典型类型

全球森林资源主要分布在湿润和半湿润气候地区，按地带性气候特点可分为热带雨林、亚热带常绿阔叶林、温带落叶阔叶林和北方针叶林。

(1) 热带雨林

热带雨林分布于赤道及其两侧的热带湿润地区，是目前地球上面积最大，对维持人类生存起最大作用的生态系统。热带雨林主要分布在3个区域：南美洲亚马孙流域；非洲刚果盆地；东南亚一些岛屿，往北延伸入我国的西双版纳和海南岛南部。

热带雨林分布区的气候特点：高温、高湿、常夏无冬，年降水量大于2000 mm且分配均匀，具有极为丰富的物种，层次结构复杂。初级生产者以高大乔木为主，并附生多种藤本及其他植物。消费者有各种动物，如长颈鹿、象、猴、蟒、鸟类、昆虫等。

热带雨林树木种类繁多，主要供应阔叶树材，南美洲有青紫苏木、绿心木等；非洲有非洲梧桐、非洲桃花心木等；亚洲有龙脑香木、柚木、檀香等。

在年降水量较热带雨林区少（约1500 mm）的其他热带地区，分布着热带季雨林。

(2) 常绿阔叶林

常绿阔叶林分布在亚热带湿润气候条件下，是亚热带大陆东岸湿润季风气候的产物，主要分布在欧亚大陆东岸的北纬22°~40°区域内。其中我国的常绿阔叶林是面积最大、发育最好的。常绿阔叶林区夏季炎热多雨，冬季少雨而寒冷，春秋温和，四季分明；年平均气温16~18℃，冬季有霜冻；年降水量1000~1500 mm，主要分布在4~9月，冬季降水少，但无明显旱季。

常绿阔叶林的结构较热带雨林明显简单，高度明显降低，乔木一般分两个亚层：第一亚层林冠整齐，一般高20 m，很少超过30 m，以壳斗科、山茶科等常绿树种为主；第二亚层树冠多不连续，高10~15 m，以樟科、杜英科为主。灌木层较稀疏，草本植物以蕨类为主，藤本、附生植物仍常见，但不如热带雨林。

(3) 落叶阔叶林

落叶阔叶林又称夏绿林，分布于中纬度湿润地区。分布区的气候特点：四季分明，夏季炎热多雨，冬季严寒，年平均气温8~14℃，年降水量500~1000 mm且多集中在夏季；土壤为褐色土和棕色森林土，较为肥沃。这类森林主要分布在北美洲中东部、欧洲及我国温带沿海地区。

夏季盛叶，冬季由于寒冷落叶，初级生产者是各种以落叶方式过冬的阔叶树种，如栎、桦等，林下有明显的灌木层和草本层。消费者多为松鼠、鹿、狐狸、狼、鸟类等。

(4) 北方针叶林

北方针叶林也称泰加林，面积仅次于热带雨林，主要分布在北半球高纬度和高海拔地区（俄罗斯、瑞典、芬兰、挪威、加拿大和美国），气候特点是夏季凉爽而冬季寒冷，植物生长期短，年降水量一般为300~600 mm，土壤为棕色土，土层浅薄。初级生产者多为冷杉、云杉、落叶松等针叶树种，结构简单；林下常有耐阴的灌木层和适合于冷湿环境的苔藓层。消费者为兔、鹿、鼠、鸟及虎、熊等。

1.5.3 全球各区域木材生产和贸易概况

(1) 俄罗斯

俄罗斯是世界森林资源最丰富的国家，森林蓄积量居世界首位，占世界森林总蓄积量的近1/4，俄罗斯森林面积占世界森林面积的20%。俄罗斯木材产品生产以原木和锯材为主，出口产品以针叶树原木、针叶树锯材和阔叶树锯材为主。俄罗斯木材占世界工业用原木出口量的比例较大，对世界原木供给有很大影响。俄罗斯作为我国最大的木材供应国，约有42%的木材出口到我国。

俄罗斯盛产落叶松、樟子松、白松、红松等针叶树种。软阔叶树种（通常所说的软杂木）主要包括杨树、柳树、椴树、桦木等。硬阔叶树种（通常所说的硬杂木）主要包括榉树、水曲柳、榆、柞树等。

2018年，俄罗斯是我国原木进口第二大国，为我国锯材进口第一大国。2019年，俄罗斯是我国第一大木材进口国。2021年，我国从俄罗斯进口木材$929.39×10^4$ t，占总进口量的49%；近几年，俄罗斯正逐渐提高原木出口税，并计划将原木出口比例下调，将木材加工产品的出口税降为零，鼓励高附加值产品生产，增加对木材加工及制浆造纸工业的投资，近几年人造板和制浆工业发展迅速。

俄罗斯多年延续的限制原木出口的政策表明，无论全球木材怎样短缺，俄罗斯都不会再大量出口低附加值的原木，不会再鼓励木材行业"赚快钱"。

(2) 东南亚地区

一直以来，东南亚地区是热带阔叶原木的主要生产地，向东亚出口原木，向美国及欧洲出口锯材等。大多数东盟国家，如缅甸、老挝、印度尼西亚等都是我国的主要木材进口国，特别是红木等高端木材的进口来源国。2021年，我国从泰国进口的木材$287.85×10^4$ t，占总进口量的15%。

东南亚地区是世界上热带原木的主要出口地区，东南亚以出产红木著称，有紫檀、酸枝、花枝、白枝、花梨、黑檀等。户外园林防腐木有菠萝格、柳桉、山樟等；家具木门装修材有金丝柚、白木、黑胡桃、红胡桃、橡胶木等，缅甸柚木更以其优良的品质闻名于世。橡胶木锯材大量进入我国。但是近年东南亚各国普遍采取了禁止非法采伐和限制木材出口的政策，导致这一重要木材供给地的供给情况不乐观。

目前，我国加强与东盟国家木制品贸易的合作，出口方面主要围绕菲律宾、泰国、马来西亚和新加坡4国展开，进口方面主要围绕菲律宾、缅甸、泰国和马来西亚4国展开。

值得一提的是，在该地区，越南已经跃居世界家具出口第五的位置。

(3) 欧洲（不包括俄罗斯）

欧洲主要出产温带材和寒温带材，欧洲木材的主要产地和树种为德国榉木、瑞典云杉和赤松、芬兰松木（北欧赤松）。榉木的市场化是最成熟的，此外，欧洲橡木、水曲柳也在慢慢打开市场，欧洲软木类（樟子松、云杉、赤松）也是该地区的主要出口木材。

欧洲木材产量较大的国家有德国、瑞典、芬兰和奥地利。2018年，欧洲木材产品出口额占世界木材产品出口总额的40%，进口占40%。欧洲木材产品的大进大出反映了木材产品生产的高度专业分工，各国利用自身的比较优势进行规模生产，而并非热衷于"一条龙"

生产。2020年，我国从欧洲进口的木材主要来源于德国、瑞典、芬兰、乌克兰等国家。

(4) 北美洲

北美的森林覆盖率为34%以上，其中，加拿大和美国的森林面积分别位居世界第三和第四。2018年，北美洲木材产品出口占世界出口总额的30%，进口占2%。就出口而言，北美洲的主要外部市场是东亚和欧洲。美国的森林资源丰富，林木资源以针叶林和阔叶林为主，出材技术和加工工艺高，在满足该国国内需求的同时，还大量向东亚出口和少量向欧洲及其他世界市场出口。加拿大的木材生产量远远大于该国国内木材需求量，其木材主要向美国出口，北美国家间的双边贸易较多，贸易流向主要是由加拿大到美国，此外，还有很多输出到欧洲和东南亚地区。

在北美洲出产的木材中，硬木种类有红橡、白橡、水曲柳、黑胡桃、红樱桃、枫木、黄杨、赤杨等，软木种类有铁杉、黄松、北美黄杉、白松等。2021年，我国从加拿大进口的木材总量为 97.54×10^4 t，占我国总进口量的5%。

(5) 非洲

非洲的森林资源丰富且类型多样，森林覆盖率为23%，主要集中在中非和南非。非洲森林大部分为天然林，且以阔叶林占绝对优势，生产大量工业用原木，同时采伐大量林木用作薪材和生产木炭。非洲是木质林产品的净出口地区。

非洲热带雨林资源极其丰富，森林覆盖率占非洲总面积的21%，为仅次于拉丁美洲的世界第二大热带雨林区，西非的加蓬、喀麦隆、尼日利亚，中非的刚果（金）、刚果（布）、卢旺达都是盛产木材的国家。据非洲木材组织统计，非洲木材储藏量共达 2.5×10^8 hm^2，其可采伐的木材量高达 100×10^8 m^3。

东非的小叶红檀、皮灰、小鸡翅、高棉花梨、黑檀、非洲酸枝、檀香、大叶紫檀等是制作古典红木家具的好材料，中非加蓬、喀麦隆、刚果的巴花、大鸡翅、红花梨、沙比利、柚木王、塔利等大口径原木，源源不断地出口到我国。

当前，一些非洲国家，如喀麦隆、赞比亚等，环境保护意识逐渐增强，加之为鼓励其国内木材加工业的发展及增加出口附加值，纷纷限制原木出口。例如，莫桑比克议会通过政府提交的法案要求，自2017年1月1日起，全面禁止原木出口，以保护遭受破坏的该国硬木森林。

(6) 大洋洲和太平洋岛国

大洋洲和太平洋岛国森林资源较丰富的国家和地区有澳大利亚、新西兰、巴布亚新几内亚、斐济、萨摩亚、所罗门群岛和瓦努阿图。该地区主要林产品生产国是澳大利亚和新西兰，同时二者也是该地区主要的林产品贸易国。

新西兰、巴布亚新几内亚、所罗门群岛、澳大利亚是我国主要的原木进口国。新西兰、澳大利亚的辐射松，输入我国的数量非常大。澳大利亚檀香木价值较高，硬木种类还有塔橡及各种桉木。新西兰提供的林产品主要来自仅占世界森林总面积0.05%的人工林。

(7) 南美洲

南美洲的森林覆盖率高达49%，绝大部分国家盛产热带材，其中巴西和秘鲁的森林面积分别排名世界第二位和第九位。南美有世界上最大的热带雨林，盛产各种木材，红檀香、龙凤檀、铁线子、依贝、贾托巴、陶阿里等，这些都大多是以地板坯料形式输入我国,产地是巴西、玻利维亚、秘鲁等,阿根廷、巴拉圭的绿檀香是制作红木家具的好材料,苏里南和圭亚那是目前南美仅有的能大量出口原木到我国的地区,墨西哥、巴拿马、哥斯达黎加、尼加拉瓜等国出产的柚木、微凹黄檀、伯利兹黄檀、中美洲黄檀等得到市场认可和青睐,特别是微凹黄檀。

1.5.4　全球木材贸易的特点

目前,全球木材贸易格局正在进行深度调整,主要表现在以下方面:

(1) 木材产品进出口地区相对集中

欧洲、北美和亚太地区是最大的木材产品出口地区,2018 年,上述 3 个地区的累计出口额占世界木材产品出口总额的 80%左右;欧洲、东亚、北美是重要的木材进口地区,其累计进口额占世界木材进口总额的 85%左右。

(2) 北美和欧洲既是世界主要的木材产品进口地区,也是最主要的出口地区

2018 年,欧洲木材产品出口额占世界木材产品出口总额的 40%,进口占 40%;北美出口占世界出口总额的 30%,进口占 2%。欧美工业大国之间木材产品的大进大出反映了木材产品生产的高度专业化分工,各国利用自身的比较优势进行规模生产,而并非热衷于"一条龙"生产。

(3) 区域之间贸易特点差异显著

由于木材产品普遍粗大笨重,其跨地区运输受到成本的限制。就出口而言,北美主要的外部市场是东亚和欧洲;欧洲的市场则主要是亚太地区(尤其是中东)和东亚;亚太地区出口的 20%是在本地区内完成,其余主要出口到东亚。进口方面,欧洲最大的外部供应者是北美,其次是俄罗斯;东亚最主要的进口市场是北美和亚太地区。

(4) 全球木材产品贸易形式依赖于木材产品消费的特殊因素

对某些木材产品的限制性法案会导致木材产品贸易发生改变,最典型的例子就是由于禁止原木出口,传统的木材产品净出口国——印度尼西亚、马来西亚已经开始转变为木材产品净进口国。

新产品的出现会产生新的贸易流,加拿大、美国定向标准板出口的增加以及欧洲地区间中密度纤维板贸易的繁荣都是很好的例证。

人工林的利用和木材加工能力的提高也都会导致新的贸易流的出现,如近年来巴西、智利、新西兰、印度尼西亚、爱尔兰等国已成为木浆、锯材、木片、木质板的主要出口国。

(5) 亚洲特别是我国已成为林产品贸易发展的重要区域

经过几十年的发展,我国已成为世界上最大的木材与木制品加工国、贸易国和消费国。2017 年,我国木业行业产值达 2.11 万亿元,我国的木材进口需求已达全球需求总量的 10%。越南、马来西亚和印度尼西亚等国正在成为我国在林产品生产领域的主要竞争者。越南已成为世界第六大、亚洲第二大木材出口国,居东南亚地区首位,其家具出口位居世界第五。

(6) 传统木材资源出口国调整林木采伐和木材出口政策

俄罗斯、南美、非洲、太平洋岛国等传统木材资源出口国正利用其森林资源优势逐步减少原木出口,加快产业结构调整,加快发展当地的木材加工业。木材出口国为了保护本国森林资源,纷纷发布禁伐令,使我国木材资源更加紧缺。

(7) 资源型木材贸易受到抑制,高附加值加工产品特别是精加工产品贸易迅速扩大

据统计,目前已有 86 个国家禁止和限制原木出口,造成了我国木材进口价格不断增长。国际社会出于环境和资源安全考虑,开始限制木材出口,我国木材安全问题愈加严峻。

1.5.5 我国木材贸易概况

(1) 木材与木制品进口量

2020 年,我国木材进口量为 $10\,801.77\times10^4$ m³,原木和锯材进口比例分别为 39.77% 和 36.18%,木家具进口比例为 4.31%,其他木制品进口比例为 19.74%(图 1-2)。

2020 年,我国进口木材的主要货源地是俄罗斯、新西兰、德国、加拿大和美国,进口自这 5 个国家的木材占木材进口总量的 63.60%。

2020 年,我国进口原木的主要货源地是新西兰、德国和俄罗斯,进口量分别占进口总量的 27.15%、17.66% 和 10.61%。

2020 年,我国进口锯材的主要货源地是俄罗斯、泰国、加拿大和美国,进口量分别占进口总量的 46.14%、10.44%、9.07% 和 4.82%。

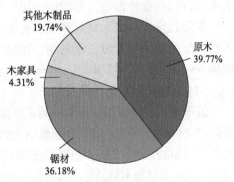

图 1-2 2020 年我国木材与木制品进口额比例

(刘能文,2021)

(2) 木制品出口额

2020 年,我国木制品出口主要以木家具、木框架坐具和人造板为主,出口额占出口总额的比例分别为 35.22%、24.36% 和 15.25%,这三大品种出口额占出口总额的 74.83%。

1.5.6 我国木材消费现状和贸易展望

我国木材加工产业链完备,产业优势明显,木材与木制品进出口贸易将持续增长。我国 GDP 稳步增长将有效带动居民收入的增长,同时新型城镇化建设持续推进,新型基础设施投资力度加大,房地产市场稳中有升,将进一步拉动我国木材与木制品的市场需求。

(1) 木材消费继续保持增长

2018 年,世界工业用原木消费量 20.32×10^8 m³,锯材消费量 4.86×10^8 m³。我国工业用原木每千人消费量 168 m³,相当于世界平均人均消费量的 63%,锯材每千人消费量 76 m³,是世界平均人均消费量的 1.39 倍,与欧美国家还有一定差距,我国木材消费市场还有较大发展空间。

(2) 木材应用消费更加丰富

木材作为世界四大基础材料中(钢铁、水泥、塑料、木材)唯一的可再生资源,在建筑领域的应用越来越广泛。2019 年,全国新开工装配式建筑 4.2×10^8 m²,占新建建筑总面积的

13.4%。其中木结构建筑 $242×10^4 \text{ m}^2$。木结构发展呈现以下趋势：一是投资规模增大；二是加工能力显著提升；三是公共建筑市场需求旺盛；四是装配式木结构建筑和多高层木结构建筑在工业化建筑中所占的比例越来越大。木结构建筑的发展将推动针叶树材消费量的增长。

木材改性是以原生态实木为基础，采用各种物理、化学和生物方法对木材进行功能性改良与修饰。该处理方法保留了木材本身的优点，弥补了部分缺陷和不足，使改性木材的市场需求增加，尤其是其良好的尺寸稳定性，深受木门、家具企业青睐，扩大了木材的应用范围。

(3) 产业集群加速转型升级

未来我国木材产量仍将持续增长，在较长的一段时间内，木材生产将以南方林区为中心，以木材进口为辅助来源，人造板、木制家具等木材加工产业集群也将因此继续在沿海地区强化集聚。在原料来源上依托南方林区和木材进口，在市场去向上，背靠东部较发达的国内市场和海外市场，形成国内国际双循环格局。

多元化发展模式为林业产业由速度型发展转换为质量型发展提供了新的驱动力。随着木材产品消费结构升级，绿色生产生活方式理念深入人心，推动木材产品向低碳、环保、健康方向发展，市场资源进一步向大企业、大品牌集中。

(4) 进出口贸易呈现新格局

近年来，我国木制品行业发展不断加快。我国已经成为世界上最大的木制品生产国、贸易国和出口国。当前，随着我国城镇化的稳步推进和乡村振兴战略的实施，必将带来新一轮林产品市场的拓展，这是我国企业拓展国内产品市场循环的新机遇。随着双循环新发展格局的确立，我国木材与木制品进出口贸易也将出现新变化，进口木材量将保持增长，进口木材结构进一步优化，锯材比例继续上升，木制品出口增速将有所下降，国内市场将成为消费主体。

(5) 木材流通业态更加多元

"一带一路"倡议为我国木制品的进出口贸易提供了广阔的发展空间。我国木制品企业应在巩固美国、日本等国家的传统出口市场的基础上，进一步加大对英国、德国等国家的木制品出口量，与此同时，积极开拓"一带一路"沿线国家等新兴市场，以优化木制品出口市场格局。同时，木材与木制品流通业态进一步向多元化发展，传统经销商模式正在发生变革，直销以及线上线下融合的新零售模式活力增强。

复习思考题

1. 木材有哪些特点？为什么我国的木材需求有增无减？
2. 目前木材主要应用于哪些领域？我国的木材消费会发生哪些变化？
3. 我国的商品木材主要分为哪些类别？
4. 全球森林资源的典型类型有哪些？各森林资源类型都有哪些特点？
5. 目前全球木材贸易的格局是怎样分布的？我国的主要木材进口国有哪些？
6. 当前全球木材贸易有哪些特点？我国的木材供给有什么特点？

第 2 章

我国森林资源现状与经营战略

2.1 我国的森林资源概况

(1) 森林资源总体情况

第九次全国森林资源清查数据显示，我国森林资源总体上呈现数量持续增加、质量稳步提升、生态功能不断增强的良好发展态势，初步形成了国有林以公益林为主、集体林以商品林为主、木材供给以人工林为主的合理格局。

截至 2019 年，我国森林覆盖率 22.96%，森林面积 $2.2×10^8\ hm^2$，其中人工林面积 $7954×10^4\ hm^2$，继续保持世界首位；森林蓄积量 $175.6×10^8\ m^3$。我国森林面积占世界森林面积的 5.51%，位居俄罗斯、巴西、加拿大、美国之后，列第五位；森林蓄积量占世界森林蓄积量的 3.34%，居巴西、俄罗斯、美国、刚果（金）、加拿大之后，列第六位；人工林面积继续位居世界首位。

我国森林资源总量位居世界前列，但人均占有量少。我国人均森林面积 $0.16\ hm^2$，不足世界人均森林面积的 1/3；人均森林蓄积量 $12.35\ m^3$，仅为世界人均森林蓄积量的 1/6。

(2) 森林资源变化情况

与第八次全国森林资源清查数据相比，我国森林资源出现下列明显变化：

①森林面积稳步增长，森林蓄积量快速增加。全国森林面积净增 $1266.14×10^4\ hm^2$，森林覆盖率提高 1.33 百分点，继续保持增长态势。全国森林蓄积量净增 $22.79×10^8\ m^3$，呈现快速增长势头。

②森林结构有所改善，森林质量不断提高。全国乔木林中，混交林面积比率提高 2.93 百分点，珍贵树种面积增加 32.28%，中幼龄林低密度林分比率下降 6.41 百分点。全国乔木林每公顷蓄积量增加 $5.04\ m^3$，达 $94.83\ m^3$；每公顷年均生长量增加了 $0.50\ m^3$，达 $4.73\ m^3$。

③林木采伐消耗量下降，林木蓄积量增长消耗盈余持续扩大。全国林木年均采伐消耗量 $3.85×10^8\ m^3$，减少 $650×10^4\ m^3$。林木蓄积量年均净生长量 $7.76×10^8\ m^3$，增加 $1.32×10^8\ m^3$。增长消耗盈余 $3.91×10^8\ m^3$，盈余增加 54.90%。

④商品林供给能力提升，公益林生态功能增强。全国用材林可采伐蓄积量净增 $2.23×10^8\ m^3$，珍贵用材树种面积净增 $15.97×10^4\ hm^2$。全国公益林总生物量净增 $8.03×10^8\ t$，总

碳储量净增 3.25×10^8 t，年涵养水源量净增 351.93×10^8 m³，年固土量净增 4.08×10^8 t，年保肥量净增 0.23×10^8 t，年滞尘量净增 2.30×10^8 t。

⑤天然林持续恢复，人工林稳步发展。全国天然林面积净增 593.02×10^4 hm²，蓄积量净增 13.75×10^8 m³。人工林面积净增 673.12×10^4 hm²，蓄积量净增 9.04×10^8 m³。

2.2 我国森林资源的结构、质量和生态服务功能

(1) 森林资源结构

①各类林地面积。乔木林地占 56%，灌木林地占 23%，竹林地占 2%，疏林地占 1%，未成林造林地占 2%，宜林地占 15%。

②各类林木蓄积量。森林蓄积量占 92%，疏林地蓄积量占 1%，散生木蓄积量占 5%，四旁树蓄积量占 2%。

③森林起源结构。天然林面积占 64%，人工林面积占 36%。

④林种结构。防护林占 46%，用材林占 33%，经济林占 10%，能源林占 1%，特种用途林占 10%。

⑤森林权属。林地权属：国有 8436.61×10^4 hm²，占 38.66%；集体 $13\,385.44\times10^4$ hm²，占 61.34%。林木权属：森林面积中，国有占 37.92%，集体所有占 17.75%，个体所有占 44.33%。

⑥森林分类。生态公益林占 57%，商品林占 43%。

⑦龄组结构。幼龄林占 33%，中龄林占 31%，近熟林占 16%，成熟林占 14%，过熟林占 6%。

⑧树种结构。乔木林按优势树种(组)分面积排前 10 位的分别为栎树林、杉木林、落叶松林、桦木林、杨树林、马尾松林、桉树林、云杉林、云南松林、柏木林，面积合计占全国的 46.30%，蓄积量合计占全国的 43.83%。

(2) 森林资源质量

每公顷蓄积量 94.83 m³，每公顷年均生长量 4.73 m³，每公顷株数 1052 株，平均胸径 13.4 cm，平均郁闭度 0.58。

(3) 森林生态服务功能

全国森林总碳储量 91.86×10^8 t，年涵养水源量 6289.50×10^8 m³，年固土量 87.48×10^8 t，年滞尘量 61.58×10^8 t，年保肥量 4.62×10^8 t，年吸收大气污染物 0.40×10^8 t。

2.3 我国森林资源存在的问题

(1) 森林资源总量相对不足

我国森林覆盖率远低于全球 31% 的平均水平，人均森林面积 0.16 hm²，不足世界人均森林面积的 1/3；人均森林蓄积量 12.35 m³，仅为世界人均森林蓄积量的 1/6，远低于人均淡水资源占世界人均 1/4 的比重。森林资源总量相对不足的状况仍然存在。我国森林资源总量位居世界前列，但人均占有量少。用占世界 3.34% 的森林蓄积量，支撑占全球 23%

的人口对木材等林产品的巨大需求,又要维护占世界7%的国土生态安全,总量显然不足。

(2) 森林资源质量不高、生态功能较弱

森林资源质量不高、效益低下、功能脆弱是我国林业发展存在的突出问题。我国林地生产力低,森林每公顷蓄积量(树干部分总材积)94.83 m^3,只有世界平均水平的72%;不及德国等林业发达国家的1/3;林木平均胸径只有13.4 cm;平均郁闭度只有0.58。森林生态功能总体处于中等水平。森林资源质量不高、分布不均的状况仍然存在,森林生态系统功能脆弱的状况尚未得到根本改变,生态产品短缺依然是制约我国可持续发展的突出问题,进一步加大投入,加强森林经营,提高林地生产力、增加森林蓄积量、增强生态服务功能的潜力还很大。

(3) 森林有效供给与日益增长的社会需求之间的矛盾依然突出

经济社会发展对林业发展的需求日益提高,对木材等林产品的刚性需求持续增长。我国森林龄组结构依然不合理,中幼龄林面积比例高达64%。成、过熟林比例只占20%。我国木材对外依存度超过50%,木材安全形势严峻;珍贵树种和大径级材供应量少,林木平均胸径只有13.4 cm,可采伐利用的资源少,木材供需的结构性矛盾十分突出。特别是全面保护天然林、停止天然林商业性采伐,还将进一步减少国内木材市场供给。

为确保经济保持中高速发展,满足经济社会发展对木材等林产品的持续刚性需求,必须全面加强森林经营,充分挖掘林地生产潜力,努力提高林地产出率,不断增加木材等林产品的有效供给,充分发挥森林多种功能,实现生态保护和木材生产双赢,大幅提升林业支撑经济社会可持续发展的能力。

(4) 营造林难度越来越大

由于受我国自然条件的限制,适合营造乔木林的土地面积只占国土面积的50%左右。在适宜营造乔木林的地区已经基本绿化,现有宜林地主要分布在西北、西南地区,立地条件差,造林难度越来越大、成本投入越来越高,见效也越来越慢,如期实现森林面积增长目标还要付出巨大的努力。生态产品依然是当今社会最短缺的产品之一。

(5) 森林灾害防控能力弱

我国森林受各种灾害影响的面积占森林总面积的比例远远超过世界平均水平,森林灾害防控的基础还比较薄弱,防控能力不足。

(6) 林区道路等基础设施落后,森林经营条件差、效率低

林区道路等营林基础设施建设严重滞后,林区路网、森林经营作业道路密度低、等级差。目前,全国林区道路网密度只有1.8 m/hm^2,处于较低水平。奥地利、德国的林区道路网密度达89~100 m/hm^2,美国、澳大利亚、英国等国达10~30 m/hm^2。德国、日本、美国等国家各级政府投入林区道路等基础设施建设的资金占总投入资金的比例达60%~80%,而我国尚没有专门用于林区道路建设的固定资金投入渠道。先进森林经营技术和营林机械设备难以有效推广,经营装备落后、作业工具简单,营林生产作业条件差、成本高、效率低,严重制约了森林经营活动的正常开展和防火防虫应急反应能力的提升。

(7) 森林采伐利用不合理,经营方式简单粗放

长期以来,我国森林经营一直"重两头轻中间",重视造林绿化增加森林面积和采伐利用木材,忽视森林抚育这个关键环节,可持续经营、多功能经营等科学经营理念尚未牢固树立。一些地方借抚育之名行取材之实、"拔大毛"的做法还很严重；森林采伐利用仍以轮伐、皆伐等为主，经营方式简单粗放，甚至对未成熟林分采取主伐作业，采大留小、采好留坏，急功近利，严重影响了森林正常生长和质量提升。

(8) 造林绿化空间有限，抚育经营严重滞后

一方面，通过实施林业重点工程建设大规模推进国土绿化，全国容易造林的地方越来越少，造林难度越来越大，成本越来越高，推进越来越难，通过扩大造林面积增加森林资源的空间不足；另一方面，过密过疏林分多、密度适宜林分少，纯林多、混交林少，森林结构不合理、质量差，生态功能低。全国现有大面积的中幼龄林抚育严重滞后，历史欠账多，亟须加大抚育经营力度，释放林木生长空间。

(9) 有些地方政府短期行为严重，经营主体经营意识不强

长期以来，一些地方短期经营行为严重，甚至存在以低效林改造名义将天然林改造为人工林、毁林造林、破坏森林资源的现象，导致森林生态系统严重退化，给林业建设造成了不利影响。针对上述现象，我国先后出台了天然林禁伐政策，以及禁止将天然林改造为人工林等政策措施，对天然林实施了有效的保护，国家还出台了林地保护措施，有效遏制了上述现象的蔓延。此外，经营主体权责利不清晰，认识不到位，自觉经营、自主经营的意愿不强，积极性不高，"望天长"的现象比较普遍，各级政府需要深刻领会和践行"两山"理念。

2.4 我国的森林经营战略

2016 年，国家林业局(现国家林业和草原局)组织编制了《全国森林经营规划(2016—2050 年)》，研究提出了未来 35 年全国森林经营的指导思想、基本原则、目标任务、经营布局、经营战略、技术体系和建设规模，提出了保障该规划实施的政策措施。

2.4.1 我国的森林经营目标

(1) 近期目标

到 2020 年，森林经营取得重大进展，具有中国特色的森林经营理论、技术、政策和管理体系基本建立，森林可持续经营全面推进。森林总量和质量持续提高。全国森林覆盖率达 23.04% 以上，森林蓄积量达 165×10^8 m^3 以上。每公顷乔木林蓄积量达 95 m^3 以上，每公顷乔木林年均生长量达 4.8 m^3 以上。混交林面积比例达 45% 以上，珍贵树种和大径级用材林面积比例达 15% 以上。森林植被总碳储量达 95×10^8 t 以上，森林每年提供的主要生态服务价值达 15 万亿元以上。森林经营示范区每公顷乔木林蓄积量达 150 m^3 以上，每公顷乔木林年均生长量达 7 m^3 以上。重点林区森林质量达到同期世界平均水平。森林生态系统稳定性显著增强，森林的生态服务、林产品供给和碳汇能力明显提升。第九次全国森林资源清查数据显示，上述目标已基本实现。

(2) 远期目标

到 2050 年，具有中国特色的森林经营理论、技术、政策、法律和管理体系全面建成，我国森林经营进入世界先进国家行列。森林经营对增加森林总量、提高森林质量、增强森林效能的贡献持续提升。全国森林覆盖率稳定在26%以上,森林蓄积量达$230×10^8 \text{ m}^3$以上。每公顷乔木林蓄积量达121 m^3以上,每公顷乔木林年均生长量达5.2 m^3以上。混交林面积比例达65%以上,珍贵树种和大径级用材林面积比例达40%以上。森林植被总碳储量达$130×10^8 \text{ t}$以上,森林每年提供的主要生态服务价值达31万亿元以上。森林经营示范区每公顷乔木林蓄积量达260 m^3以上,每公顷乔木林年均生长量达8.5 m^3以上。全国森林质量超过同期世界平均水平,重点林区森林质量达到同期同纬度林业先进国家水平。建成健康稳定优质高效的森林生态系统,基本满足国家生态保护、绿色经济发展和林区充分就业的需求。

2.4.2 我国的森林经营区划与经营方向

依据《全国森林经营规划(2016—2050年)》《全国主体功能区战略规划》和《中国林业发展区划》,全国森林经营划分为八大经营区,分别为大兴安岭寒温带针叶林经营区、东北中温带针阔混交林经营区、华北暖温带落叶阔叶林经营区、南方亚热带常绿阔叶林和针阔混交林经营区、南方热带季雨林和雨林经营区、云贵高原亚热带针叶林经营区、青藏高原暗针叶林经营区、北方草原荒漠温带针叶林和落叶阔叶林经营区。

2.4.2.1 大兴安岭寒温带针叶林经营区

(1) 基本情况

该区行政范围涉及黑龙江大兴安岭和内蒙古呼伦贝尔的42个县(市、区、局、保护区)。现有林地总面积$1349.95×10^4 \text{ hm}^2$,森林面积$1182.78×10^4 \text{ hm}^2$,森林蓄积量$10.87×10^8 \text{ m}^3$。每公顷乔木林蓄积量$92.82 \text{ m}^3$,每公顷乔木林年均生长量$2.60 \text{ m}^3$,混交林面积比例31.93%,森林植被总碳储量$5.69×10^8 \text{ t}$。

该区属大兴安岭北部山系,地貌类型以山地丘陵为主。气候属寒温带季风气候,冬季漫长、严寒少雪,春季干旱少雨,夏季较短,降水量集中,秋季霜冻较早。年降水量350~530 mm。土壤以棕色针叶林土、暗棕壤、灰色森林土、草甸土、沼泽土和冲积土为主,肥力较高。该区是我国北方寒温带针叶林主要分布区,地带性植被为以兴安落叶松为主的寒温带针叶林。现有森林类型主要有兴安落叶松林、樟子松林、白桦林、山杨林、蒙古栎林、落叶松白桦林、白桦杨树栎类林等。该区是我国重要的寒温带木材战略储备基地,也是松嫩平原和呼伦贝尔大草原的生态屏障。

(2) 存在的问题

该区域宜林地少,增加森林面积的空间有限。森林以采伐和火灾后形成的天然次生林为主,林木生长缓慢。白桦、黑桦、山杨等天然次生阔叶林面积比重大,林分结构简单、质量较差。林内卫生条件差,森林火灾危害严重。迹地更新以天然更新为主,森林恢复周期长。成、过熟用材林面积小,可采资源基本枯竭。

(3) 经营方向

持续提高森林质量,加快森林向寒温带地带性顶极群落演替,持续促进森林资源恢复性增长。依法保护以兴安落叶松为主的寒温带原始针叶林,加强天然林封育管护、中幼龄林抚育、退化次生林修复,精准提升兴安落叶松、樟子松等寒温带针叶材质量,建设寒温带国家木材战略储备基地。加强林区林地清理，严控林地水土流失，恢复森林植被。积极发展林下种植(养殖)业，增强大兴安岭重点国有林区"造血功能"。

(4) 经营目标

通过采取以上经营策略和措施，达到如下经营目标：到 2050 年，经营区森林面积达 $1258×10^4$ hm^2，森林蓄积量达 $13×10^8$ m^3，每公顷乔木林蓄积量达 105 m^3，每公顷乔木林年均生长量达 2.9 m^3，森林植被总碳储量达 $7×10^8$ t，混交林面积比例达 44%，珍贵树种和大径级用材林面积比例达 30%。

2.4.2.2 东北中温带针阔混交林经营区

(1) 基本情况

该区行政范围涉及黑龙江、吉林、辽宁、内蒙古 4 省(自治区)248 个县(市、区、旗、局)。现有林地总面积 $3972.43×10^4$ hm^2，森林面积 $3326.88×10^4$ hm^2，森林蓄积量 $28.69×10^8$ m^3，每公顷乔木林蓄积量 91.46 m^3，每公顷乔木林年均生长量 3.74 m^3，混交林面积比例 52.25%，森林植被总碳储量 $14.95×10^8$ t。

该区西、北、东三面由大兴安岭、小兴安岭、长白山环绕，中部是东北平原，地貌类型以山地丘陵、平原为主。气候属温带季风气候，冬季寒冷、干燥漫长，夏季温暖、湿润短促。年降水量 400~1000 mm，由东向西递减。土壤以暗棕壤、黑土、黑钙土、棕色针叶林土、高山草甸土为主，肥力较高。该区是我国以红松为主的针阔叶混交林主要分布区，地带性植被是温带针叶落叶阔叶混交林。现有森林类型主要有云冷杉针叶混交林、云冷杉针阔混交林、硬阔叶混交林、红松阔叶混交林、兴安落叶松林、长白落叶松林、樟子松林、杨桦林、蒙古栎林等。该区森林是我国重要的中温带木材战略储备基地和东北平原的重要生态屏障。

(2) 存在的问题

该区宜林地少，增加森林面积的空间有限。森林以采伐和火灾后形成的天然次生林为主，桦木、栎类、落叶松、杨树等天然次生林面积比重大。多数林分结构简单、质量不高、恢复生长缓慢。林区卫生条件差，森林火灾危害严重。成、过熟用材林资源少，可采资源基本枯竭。

(3) 经营方向

加强森林抚育和退化林修复，全面恢复地带性红松阔叶混交林，显著提高森林质量，培育以生态服务为主的多功能兼用林，构筑东北生态屏障。依法严格保护中温带原始针叶落叶阔叶混交林，全面加强天然林管护、林冠下造林，通过退化林修复、森林抚育等措施，调整蒙古栎林、杨桦林等次生林结构，促进林木生长，精准提升红松阔叶林等林分质量，建设我国中温带国家木材战略储备基地。积极培育果材兼用林，发展林下种植(养殖)业，重构国有林区林业产业体系。

平原农区推进防护林网建设，采取稀疏和断带林地补植、密林疏伐、衰老林带更新复壮等经营措施，完善农田防护林网，构筑农田防风固沙屏障。平原农区以落叶松、樟子松、杨树类、柳树、榆树、栎类等为主，营造人工混交林，构建以发挥农田防护功能为主的林网；对残破、衰老林带采取带状渐伐等作业法进行更新改造，配套完善农田防护林网。

西部沙区采取保护经营作业法，严格保护天然植被；建设以樟子松、油松、杨树类、柳树、紫穗槐、沙地柏等树种为主的百万亩人工林基地，以发挥其防风固沙功能对退化林带采取带状渐伐等作业法进行更新改造，培育混交异龄林，构筑区域防风固沙林网。

(4) 经营目标

通过采取以上经营策略和措施，达到如下经营目标：到2050年，经营区森林面积达 3667×10^4 hm^2，森林蓄积量达 41×10^8 m^3，每公顷乔木林蓄积量达 121 m^3，每公顷乔木林年均生长量达 4.4 m^3，森林植被总碳储量达 21×10^8 t，混交林面积比例达 73%，珍贵树种和大径级用材林面积比例达 35%。

2.4.2.3 华北暖温带落叶阔叶林经营区

(1) 基本情况

该区行政范围涉及北京、天津、河北、山西、辽宁、江苏、安徽、山东、河南、陕西、甘肃和宁夏等12省（自治区、直辖市）的817个县（市、区）。现有林地总面积 3368.76×10^4 hm^2，森林面积 1980.53×10^4 hm^2，森林蓄积量 7.03×10^8 m^3，每公顷乔木林蓄积量 48.84 m^3，每公顷乔木林年均生长量 4.37 m^3，混交林面积比例 19.76%，森林植被总碳储量 5.40×10^8 t。

该区地势西高东低，从渤海、黄海之滨向西递升到黄土高原，主要地貌类型有辽东半岛、山东半岛、环渤海海滨、黄淮海平原、燕山—太行山山地和黄土高原，分布有辽河、海河、黄河和淮河四大水系。气候属暖温带湿润半湿润大陆性季风气候、暖温带湿润半湿润气候和暖温带大陆性季风气候，春季干旱多风，夏秋炎热多雨，冬季寒冷干燥。年降水量400~950 mm，由东向西递减。地带性土壤为褐土和棕壤，黄土高原分布有黑垆土，局部地区分布有风沙土。地带性森林为暖温带落叶阔叶林。现有森林类型主要有以栎类、槭属、榆属、椴属等为主的混交林以及山地杨桦林、油松林、侧柏林、落叶松林、臭冷杉和云杉林等。该区生态环境脆弱，其森林植被是推动京津冀协同发展、维护黄淮海平原粮仓和黄河流域安全的重要生态屏障。

(2) 存在的问题

该区森林覆盖率较低，森林资源总量不足。宜林地分布较多，但立地质量差，造林成林难度大。现有林以人工林为主，中幼龄林面积比重大，树种单一，密林、纯林多，林分稳定性差。天然栎类林破坏严重，低质低效林、天然次生林、退化次生林面积大，乔木林单位面积蓄积量低。乡土珍贵树种的保护和培育有待加强。天牛、美国白蛾等森林虫害受害面积大。平原地区速生丰产林和工业原料林发展有待进一步加快，无公害名优果品经济林比例不高。

(3) 经营方向

持续扩大森林面积，增加森林植被，增强生态承载力，扩大环境容量，构建推动京津冀协同发展的生态高地。严格保护以辽东栎、麻栎、栓皮栎和油松等为主的暖温带原始落叶阔叶林，加强乡土珍贵树种保护。

燕山—太行山、黄土高原、环渤海海滨等地区推进退耕还林（草）、京津风沙源治理和京津保平原绿化带建设，加快平原绿化、城镇绿化、廊道绿化和"四旁"植树，推进天然次生林、退化次生林、人工低效纯林提质和退化防护林（带）修复，构建结构合理、防护功能完备的山地、沿海和城市森林生态屏障。

黄淮海平原、辽东半岛等地区，加快农田林网建设和林带更新，提高农林复合经营水平。强化"四旁"植树培育珍贵树种，精准提升栎类林、椴树林、刺楸林等林分质量，大力发展杨树、泡桐、楸树等集约经营的商品林基地，建设暖温带国家木材战略储备基地，促进人造板和木材加工业发展。地势平坦、水热条件好的地区，积极营造生态型经济林，提高干鲜果品质量，促进经济林产业持续健康发展。

(4) 经营目标

通过采取以上经营策略和措施，达到如下经营目标：到 2050 年，经营区森林面积达 2798×10^4 hm^2、森林蓄积量达 18×10^8 m^3，每公顷乔木林蓄积量达 85 m^3，每公顷乔木林年均生长量达 6.6 m^3，森林植被总碳储量达 11×10^8 t，混交林面积比例达 30%。

2.4.2.4 南方亚热带常绿阔叶林和针阔混交林经营区

(1) 基本情况

该区行政范围涉及上海、江苏、浙江、安徽、福建、江西、河南、湖北、湖南、广东、广西、重庆、四川、贵州、云南、陕西和甘肃 17 个省（自治区、直辖市）的 1195 个县（市、区）。现有林地总面积 $10\,858.02\times10^4$ hm^2，森林面积 9088.29×10^4 hm^2，森林蓄积量 41.37×10^8 m^3，每公顷乔木林蓄积量 60.75 m^3，每公顷乔木林年均生长量 4.79 m^3，混交林面积比例 43.01%，森林植被总碳储量 25.27×10^8 t。

该区地形以平原丘陵为主，主要地貌类型有秦岭、淮阳山地、四川盆地、长江中下游平原和江南丘陵、东南沿海丘陵、云贵高原（东部）等。属亚热带季风气候，夏季高温多雨，冬季低温少雨。年降水量超过 1000 mm。土壤主要有黄褐土、黄壤、黄棕壤、红壤和砖红壤性红壤等，受雨水过度冲刷影响，土壤肥力不高、酸性强。地带性植被为常绿阔叶林，北缘和山地地区有针阔混交林。主要森林类型有壳斗科、樟科、山茶科、木兰科和金缕梅科等组成的常绿及落叶阔叶林、针阔混交林，以及杉木、马尾松、华山松、黄山松、桉树、杨树、泡桐、毛竹、油茶等人工纯林。该区地处中部崛起和长江经济带，森林植被是中部崛起的生态支撑和长江黄金水道的生态保护屏障。

(2) 存在的问题

该区大面积的可造林地分布少，增加森林面积的空间有限。林分质量普遍较差，林地生产力较低，水热条件好、林木生长快的优势没有得到充分发挥。天然次生林人工林化严重，人工纯林多，低质低效林面积大，亟须抚育的中幼龄林多，森林抵御雨雪冰冻等灾害的能力弱。集体及个人经营的用材林面积比例高，森林经营强度大，但林地产出率比较低，经营效益亟待提高。

(3) 经营方向

挖掘林地生产潜力，培育集约经营的商品林和珍贵大径级阔叶混交林，大幅提高森林质量，建立优质高效的森林生态系统，保护生物多样性，维护国家木材供给安全。依法保护亚热带原始常绿阔叶林和针阔混交林，规范退化林修复，严禁将天然林改造为人工林。

继续推进重要江河源头区、河流两岸和沿海防护林建设、退耕还林、石漠化综合治理，加快"四旁"植树，构建绿色生态走廊，增强灾害抵御能力。全面实施杉木、马尾松等人工纯林提质和退化林(带)修复，增加复层针阔混交林比重。着重加强天然次生林修复和珍贵阔叶树种培育，精准提升亚热带珍贵阔叶林质量，把天然次生林经营成为培育珍贵阔叶用材林的基地。建设一批以松类为主的短轮伐期工业原料林基地、大径竹资源培育基地、木本粮油和特色经济林基地，建设亚热带国家木材战略储备基地，促进绿色循环经济发展。

(4)经营目标

通过采取以上经营策略和措施，突出达到如下经营目标：到2050年，经营区森林面积达$10\,282\times10^4\ hm^2$，森林蓄积量达$81\times10^8\ m^3$，每公顷乔木林蓄积量达$101\ m^3$，每公顷乔木林年均生长量达$5.6\ m^3$，森林植被总碳储量达$47\times10^8\ t$，混交林面积比例达60%，珍贵树种和大径级用材林面积比例达45%。

2.4.2.5 南方热带季雨林和雨林经营区

(1)基本情况

该区行政范围涉及广东、广西、海南、云南和西藏5个省(自治区)的73个县，包括云南高原南缘、东喜马拉雅山南翼侧坡、粤桂南部、海南等区域。现有林地总面积$880.33\times10^4\ hm^2$，森林面积$741.47\times10^4\ hm^2$，森林蓄积量$8.26\times10^8\ m^3$，每公顷乔木林蓄积量$151.61\ m^3$，每公顷乔木林年均生长量$6.90\ m^3$，混交林面积比例62.04%，森林植被总碳储量$4.49\times10^8\ t$。

该区地势西高东低，地貌类型复杂多样。属热带季风气候，夏季高温多雨，年降水量1400~2000 mm。地带性土壤为砖红壤，分布有赤红壤、山地红壤、山地黄壤和山地草甸土等。地带性植被为热带季雨林、雨林和红树林，主要森林类型有栲、石栎以及常绿栎类、樟科、山茶科、木兰科、安息香科等树种组成的热带常绿阔叶林、针阔混交林、红树林，还有相思树、湿地松、桉树等人工纯林。该区是我国乃至世界维护热带地区生物多样性的关键区域，森林在抵御台风和洪涝等自然灾害中发挥着不可替代的作用，同时提供极为丰富的热带木材、水果、食品和药材。

(2)存在的问题

该区森林资源总量少，宜林地少，增加森林面积的空间小。热带季雨林、雨林和红树林受损严重，生态环境脆弱。原始林少，天然次生林比重大；人工中幼龄林比重偏高，质量低。森林生产力低和林地产出少，森林对台风、风暴潮等自然灾害的防御能力弱，森林生态防护功能与建设现代林业、实现区域经济社会可持续发展所需的生态容量要求差距比较大。

(3)经营方向

保护生物多样性，提高热带雨林生态系统稳定性；充分利用良好的水热条件，培育集约经营的商品林，大幅提升林地生产力，实现林地产出最大化，增强森林的多种功能和多重效益。依法严格保护热带天然季雨林和雨林，规范退化林修复，严禁将天然林改造为人工林。推进以基干林带为主体的沿海防护林建设，修复受损生态系统，逐步恢复热带季雨林、雨林生态系统和沿海红树林生态系统，优化美化人居环境，构筑沿海防灾减灾带。实施集约经营，建设以桉树和松类为主的短轮伐期工业原料林基地、大径竹资源培育基地和特色经济林基地；定向培育红木类、楠木等珍贵树种大径级用材林，建设热带国家木材战略储备林基地，提升林业对区域生态旅游、蓝色经济发展的支撑作用。

(4) 经营目标

通过采取以上经营策略和措施，达到如下经营目标：到2050年，经营区森林面积达 $798×10^4 \text{ hm}^2$，森林蓄积量达 $12×10^8 \text{ m}^3$，每公顷乔木林蓄积量达 196 m^3，每公顷乔木林年均生长量达 9.9 m^3，森林植被总碳储量达 $6×10^8 \text{ t}$，混交林面积比例达85%，珍贵树种和大径级用材林面积比例达45%。

2.4.2.6 云贵高原亚热带针叶林经营区

(1) 基本情况

该区行政范围涉及四川、贵州和云南3个省的137个县(市、区)，包括云南高原、滇西北、川西南、黔东高山峡谷、滇南、滇西南中山宽谷和滇中高原湖盆等区域。现有林地总面积 $2405.53×10^4 \text{ hm}^2$，森林面积 $1709.98×10^4 \text{ hm}^2$，森林蓄积量 $14.59×10^8 \text{ m}^3$，每公顷乔木林蓄积量 103.56 m^3，每公顷乔木林年均生长量 4.77 m^3，混交林面积比例40.78%，森林植被总碳储量 $8.26×10^8 \text{ t}$。

该区属典型山原地貌，地势由西向北、向东南阶梯下降。气候属亚热带季风气候，年降水量在1100 mm左右。地带性土壤为红壤，分布有砖红壤、赤红壤、黄壤、棕壤、暗棕壤、紫色土和黑色石灰土等。植物种类丰富，森林类型多样，地带性森林为亚热带针叶林，主要分布有冷杉林、华山松林、云南松林、思茅松林、川滇高山栎林、槭树林、栲林和竹林等。该区地处长江、珠江等大江大河的上游或源头，是我国乃至全球生物多样性最高的地区之一，生态区位十分重要；同时，该区土壤侵蚀严重，石漠化比较集中，生态环境脆弱。森林承担着六大水系上游或源头、石漠化地区的生态防护功能，是山区经济发展和林农致富的重要来源。

(2) 存在的问题

该区域森林资源丰富但分布不均，多集中于西北和东南部山地生态脆弱区。宜林地主要分布在石漠化和干热河谷地区，立地质量差，造林成林难度大。森林以天然次生林为主，分布有少量人工中幼龄林，受干旱、低温冻害和病虫害影响大。集体和个人经营的森林面积比例超过80%，可采伐用材林资源不足。

(3) 经营方向

恢复森林植被，持续提升森林质量，构建川滇生态屏障，保护区域生物多样性。依法保护以云冷杉、松属、油杉属等为主的亚热带原始针叶林。持续加强天然林封育管护，扩大退耕还林，推进石漠化综合治理，实施困难立地造林，积极恢复石漠化和干热河谷地区森林植被。持续推进森林抚育和云南松、思茅松等低效林提质，引导培育异龄混交林，构筑生态防护带，维护高山峡谷、高原湖泊和石漠化地区生态安全。积极发展桉树等短轮伐期工业原料林基地、大径竹资源培育基地和特色经济林基地；培育珍贵树种大径级用材林，精准提升华山松、云南松、思茅松等亚热带针叶林质量，建设云贵高原国家木材战略储备基地，提升林业对山区经济社会可持续发展的支撑能力。

(4) 经营目标

通过采取以上经营策略和措施,达到如下经营目标:到 2050 年,经营区森林面积达 2183×10^4 hm^2,森林蓄积量达 24×10^8 m^3,每公顷乔木林蓄积量达 144 m^3,每公顷乔木林年均生长量达 5.7 m^3,森林植被总碳储量达 13×10^8 t,混交林面积比例达 60%,珍贵树种和大径级用材林面积比例达 40%。

2.4.2.7 青藏高原暗针叶林经营区

(1) 基本情况

该区行政范围涉及四川、云南、西藏、青海、甘肃和新疆 6 个省(自治区)的 192 个县(市、区)。现有林地总面积 3705.26×10^4 hm^2,森林面积 2711.61×10^4 hm^2,森林蓄积量 31.58×10^8 m^3,每公顷乔木林蓄积量 238.59 m^3,每公顷乔木林年均生长量 3.23 m^3,混交林面积比例 18.61%,森林植被总碳储量 16.61×10^8 t。

该区地势高峻,地形复杂,分布有通天河、怒江上游、澜沧江上游、大渡河及其大小支流。东南部属亚热带季风气候,年降水量 400~900 mm;其他部分属高原气候,年降水量从 20~50 mm 到 250~550 mm。土壤主要有燥红土、褐土、红壤、黄棕壤、棕壤、暗棕壤、棕色针叶林土、高山草甸土、亚高山草甸土等。地带性森林植被以亚高山针叶林、高寒灌丛为主。东南部森林类型主要有云杉林、冷杉林、铁杉属等亚高山针叶林,少量分布壳斗科、樟科、木兰科和山茶科等常绿阔叶树种;其他部分为高寒植被区,乔木分布较少,植被以高山稀疏灌丛、高寒荒漠灌丛为主。该区生物多样性丰富,生态区位十分重要;同时流水侵蚀、水土流失严重,生态环境十分脆弱。森林植被在防止水土流失,修复脆弱生态环境,维护我国乃至亚洲重要江河的水源地,减缓和适应气候变化中发挥着关键性作用。

(2) 存在的问题

区域森林多为原始林,近成过熟林居多,蓄积量大,但分布不均,集中分布于青藏高原东南缘,其他区域森林植被以灌丛为主,乔木林分布少,森林覆盖率低。人工林分布少,林分质量低。除青藏高原东南缘外,大部分地区自然条件严酷、立地质量差、森林培育周期长。

(3) 经营方向

维持暗针叶林生态系统、高寒灌丛生态系统健康稳定,保护区域特有的生态环境和气候稳定生态源,维护大江大河流域生态平衡。依法保护本区域东南部亚高山原始针叶林、高寒区灌木灌丛。科学开展退化森林植被修复,改善群落结构,增强森林保持水土、涵养水源的功能,构筑青藏高原生态屏障,维持"世界屋脊"生态系统稳定。在人口密度较大、水热条件适宜地区,可适度发展能源林、木本油料林和特色经济林,培育藏区林下药材和森林食品,拓宽牧民增收致富渠道。

(4) 经营目标

通过采取以上经营策略和措施,达到如下经营目标:到 2050 年,经营区森林面积达 3162×10^4 hm^2,森林蓄积量达 35×10^8 m^3,每公顷乔木林蓄积量达 248 m^3,每公顷乔木林年均生长量达 3.8 m^3,森林植被总碳储量达 19×10^8 t,混交林面积比例达 26%。

2.4.2.8 北方草原荒漠温带针叶林和落叶阔叶林经营区

(1) 基本情况

本区行政范围涉及内蒙古、吉林、河北、山西、陕西、甘肃、青海、宁夏和新疆9个省(自治区)的403个县(市、区、旗、局)。现有林地总面积4506.90×10^4 hm^2,森林面积2137.63×10^4 hm^2,森林蓄积量5.40×10^8 m^3,每公顷乔木林蓄积量86.21 m^3,每公顷乔木林年均生长量3.69 m^3,混交林面积比例4.61%。森林植被总碳储量4.07×10^8 t。

该区地势西高东低,地貌以高原为主,山地、丘陵、平原和风沙地貌相间分布。气候属中温带大陆性气候,地处干旱、半干旱地区,大部分地区年降水量200~400 mm。森林草原以黑土、黑钙土为主,荒漠草原以棕钙土、灰钙土为主,荒漠区风沙土、盐碱土、草甸土等呈地带性分布。森林类型主要为温带针叶林、温带阔叶林和温带针阔混交林,主要针叶树种有兴安落叶松、华北落叶松、樟子松、油松、白杆、青杆、天山云杉、青海云杉、侧柏、圆柏、杜松等,阔叶落叶树种有蒙古栎、辽东栎、山杨、白桦、榆、旱柳等。灌丛属温带落叶灌丛,主要灌木树种有梭梭、柠条、沙柳、红皮柳、柽柳、沙棘、沙枣、枸杞、花棒、沙冬青等。该区是北方畜牧业发展重点区,但水资源短缺,土壤瘠薄,风蚀、沙化危害严重,生态环境极为脆弱。该区的森林植被是抵御风沙危害,维护绿洲、草原乃至华北平原、黄河下游和京津冀等地区生态安全的防护墙。

(2) 存在的问题

该区森林覆盖率低,森林资源总量少。宜林地面积大,以沙化和荒漠化土地为主,植被恢复和生态治理难度大。乔木林分布少,以近天然人工林和人工林为主,林分质量普遍较低。天然林破坏严重,仅在偏远深山区有少量分布。天山云杉、西伯利亚云冷杉等天然林呈孤岛状分布,胡杨林退化严重。农牧场防护林人工纯林占比高,病虫害、干旱和老化严重,森林抚育和更新改造面积大。灌木林资源丰富,灌木林经营亟待加强。

(3) 经营方向

持续扩大植被覆盖,增加森林面积,促进生态扩容,构筑北方固沙防沙带和新欧亚大陆桥生态防护带。依法保护以樟子松、华北落叶松、油松、天山云杉、青海云杉等为主的温带天然针叶林以及杨、桦、胡杨和榆等为主的温带天然落叶阔叶林。宜林则林,宜灌则灌,宜草则草,封飞造、乔灌草相结合,带网片、多树种配置,持续推进三北防护林建设和京津风沙源治理,扩大退耕还林还草,加大防沙治沙力度,尽快提高沙区林草覆盖,科学实施退化林修复和退化防护林带复壮更新,重建和恢复防风固沙林(带),保护绿洲和农牧业健康发展。水热条件好、地势平坦的地区,积极培育杨树类等短轮伐期工业原料林和灌木工业原料林,精准提升樟子松、华北落叶松等林分质量,建设中温带国家木材战略储备基地。充分利用独特的光热条件,合理规划,大力发展核桃、红枣、枸杞等具有地域特色的经济林。科学治沙的同时,大力发展沙产业,促进沙区生态型经济发展。

(4) 经营目标

通过采取以上经营策略和措施,达到如下经营目标:均生长量达3.9 m^3。森林植被总碳储量达5×10^8 t,混交林面积比例达7%。到2050年,经营区森林面积达2957×10^4 hm^2、森林蓄积量达8×10^8 m^3,每公顷乔木林蓄积量达97 m^3,每公顷乔木林年均生长量达4.1 m^3,

森林植被总碳储量达 $6×10^8$ t，混交林面积比例达 20%。

2.5 我国木材生产格局的变化

今后一个时期，我国的木材生产格局将发生改变，要通过优化发展布局，强化森林资源培育，提高木材供给能力。

在南方集体林区（江西、福建、浙江、安徽、湖南、湖北、广东、广西、贵州、四川等省份），大力推进速生丰产林、工业原料林以及珍贵大径材基地建设，充分利用南方水热资源优势，将南方集体林区作为我国商品林发展和木材生产的重点区域，实现我国木材生产从过去的北方国有林区，向南方集体林区的战略转移。

在东北林区，加大森林抚育经营和保护管理力度，全面停止东北重点国有林区森林主伐，促进天然林资源的休养生息。大力发展速生丰产林、工业原料林以及珍贵大径材林，加快推进木材储备基地建设，不断增强木材和林产品的有效供给能力。

在平原地区，大力发展"四旁"植树、生态经济型防护林，并且建成以人工林为主体的、补充木材供给的新兴产业基地，使平原林网成为我国商品林供应的主要补充基地。通过积极推进平原绿化、通道绿化、村镇绿化和森林城市建设，充分挖掘森林资源增长潜力。

推进由单纯控制资源消耗向生态保护与产业发展并重的转变，该目标可概括为"两个转移、两个重点"。"两个转移"一是指从过去北方的国有林转到南方的集体林；二是指由过去依靠天然林转移到依靠人工林。"两个重点"一个是平原林区，另一个是东北林区。

复习思考题

1. 我国的森林资源和经营利用存在哪些问题？我国的近、远期森林经营的目标是什么？
2. 我国大兴安岭寒温带针叶林经营区存在的主要问题和经营目标是什么？
3. 我国东北中温带针阔混交林经营区存在的主要问题和经营目标是什么？
4. 我国华北暖温带落叶阔叶林经营区存在的主要问题和经营目标是什么？
5. 我国南方亚热带常绿阔叶林和针阔混交林经营区存在的主要问题和经营目标是什么？
6. 我国南方热带季雨林和雨林经营区存在的主要问题和经营目标是什么？
7. 我国云贵高原亚热带针叶林经营区存在的主要问题和经营目标是什么？
8. 我国北方草原荒漠温带针叶林和落叶阔叶林经营区存在的主要问题和经营目标是什么？
9. 我国青藏高原暗针叶林经营区存在的主要问题和经营目标是什么？

第 3 章

木材生产与森林经营理论

3.1 森林资源的多种效益

森林资源的多种效益又称森林生态系统的服务功能，森林生态系统服务功能主要体现在 3 个方面：生产功能、社会功能、生态服务功能。

除了林产品以外，森林还提供清洁水源、清洁空气、土壤保护、野生动物栖息地、植被区系和动物区系，以及进行游憩、审美、教育和研究的机会。

根据联合国《千年生态系统评估报告》，我国将森林主导功能分为林产品供给、生态保护调节、生态文化服务和生态系统支持四大类。林产品供给是指森林生态系统通过初级和次级生产，提供木材、森林食品、中药材、林果、生物质能源等多种产品，满足人类生产生活需要。生态保护调节是指森林生态系统通过生物化学循环等过程，提供涵养水源、保持水土、防风固沙、固碳释氧、调节气候、清洁空气等生态功能，保护人类生存生态环境。生态文化服务是指森林生态系统通过提供自然观光、生态休闲、森林康养、改善人居、传承文化等生态公共服务，满足人类精神文化需求。生态系统支持是指森林生态系统通过提供野生动植物的生境，保护物种多样性及其进化过程。

3.1.1 森林的经济效益

(1) 提供木材

森林提供的木材是重要的生产资料和生活资料，2018 年，世界工业用原木消费量 $20.32 \times 10^8 \mathrm{~m}^3$，锯材消费量 $4.86 \times 10^8 \mathrm{~m}^3$。我国工业用原木每千人平均消费量 $168 \mathrm{~m}^3$，相当于世界人均消费量的 63%，锯材每千人平均消费量 $76 \mathrm{~m}^3$，是世界人均消费量的 1.39 倍。

(2) 提供非木质林产品

森林除提供木材外，还提供各种非木质林产品，按照联合国粮食及农业组织的定义，非木质林产品是包括对木材以外源于森林或森林树种的各种动植物资源的总称，主要是果、菌、竹、笋、林化产品、茶、咖啡、竹藤软木、调料、药材补品和苗木花卉等。许多乔木、灌木和草本植物的果实都是很好的食品原料，如山荆子、野海棠、枇杷、山楂、悬钩子、稠李等。蘑菇和木耳是林下常见的菌类，具有很高的营养价值。竹林除生产竹材外，也生产竹笋。许多林木的种子含油量很高，可以用来生产油料，例如，我国南方的油茶是专门作为油料树种来栽培的经济林树种；松类树木的种子含油量也都很高。森林中还有很多药用植物，例如，从红豆杉科三尖杉属和红豆杉属植物提取的粗榧碱和紫杉醇，具有抗肿瘤和治疗白血病的功能，银杏叶片所含的白果素对治疗心血管病有疗效。森林里还有许多香料植物，从这些香料植物中提取的芳香油有很多用途，例如，柏木油可用来配制香料和药物，松针油可用来生产消毒剂；从樟树叶片及木材中可提取作为医用和化工香料的樟脑及樟油。从漆树中可提取漆，可从树干韧皮部割取生漆，漆是一种优良的防腐、防锈的涂料。从一些植物和动物上可提取蜡，用作防水剂，也可用来制作蜡烛。此外，许多林区河流出产鱼类产品，广大林地上开展狩猎业、畜牧业以及养蜂业。据联合国粮食及农业组织统计，在全球森林中，约30%主要用于生产木材和非木质林产品。

3.1.2 森林的生态效益

森林的生态效益包括涵养水源、保持水土、调节气候、防风固沙、净化空气、保护生物多样性、固碳释氧等。

(1) 涵养水源

降水经林冠的截留，动能降低，对地表的击溅力减弱；下流的雨水又被林下灌木、草本植物和枯枝落叶阻挡和吸收，流速降低，不能形成冲刷土壤的径流。据测定，林冠所截留的降水能占降水量的15%~40%，其余的降水可被枯枝落叶层和土壤吸收。林冠截留降水量与上层树种的生态学特性有关，耐阴树种由于林冠枝叶茂密，截留的降水要比喜光树种多。林地土壤受植物根系作用和土壤动物活动及凋落物的影响，孔隙多，疏松，对雨水的渗透性强，降水的50%~80%可以渗入地下这些水用来补给地下水和江河水，使森林成为绿色水库。每公顷森林所含蓄的水分至少比无林地多300 m^3，$1×10^4$ hm^2 林地所含蓄的水分就相当于一个容量 $300×10^4$ m^3 的水库。第九次全国森林资源清查数据显示，我国森林年涵养水源量 $6289.50×10^8$ m^3，而三峡水库的库容为 $393×10^8$ m^3。"山上多栽树，等于修水库，有雨它能吞，无雨它能吐"是对森林涵养水源作用的生动描述。

(2) 保持水土

水土流失会使土层变薄，降低土壤肥力；冲毁农田，使河流泥沙含量增加，引发洪涝灾害，使河流、水库氮、磷营养元素增加，造成污染。风蚀还会引起风沙灾害。

在森林的覆盖下，由于高大植物的冠层截留、地被物的阻挡吸收、水分的下渗，森林能明显减少地表径流，进而减少了降水对地面的冲刷，保护了土壤。此外，植物根系分泌的有机物能够胶结土壤，起到保持水土的作用。森林在发挥保持水土作用的同时，能够保持土壤肥力，减少江河湖库非点源污染，发挥保护与改善水质的作用。第九次全国森林资源清查数据显示，我国森林年固土量 $87.48×10^8$ t，年保肥量 $4.62×10^8$ t。

(3) 调节气候

森林比同纬度同等面积的海洋蒸发的水分还多50%。林区湿度大、温度低，水蒸气容易生成云雨，因而林区的降水量多于无林区。森林对区域性水汽输送起承启和接力作用，例如，云贵高原的森林可通过蒸腾增加空气中的水分，从而将水分输送到川西、秦岭甚至祁连山和华北等广大地区。新中国成立以后，广东雷州半岛造林 $24×10^4$ hm^2，森林覆盖率提升到36%，改变了过去林木稀少时的严重干旱气候，年平均降水量增加到1855 mm，比造林前40年的平均降水量增加31%。

森林是地表与大气间的绿色调温器，它对林下小气候具有调节作用。由于林冠层的保护作用，夏季可减弱阳光辐射，阻挡林内蒸腾和蒸发的水分散失，使林内气温比空旷地低，空气湿度高。森林对周围的温度也有很大影响，白天林内温度低，空气密度高，空气由林内流向林外，使林外温度降低。夜间林外空旷地热辐射较强，林外空气向林内流动，减少了冷空气积聚。城市及其周边一定面积的风景林、公园、绿地可以较好地调节城市气候。城市绿地面积超过20%，城市"热岛"效应可明显缓解。对于落叶林，冬季虽然林木的叶片大量凋落，但密集的树干仍能降低地面的风速，使空气流量减少，起到保温保湿的作用。

(4) 防风固沙

风蚀也是土壤流失的一种灾害。强风可以吹失表土中的肥土和细粒，使土壤移动、转移。农田防护林可以降低风速。据各地观测，一条10 m高、10行的防风林带，在其背风面的150 m范围，风力平均降低50%，250 m范围风力降低30%以上。纵横交织的防护林网能很好地保护农田，减少风蚀，保护土壤。风速降低后，还可以减少蒸发，有利于保持土壤的湿度。在我国的沙漠地区，每亩流动沙丘种植240丛沙柳、沙蒿，4年就能固定沙丘，近地表的风速由原来的8级降为5级；而每亩种上旱柳50株，灌木和草各200丛，5年就能固定沙丘，风速减弱为3~4级。

我国南方沿海海岸线很长，海岸潮间带的红树林可以消滞潮汐的影响，起着保护堤岸的作用。

(5) 净化空气

森林的滞尘效果十分明显，每1 m^2 棕榈的叶面积滞尘量为56.49 g，无花果为42.84 g，榆为11.97 g，侧柏为9.07 g，悬铃木为4.55 g。森林的叶面积总和可达其占地面积的75倍，一株成年白皮松大约拥有针叶660万枚，一株成年椴树的总叶面积达30 000 m^2 以上，这样大的叶面积，加上叶片上一些毛状结构、叶片上的褶皱、茸毛及气孔中分泌的黏性油脂能黏附大量微尘，有明显的阻挡、过滤和吸附作用。据资料记载，每1 m^2 的云杉叶面积每天可吸滞粉尘8.14 g，松林为9.86 g，榆树林为3.39 g。在绿化的街道上，空气中的含尘量要比没有绿化的地区低56.7%。据测定，绿化区的空气含尘量比空旷地少25%~38%，第九次全国森林资源清查数据显示，我国森林年滞尘量 $61.58×10^8$ t。风沙区城市周边的森林对改善城市空气质量有很大作用。

树木还可以吸收有害气体，在大气污染环境下生长的树木都能不同程度地拦截、吸收和富集污染物质，有的污染物质被吸收后，经过树木代谢还能逐步降解，因此树木对空气有一定的净化作用。不同树木对有害物质的吸收情况是不同的，抗性强的树木能吸收大量的有害物质而不受损害。但是，不论是抗性强的树木还是抗性弱的树木，生活在污染区所吸收的有害物质都比在非污染区多，其吸收量高出几倍甚至几十倍。与树木相比，森林群落对有害物质的吸收和积累效果更明显，森林利用其庞大林冠枝叶的呼吸作用进行着强大的气体交换，来发挥吸收有害气体的作用，较大幅度地减少了大气中有害物质的含量。森林对有害气体的净化作用的大小与有害物质在空气中的浓度成正比，与污染源的距离成反比。在森林群落中，郁闭度、树种组成、年龄结构等都与净化效果密切相关。

树木能分泌杀伤力很强的杀菌素，杀死空气中的病菌和微生物，对人类有一定的保健作用。现已发现，有300多种植物能分泌挥发性杀菌物质。据测定，每公顷圆柏林每天能分泌出30 kg 杀菌素，可杀死白喉、结核、痢疾等病原菌。拥挤的商场每立方米空气中约有细菌 400×10^4 个，林荫大道上约有 58×10^4 个，绿化公园约有1000个，而林区只有55个。

(6) 保护生物多样性

森林生态系统本身就是生物多样性的重要组成部分。在不同的地理、气候、土壤、光照和温度条件下，森林生态系统本身就多种多样，构成生境和生态系统的多样性。森林的多层次结构、涵蓄水分的能力及林地较高的肥力，为多样性的植物提供了适宜的生存与发展条件。由于森林中有独特的环境，如郁闭的乔灌木能保持温度均匀，密集的林冠、树干洞穴、树根隧道都是动物的理想栖息场所。另外，森林能够挡风、减少冰雪灾害，使动物避免灾害的侵袭。许多鸟类常常需要在林冠内做巢，繁育过程常常需要森林环境的安逸。森林为动物提供各种各样的食物资源。在森林中，树木的种子、果实、枝叶以及幼嫩组织都是林区动物和昆虫的食物。

(7) 固碳释氧

以全球变暖和大气二氧化碳浓度增加为主要特征的全球气候变化正在改变着陆地生态系统的结构和功能，威胁着人类的生存与健康，因而受到世界各国政府和科学家的普遍关注。森林的碳汇作用被认为是减缓全球气候变化的一种可能机制和最有希望的选择。森林通过吸收二氧化碳，将森林生物量作为能源来替代矿物燃料，或作为原材料来替代钢铁、水泥、铝材等能源密集型产品，从而减少温室气体的排放。森林在应对气候变化中具有三大功能：

①吸收功能。森林是陆地上最大的吸碳器，它通过光合作用吸收二氧化碳，释放氧气，形成碳汇。研究表明，森林蓄积量每增长 1 m³ 平均能吸收二氧化碳 1.83 t，释放氧气 1.62 t。

②储存功能。森林是陆地上最大的碳储库。陆地生态系统 1/2 以上的碳储存在森林生态系统中。同时，木制品的储碳能力也很强。联合国政府间气候变化委员会评估结果表明，森林是陆地最大的碳储库，全球陆地生态系统固定的 2.48×10^{12} t 碳有 1.15×10^{12} t 储存于森林。

③替代功能。据国际能源机构测算，用木结构代替钢筋混凝土结构，单位能耗可从800降到100。

由于森林在应对气候变化中具有这些特殊功能，因此，《京都议定书》规定了两条减排途径，即工业直接减排和森林间接减排。

3.1.3 森林的社会效益

森林的社会效益包括持续不断地提供多种森林服务满足社会发展和人类进步对林业的不断增长的多种需求，还包括提供就业机会、增加居民收入、满足人的精神需求（如美学目的、陶冶情操目的、教育目的、文化目的、学术研究目的、宗教信仰目的、旅游观光目的等）。对于大多数发展中国家而言，森林可持续经营还具有发展经济、消除贫困的作用。根据联合国粮食及农业组织的统计，全球大约1000万人就业于森林管理和保护岗位，更多人则直接依靠森林为生。

3.2 我国的林种划分和森林经营分类

3.2.1 我国的林种划分

森林具有多种效益，实践中常常根据用途将其划分为不同的林种。我国的《森林法》将森林划分为两大类：公益林和商品林。《森林法》规定：国家根据生态保护的需要，将森林生态区位重要或者生态状况脆弱，以发挥生态效益为主要目的的林地和林地上的森林划定为公益林。未划定为公益林的林地和林地上的森林属于商品林。下列区域的林地和林地上的森林应当划定为公益林：①重要江河源头汇水区域；②重要江河干流及支流两岸、饮用水水源地保护区；③重要湿地和重要水库周围；④森林和陆生野生动物类型的自然保护区；⑤荒漠化和水土流失严重地区的防风固沙林基干林带（基干林带是指防护林体系中处于关键位置、发挥重要防护作用的林带，如处于风沙前缘的防沙林带）；⑥沿海防护林基干林带（处于海防前线的海岸防护林带）；⑦未开发利用的原始林地区；⑧需要划定的其他区域。

国家对公益林实施严格保护，对公益林中生态功能低下的疏林、残次林等低质低效林，采取林分改造、森林抚育等措施提高公益林的质量和生态保护功能。在符合公益林生态区位保护要求和不影响公益林生态功能的前提下，经科学论证，可以合理利用公益林林地资源和森林景观资源，适度开展林下经济、森林旅游等。林下经济包括林果、林草、林花、林菜、林菌、林药等模式。国家鼓励发展下列商品林：①以生产木材为主要目的的森林；②以生产果品、油料、饮料、调料、工业原料和药材等林产品为主要目的的森林；③以生产燃料和其他生物质能源为主要目的的森林；④其他以发挥经济效益为主要目的的森林。在保障生态安全的前提下，国家鼓励建设速生丰产、珍贵树种和大径级用材林，增加林木储备，保障木材供给安全。

《森林法》附则还规定：①森林，包括乔木林、竹林和国家特别规定的灌木林。按照用途可以分为防护林、特种用途林、用材林、经济林和能源林；②林木，包括树木和竹子；③林地，是指县级以上人民政府规划确定的用于发展林业的土地，包括郁闭度0.2以上的乔木林地以及竹林地、灌木林地、疏林地、采伐迹地、火烧迹地、未成林造林地、苗圃地等。

3.2.2 我国的森林经营分类

《全国森林经营规划(2016—2050年)》根据森林所处的生态区位、自然条件、主导功能和分类经营要求,将森林经营类型分为严格保育的公益林、多功能经营的兼用林和集约经营的商品林。

(1) 严格保育的公益林

严格保育的公益林主要是指国家Ⅰ级公益林,是分布于国家重要生态功能区内,对国土生态安全、生物多样性保护和经济社会可持续发展具有重要生态保障作用,发挥森林的生态保护调节、生态文化服务或生态系统支持功能等主导功能的森林。这类森林应予以特殊保护,突出自然修复和抚育经营,严格控制生产性经营活动。

(2) 多功能经营的兼用林

多功能经营的兼用林包括生态服务为主导功能的兼用林和林产品生产为主导功能的兼用林。

①生态服务为主导功能的兼用林。包括国家Ⅱ、Ⅲ级公益林和地方公益林,是分布于生态区位重要、生态环境脆弱地区,发挥生态保护调节、生态文化服务或生态系统支持等主导功能,兼顾林产品生产。这类森林应以修复生态环境、构建生态屏障为主要经营目的,严控林地流失,强化森林管护,加强抚育经营,围绕增强森林生态功能开展经营活动。

②林产品生产为主导功能的兼用林。包括一般用材林和部分经济林,以及国家和地方规划发展的木材战略储备基地,是分布于水热条件较好区域,以保护和培育珍贵树种、大径级用材林和特色经济林资源,兼顾生态保护调节、生态文化服务或生态系统支持功能。这类森林应以挖掘林地生产潜力,培育高品质、高价值木材,提供优质林产品为主要经营目的,同时要维护森林生态服务功能,围绕森林提质增效开展经营活动。

(3) 集约经营的商品林

集约经营的商品林包括速生丰产用材林、短轮伐期用材林、生物质能源林和部分优势特色经济林等,是分布于自然条件优越、立地质量好、地势平缓、交通便利的区域,以培育短周期纸浆材、人造板材以及生物质能源和优势特色经济林果等,保障木(竹)材、木本粮油、木本药材、干鲜果品等林产品供给为主要经营目的。这类森林应充分发挥林地生产潜力,提高林地产出率,同时考虑生态环境约束,开展集约经营活动。

①速生丰产用材林。是以培育用材为目标,主要用于培育生长快、产量高、质量好、轮伐期短的集约经营人工林,主要是培育大径材。速生指缩短培育规定材种的年限;丰产指提高单位面积上的木材蓄积量和生长量;优质主要指对包括干形(通直度、尖削度)、节子数量及大小,以及木材物理力学特性的要求。速生丰产用材林的采伐周期较工业原料林长,但较一般人工林短。例如,马尾松、杉木16年;杨树、桉树8年。

②短轮伐期用材林。短轮伐期用材林是指以生产纸浆、木浆木片等特殊工业木质原料为主要目的,按工程项目管理,实行集约经营、定向培育,林木生长达到工艺成熟指标、采伐周期明显较短的乔木用材林。短轮伐期用材林的采伐周期一般较短,例如,马尾松10

年，杨树、桉树6年。

③生物质能源林。以生产薪材为主，通常多选择耐干旱瘠薄、适应性广、萌芽力强、生长快、再生能力强、耐樵采、燃值高的树种进行营造和培育经营，一般以硬阔叶树种为主，如刺槐、柳树等。大多实行矮林(指以无性更新方式起源的森林)作业。

3.3 木材生产基本工序

木材生产一般指原条、原木、木片的生产，即将树木伐倒，打掉枝丫，按照标准锯割成原木(或不锯割成原木)，然后通过各种方式集运到楞场，再通过各种运输方式运送到贮木场(木材商品的贮存地)，进行分类、装卸，等待木材外运至木材市场的过程。木材生产包括以下基本工序：

(1) 伐区作业

伐区作业主要内容是改变树木的形态并进行小集中，主要包括：采伐、打枝、造材、集材、伐区归楞装车、伐区清理等作业。

林木采伐按采伐的目的可分为抚育采伐、主伐、低产林改造采伐。按照采伐量，主伐又分为皆伐、渐伐和择伐。林木采伐可分为油锯伐木(图3-1)和伐木机伐木(图3-2)。打枝、造材作业是将伐倒木变为标准的原木或原条。作业方式包括：油锯打枝、造材(图3-3)和采伐联合作业机械打枝、造材(图3-4)。

图3-1 油锯伐木

图3-2 伐木机伐木

图3-3 油锯打枝、造材

图3-4 采伐联合作业机械打枝、造材

集材作业是将原木、原条、伐倒木集中到楞场的作业，常修有简易集材道。作业方式包括：拖拉机集材(图 3-5)、索道集材(图 3-6)、集材车集材、直升机集材、飞艇集材、绞盘机集材、气球集材、农用车集材、滑道集材、人力集材、畜力集材等。

伐区归楞装车作业方式包括：人力归楞装车(图 3-7)、机械归楞装车(图 3-8)。

伐区清理作业主要是指清理采伐剩余物，作业方式包括归堆、归带、散铺。

图 3-5　拖拉机集材

图 3-6　索道集材

图 3-7　人力归楞装车

图 3-8　机械归楞装车

(2) 木材运输作业

木材运输作业是从伐区楞场将木材运送到贮木场的作业，将小集中的木材运送到贮木场，作业方式包括：汽车运输、森林铁路运输、水路运输。由于木材生产量的减少以及出于生态环境保护的需要，我国当前主要的木材运输方式是汽车运输，需要修建道路和配备专用的木材运输车辆(图 3-9)。

(3) 贮木场作业

贮木场是木材生产企业最终的商品储存场所和集散地(图 3-10)，生产的木材由此运往木材需求单位。贮木场作业的主要内容包括卸车、造材、选材、归楞、装车。

图 3-9　木材汽车运输　　　　　　图 3-10　贮木场

3.4　我国木材生产的沿革

3.4.1　近代森林开发与利用

自 1840 年至新中国成立前,外国列强大肆掠夺我国森林资源,使全国森林覆盖率从古代的 40%左右下降到 8.6%,森林资源显著减少,使我国转变为世界上一个少林的国家。与古代相比,近代的森林采运不论生产规模,还是作业技术、组织管理等方面都发生了很大变化,由原始的森林利用转向掠夺式的原木生产利用。

(1) 东北林区

①伐木。一般自 11 月开始,直至翌年 2 月。伐木造材使用伐木斧和双人锯(俗称快马子锯),采用斧锯并用法伐木,伐根高一般自地面到伐木工的胸部。材长按集材雪橇(爬犁)的长短就地造材,以长原木为主。

②集材。以雪橇集材为主,由牛马曳引,故又称牛马套子集材。装卸爬犁使用"押角子"、搬钩,靠人抬肩扛。山坡短距离集材多利用土滑道,即利用木材重力下滑,俗称串坡。

③运材。木材运输以水运为主,分单漂流送(俗称赶羊)和筏运(俗称放排)两种方式。单漂流送主要利用春季融化的雪水(俗称桃花水)流送。筏运是指将木材编扎为筏,在宽阔河道上由放排工人放运。在无水运条件的林区实行木材陆运,最初利用林道或冰雪道采用畜力车辆运材。20 世纪初,蒸汽机车牵引的铁路运材是我国森林采运机械作业的开端。

(2) 华北、西北等林区

华北、西北等林区的森林资源较少,采运作业技术较东北林区落后,一般生产规模较小。多由木厂雇匠人伐木,大部分小本经营,带有开发利用性质。

(3) 南方林区

南方林区树种繁多,盛产杉、松、樟、竹,资源丰富。森林采运以木商经营为主,一般生产规模较小。采、集、运作业多以人力手工作业为主。

①伐木。多用斧或斧锯并用,通常贴地面采伐,伐根留于地下,任其腐朽。采伐季节多选 3~9 月,而有的省份(如福建)实行常年作业,但不同季节所伐立木材质不同。实践

证明,霜降至春分伐木的材质最好,质地坚实,色泽适宜,故仍多在冬季采伐。

②集材。除人背肩扛外,盛行滑道(土滑道、木滑道、竹滑道、水滑道)集材或重力集材,即利用木材自重沿山坡下滑,俗称溜放。

③运材。因南方河流多,水量大,多实行水运,分为放溪和排运两种方式。放溪是指在春、秋季发水时,将木材零星放入溪内,任其顺流而下,即单根流送。如遇水浅,则需筑坝,以提高水位。排运是南方林区木材运输的主要方式,由于各地树种不同,河道宽窄也不同,因而木排形状及编扎方法也不同。如东南林区的松、杉、竹等可分别编扎,也可混杂扎排。陆运主要是山地运材,在西南林区分塘路运(即在坡陡的山地依靠木材自重下滑到较平坦地处)、洪路运(即在山坡上修筑木滑道使木材滑行)、公路运输(即在公路上利用木炭汽车运输木材等运材方式,是我国汽车运材作业的开端)。

3.4.2 现代森林开发与利用

自新中国成立至今,随着国民经济发展对木竹材等林产品日益增长的需要和森林工业的兴起,森林采运在我国国民经济中占有越来越重要的地位。

(1) 20 世纪 50 年代初期

20 世纪 50 年代,森林采运确立了合理采伐利用,进行技术改造,改善生产条件,实行经济核算等措施,为木材采运业的发展奠定了基础。在此时期,我国森林资源集中分布在东北和西南国有林区以及南方集体林区,其森林面积与蓄积量分别占全国森林面积和蓄积量的 78%和 86%,是我国的主要木材生产基地。为了开发林区,实行有计划的合理采伐,规定这些林区的森林资源由各级林业机构经营采伐,先后在国有林区建设了 131 个林业局,在南方集体林区建设了 158 个重点产材县,建立了约 350 个国营伐木场(采育场)。1957 年,国家木材产量有了很大增长,已由 1950 年 550×10^4 m^3 上升到 2800×10^4 m^3,全国森林采伐企业职工已达 36 万人。20 世纪 50 年代初期,我国森林采运十分落后,各生产环节都停留于手工作业阶段:伐木使用伐木斧或弯把锯,造材使用双人锯,集材利用人力、畜力或滑道;运材以水运为主,少数林区采用森林铁路运材;贮木场的装卸车归楞主要靠人抬肩扛,劳动强度很大,伤亡事故多,生产效率低,木材损失浪费大。

(2) 20 世纪 50 年代中期

20 世纪 50 年代中期以后,按计划开发的国有林区采伐作业在劳动组织、采伐更新方式、采伐技术、伐区清理等方面都有了很大的改进。例如,在林区建立了工人村,使工人得到固定,普遍组织工段或小工队,推行伐区工艺设计,开始实行常年作业。又如,作业提出了伐木造材既要合理利用木材,又要求注意保护母树、幼树和安全作业,具体措施包括:正确掌握树倒方向,避免砸伤母树、幼树,防止木材劈裂;降低伐根到 30 cm 以下;缩短造材的后备长度,短材只留 5 cm,长材不超过 10 cm;直径 6 cm 以上的梢头木要全部利用。按上述措施实施,仅东北林区每年就可节约木材 50×10^4 m^3。部分林区从国外引进了技术设备,开始使用油锯、电锯伐木和造材,使用打枝机打枝,使用履带式拖拉机集材,采用汽车运材,由原木生产工艺转为原条生产工艺,从而由伐区手工作业向机械化作业迈进了一步;伐区清理多采用枝丫堆腐法和枝丫堆烧法,使采伐迹地的卫生条件得到改善。

(3) 20 世纪 60~80 年代

20 世纪 60~80 年代，我国的森林采运事业教育、科研、生产并举，是森林采运发展最快的阶段之一。森林采运机械化得到迅速发展。1962 年，我国扩建了一批林业机械制造厂。1965 年，东北林区主要使用油锯或电锯伐木造材，主要采用拖拉机、绞盘机或平车集材，以森林铁路为主并积极发展汽车运材，使木材生产机械化水平显著提升；南方林区的木材生产也由手工作业转变为部分机械作业，伐木造材机械化率达 10%，运材机械化率达 30%~41%。到 20 世纪 80 年代，我国木材生产已基本摆脱手工作业，实现了森林采运机械化流水作业，大大提高了木材生产效率。资料表明，1985 年东北林区采伐机械化率达 87.99%；拥有集材拖拉机 6323 台，铺设索道 1933 条，总长达 2176 km，集材机械化率达 83.20%，装车普遍使用绞盘机或汽车式吊车。木材运输在南方林区多以水运为主，而东北林区则以陆运为主。到 1986 年全国林区共有 34 条森林铁路，其中东北林区有 31 条，线路总长为 1.02×10^4 km，完成木材运输 829.48×10^4 m^3。全国林业公路实有 164 784 km，每年汽车运材周转量约 15×10^8 m^3，而东北林区则为 7×10^8 m^3，约占木材运输量的 47%。在贮木场作业方面，全国拥有 304 个贮木场，广泛使用各种起重机械归楞和装卸，部分贮木场已应用自动光电设备进行检尺和选材。随着森林采运机械化的迅速发展，木材劳动生产率大幅提高，1986 年已达 1192 m^3/(人·年)，逐步由原木集运材工艺发展为原条集运材工艺。20 世纪 60 年代以后，随着拖拉机和绞盘机机械化集材的发展，原木集运材工艺的采用逐渐减少，较普遍地推行了原条集运材工艺，即在伐区将伐倒木枝丫打掉后的原条集运至贮木场造材，使繁重的伐区作业工序减少。采用原条集运材工艺既有利于合理造材，提高出材率和造材质量，也有利于促进贮木场作业的全盘机械化、自动化和木材保管。

(4) 20 世纪 80 年代到 20 世纪末

木材生产政策、工艺与技术又发生了显著变化。第一，林区经济上出现了"两危"。由于国民经济建设需要大量木材，加之林区和林区周边地区人口迅速膨胀，木材的过度采伐导致林区在 20 世纪 80 年代中期出现以"资源危机"和"经济危困"为表征的危机。进入 20 世纪 90 年代后，"两危"相互作用，加重林区危困，使许多林业企业濒临倒闭或破产。第二，木材产量逐年下降。由于过度开采，森林没有得到应有的休养生息，出现了森林面积锐减、森林质量大幅下降、生态环境严重恶化的现象。

(5) 20 世纪末至今

1998 年，我国实行天然林资源保护工程，将分布于重要江河源头和上游等生态脆弱区域的天然林划为生态公益林，面积 188.3×10^4 hm^2，占面积的 60%。大幅减少对天然林的采伐，涉及 17 个省（自治区、直辖市）的 734 个县，分为停伐和限伐，西南林区停产，东北林区逐步停止天然林的商业性采伐。到 2017 年，我国全面停止了对天然林的商业性采伐，木材供应从依赖天然林转向依靠人工林为主。第九次全国森林资源清查结果显示，我国森林资源总体上呈现数量持续增加、质量稳步提升、生态功能不断增强的良好发展态势，初步形成了国有林以公益林为主、集体林以商品林为主、木材供给以人工林为主的合理格局。

随着木材产量的逐步下调，近 50% 的木材供应依靠进口。木材生产出现多样化作业方式。

①采伐造材作业。采伐、造材作业以油锯为主,南方林区甚至出现了弯把锯采伐(原因在于该区人工林的径级普遍较小);同时,先进的设备也开始引入,一些工业原料林的采伐引入了伐木机(图 3-11)。

②集材作业。集材方式多样,但趋向于低成本、小型化、简易化,如轻型索道、滑道、农用车(图 3-12)、胶轮板车等,适应人工林木材径级小、产量低的生产实际。

图 3-11　广西林区作业的伐木机　　　　图 3-12　福建林区农用车集材

③运输。以公路运输为主,运输量减少。以原木运输为主,原木集材方便、运输成本低。由于木材产量的下降和生态保护的需要森林铁路运输和木材水运基本被淘汰。

④贮木场作业。贮木场存材量急剧减少,许多贮木场停产,许多木材直接通过陆路运输至木材市场,贮木场的作业量减少。

3.5　木材生产与森林生态效益

森林是陆地生态系统的主体,对维持陆地生态系统的平衡起重要的支撑作用。正是基于对这一规律的深刻认识,近年来国际社会才对森林问题给予了前所未有的关注。生态效益没有替代品,用之不觉,失之难存。

3.5.1　木材生产对森林生态效益的影响

(1) 木材生产对森林涵养水源功能的影响

江河两岸、水库四周的森林具有涵养水源的功能,可以有效调节降水量与河流、水库水量的均衡。在江河源头、水库四周大面积、高强度采伐木材,会破坏森林涵养水源的功能,引发洪涝灾害。例如,我国的川西高山林区处于我国东南湿润森林区向西北半干旱草原过渡地带,森林大面积集中分布在长江上游的金沙江、雅砻江、大渡河、岷江等流域及其支流。这些地区曾是四川主要的木材生产基地,也是我国第二大林区,也是西南高山水源涵养林区的重要组成部分。因此,这一地区森林植被的消长变化关系四川和长江中下游地区的生态安全。在 1998 年以前,由于长期大量采伐,年消耗量为生长量的 4 倍以上,更新与采伐严重脱节。林区气候恶化、水土流失、滑坡和泥石流等自然灾害日趋突出,森林涵养水源的功能逐渐减弱。

（2）木材生产对森林水土保持功能的影响

森林能够减缓地表径流、保持坡地土壤，起到水土保持的作用。在风沙灾害严重的地区，森林还能起到减少风蚀、保护土壤的作用。为生产木材，在坡地大面积、高强度采伐森林会引起严重的水土流失。水土流失不仅降低了土壤肥力，还会影响江河、溪流的水质，导致江河淤积，并引发洪涝灾害。

（3）木材生产对森林生物多样性的影响

森林是生物多样性丰富的地区，特别是天然森林。为经济利益而大面积、高强度采伐森林，特别是大面积皆伐森林，将天然林改造为人工林，将会严重破坏动植物的栖息地，导致生物多样性的减少甚至消失。大面积采伐森林导致生物栖息地面积的缩小，使能供养的生物种数减少。木材生产中的伐区配置可能造成景观破碎化，破碎化的斑块使其中的物种受到威胁。

（4）木材生产对森林调节气候功能的影响

森林具有增加降水、调节气候的功能，森林对区域性水汽输送起承启和接力作用，例如云贵高原的森林可通过蒸腾增加空气中的水分，从而将水分输送到川西、秦岭甚至祁连山和华北等广大地区。森林蒸腾作用为大气提供大量的水汽，增加空气湿度，降水量增加；蒸腾作用散失水分，吸收热量，使气温降低。大面积的皆伐森林，减少森林植被，降低森林覆盖率，可以使局部区域干旱少雨。例如，大兴安岭南部森林砍伐后年降水量由 600 mm 减少至 380 mm。

（5）木材生产对森林固碳功能的影响

森林在全球气候变化中，起着极为重要的作用。森林具有吸收二氧化碳的功能，可以储存碳，森林采伐速率快于更新速率会影响森林的碳汇功能，对缓解全球气候变化是极为不利的。通过控制采伐量，实行采伐限额是保证森林碳汇功能的重要措施。

（6）木材生产与森林景观保护

在森林采伐活动中应考虑森林的美学价值，应意识到森林景观会影响公众的感受，应该选择产生最小化视觉冲击的森林采伐方法，及时在裸露的土壤区种植等，特别是道路两侧、旅游区等公众视觉敏感的区域。

（7）木材生产与森林生态效益的发挥

森林是陆地生态系统的主体，是由乔木、灌木、草本植物、苔藓等所形成的多层次植物群落，其中乔木对生态环境起主导作用。森林不仅提供木材，还具有涵养水源、防止水土流失、调节气候、净化大气、保健、旅游等多种生态效益。森林的经济效益与生态效益对人类都是重要而不可缺少的。森林生产的木材在有些方面可以用其他材料（如钢材、水泥、塑料等）代替，而森林的多种生态效益则不能由其他任何物质所替代。从这一意义来讲，森林的生态效益只有在森林生态系统不失去平衡而且具有很高的生产力的条件下才能获得。

3.5.2 木材生产与森林生态效益的发挥

森林的经济效益是在森林采伐后获得的，而生态效益是以森林植物群体的存在为条件才能发挥，两者确实是有对立的一面。但是，把两种效益绝对对立起来，认为是不能调和的观点，是不正确的。森林具有多种效益，而且是可再生资源。森林采伐后，可以通过更新培育新林。从森林采伐中获得经济效益是森林经营的目的，但绝不能把经济效益看成森林采伐的唯一目的，必须考虑森林采伐对生态环境的影响，尽可能把森林采伐对生态环境造成的不良影响控制在最低程度。因此，森林采伐一定要受生态效益的制约，在指导思想和具体措施上要坚持两种效益的对立统一。

实现森林经济效益与生态效益发挥的正确途径是对森林进行分类经营，使处于不同生态区位的森林发挥不同的效益。例如，我国 2019 年修订的《森林法》将森林分为公益林和商品林，我国制定的《全国森林经营规划(2016—2050年)》根据森林所处的生态区位、自然条件、主导功能和分类经营的要求，将森林经营类型分为严格保育的公益林、多功能经营的兼用林和集约经营的商品林。在森林经营中对公益林要实行严格的保护，禁止进行商业性的木材生产活动，只能进行有利于其生态效益发挥的更新性质的采伐。对于多功能兼用林既要考虑木材生产又要兼顾其生态效益的发挥。对于集约经营的商品林则应以发挥经济效益为主，但应考虑森林的更新，以便木材生产能够持续进行。通过分类经营，可以实现"我们既要绿水青山，也要金山银山。宁要绿水青山，不要金山银山，而且绿水青山就是金山银山"的目标。

3.6 木材生产与森林环境

木材生产的基础是森林的持续更新，而森林的更新受制于森林环境的变化，木材生产过程中的采伐、集材以及为木材生产而进行的土木工程活动都会影响森林的更新，因此，在木材生产中必须保证森林的生长环境不受破坏。

3.6.1 采伐作业对森林环境的影响

(1) 采伐强度对森林更新的影响

采伐强度影响林内的光照、土壤水分、热量、植被，从而影响森林的更新。皆伐对森林环境影响最大。皆伐后，稳定的森林环境遭到破坏，迹地小气候条件发生急剧变化；干旱地区的表土变得更为干燥，在冷湿、地下水位高的地区，因迹地积水有变为沼泽的可能。这些变化都对森林更新不利。此外，阳光充足，杂草灌木滋生，给迹地更新带来困难。因此，一般采用小面积皆伐。短轮伐期工业原料林按工程项目管理，可以采用大面积皆伐。相对来说，择伐和渐伐有利于森林天然更新，但采伐强度对林木的更新和生长质量仍然有重要影响。

(2) 采伐作业对保留木的影响

渐伐和择伐采伐作业中，不合理的作业方式可能砸伤、擦伤、折断保留木进而影响森林的生长，甚至造成树木死亡，特别是对幼树的破坏，包括对树干的损伤和树冠的损伤。皆伐作业中对树木的砸伤则会影响和降低木材的质量，此外，皆伐也应注意保护母树和更新后的幼树。

3.6.2 集材作业对森林环境的影响

(1) 集材作业对林地土壤的影响

集材作业特别是地面集材方式可能造成林地土壤的破坏。在集材作业中，人畜、机械和木材在林地上运行，以及修建的集材道路对林地土壤均会产生一定程度的损害，进而对保留木和更新后的幼树生长不利（图3-13）。损害的形式通常分为两种：破裂和压实。破裂的土壤失去土壤表层和植被层的保护，在较强的雨水冲刷下，大量具有生产力的土壤将会流失。被压实的土壤对保留木生长和更新种子着床发芽和生长均产生一定程度的阻碍作用。这主要表现在以下几个方面：①压实的土壤由于其密度增大，使土壤穿透阻力相应增大，这对树木根部延伸发展不利；②压实的土壤将阻碍土壤中养分、空气和水分的传输；③被压实的土壤降低了对地表水的渗透能力，土壤持水能力下降，加大了地表径流强度，进而加剧了水土流失和土壤侵蚀。此外，半悬式索道集材也会引起一定的水土流失。

(2) 集材作业对保留木的影响

集材作业时，作业方式不当会折断树干、剐蹭掉成熟林木的树皮以及压倒较小的幼树和幼苗。集材道两侧的树木破坏较为严重。在集材道附近1 m的树木根系损伤程度比较严重，受伤的树木除硬性的生长障碍外，其受伤部位极容易遭受病虫害。

3.6.3 伐区清理对林地生产力的影响

采伐剩余物对于保持土壤营养物质循环有重要意义。全树采伐利用可能导致土壤养分的流失。在采伐剩余物的处理上，把它们在林地上堆积起来任其腐烂或采取平铺的方法会对林地生产力有积极的影响。

3.6.4 伐区楞场的修建对森林环境的影响

木材生产中修建的楞场会产生大量裸露的地表，楞场作业压实土壤，压实的土壤不利于森林更新（图3-14）。木材生产中修建的楞场还容易积水，不利于森林更新，易造成水土流失。楞场径流中还可能包含燃油类成分，从而对溪流造成污染。

图 3-13 福建林区废弃的集材道

图 3-14 伐区楞场

3.7 木材生产与森林经营理论

森林经营理论是指导森林经营的理论,也是指导木材生产的理论。各种森林经营理论都是围绕如何发挥森林的经济效益、生态效益和社会效益以及有利于森林更新展开的。森林经营主要包括以下几种理论:

3.7.1 森林可持续经营理论

1992年联合国环境与发展大会通过的《关于森林问题的原则声明》指出:"林业这一主题涉及环境与发展的整个范围内的问题和机会,包括社会经济可持续地发展的权利在内。"该声明的发布标志着森林可持续经营理论的正式提出。

(1)森林可持续经营理论对森林价值的认识

传统森林经营的焦点是林木及林副产品的经营,主要目的是追求最大的林地纯收益。森林可持续经营理论认为:森林是一个复杂的生态系统,是陆地生态系统的主体,也是人类社会生存与发展的重要支持系统。依据森林对人类及其生存环境的影响可分为改善生态环境的作用和促进社会经济发展的作用,前者指创造有利于人类生存的自然环境,后者则指直接或间接地为人类社会提供就业机会,满足人的精神需求,提供多种林产品并为相关产业的发展创造有利条件。森林的作用决定了森林的特定效能,即决定了特定区域利用森林的目的,并且这个目的是一种预期的结果,而这一目的的实现则需要采取相应的经营制度和措施体系,即森林资源经营管理。

1992年联合国环境与发展大会以后,各国对森林可持续经营的研究和实践虽然在内容的表述方式上还存在一定的差异,但基本观点是一致的,即森林可持续经营是社会经济可持续发展的重要组成部分,是林业对社会经济可持续发展的最大贡献。森林可持续经营就是要通过对森林资源的科学经营,满足人们对森林生态系统在社会、经济、环境、文化、精神等方面的需求。

森林可持续经营的核心任务是增加森林产品的供给,提高森林的服务功能。森林资源及其在国民经济发展和人民日常生活中占有重要地位。林业建设的根本目的是满足国家建设和人民生活对林业产品和生态产品日益增长的需求,从国家利益角度考虑,一个分布合理、健康的森林生态体系的存在,对于促进经济的持续发展,维护国家乃至全球生态环境的健康是必不可少的。我国作为森林资源相对贫乏的发展中国家,必须把全面培育森林资源作为林业建设最根本、最重要的任务,不仅要培育林木资源,而且要培育多种多样的植物、动物和微生物资源,不仅要培育速生丰产的林木资源,而且要培育珍贵、质好、价高的林木资源。以森林资源的可持续发展为基础,为国家建设和人民生活源源不断地提供越来越多、越来越好的优质林产品和优美环境,满足人类生存发展过程中对森林生态系统中与衣食住行密切相关的多种效益的需求。森林可持续经营的基本理念是追求生态、社会、经济三大效益的协调统一和可持续发展。

(2)森林可持续经营的目标

①社会目标。持续不断地提供多种森林服务满足社会发展和人类进步对林业的不断增

长的多种需求，包括为社会提供就业机会、增加收入、满足人的精神需求目标。对于大多数发展中国家而言，森林可持续经营还具有发展经济、消除贫困的目标。

②环境目标。森林可持续经营的环境目标取决于人类对森林环境功能、森林价值的认识程度。就目前广泛认同的目标来看，主要包括以下一些内容：水土保持、涵养水源、二氧化碳储存、改善气候、生物多样性保护、流域治理、荒漠化防治等。森林可持续经营要坚持生态优先的发展原则，通过科学经营，建设和培育结构稳定、生物多样性丰富、功能完备的森林生态系统，从根本上为人类社会的生存发展提供适宜的生态环境。

③经济目标。通过对森林的可持续经营获得多种林产品，带动林产工业的发展，为国家或区域社会经济发展作出经济贡献。通过对森林的可持续经营，使森林经营者和森林资源经营管理部门获得持续的经济效益。没有坚实可靠的经济基础作保障，不从根本上改善经济条件，开展森林可持续经营是难以想象的。在森林生态系统环境允许的范围内，追求经济目标的最大化和应得收益，是改善林业经济条件的关键。忽视经济目标，森林可持续经营就会失去动力，而超越生态环境界限，一味追求经济目标，则会丧失森林可持续经营的基础。通过对森林的可持续经营，促进和保障与森林生态系统密切相关的水利、旅游、渔业、运输、畜牧业等产业的发展，提高相关产业经济效益的目标。通过对森林的可持续经营，提高区域（流域）等不同尺度空间防灾减灾的经济目标。

④森林目标。健康的森林生态系统是森林可持续经营的社会、经济和环境目标得以实现的基础和前提。森林本身的可持续性也是人类经营森林的意愿和目的。也就是说，人类经营森林的目的最终要体现在森林的分布、数量、质量等诸多方面，具体目标一般应包括保护生物多样性的森林、维护森林生态系统生产能力的森林、保护水土资源的森林、保持森林对全球碳循环贡献的森林、保持满足社会多效益需求的森林等内容。

3.7.2 近自然林业——恒续林经营法

近自然林业理论起源于德国，在瑞士、奥地利、瑞典、英国得到推行。德国不仅是一个高度工业化、人口密集的国家，同时也是一个森林资源丰富的国家。高度的物质文明、有限的生存空间，促使人们对环境有更高质量的要求。

森林作为环境的重要组成部分，在德国备受重视。德国的森林面积为 1070×10^4 hm^2，占国土面积的 30%。其中，国有林面积占 34%，集体林占 20%，私有林占 46%。德国的主要树种为云杉、欧洲赤松、山毛榉和橡树。尽管过去大面积种植针叶树，但目前德国的针阔混交林比例已达 56%。云杉、冷杉和北美黄杉占森林面积的 35%，欧洲赤松和落叶松占 31%，阔叶树占 34%。德国的森林蓄积量在欧洲占有重要位置，平均每公顷约为 270 m^3，每年每公顷的生长量为 5.3 m^3。德国森林具有可持续利用的潜力，每年可供采伐的木材大约为 5700×10^4 m^3，而实际每年仅采伐 3900×10^4 m^3。

"恒续林"一词的出现已有 100 多年的历史，然而它的快速发展出现在 20 世纪 50 年代。1882 年，德国林学家盖耶尔提出了恒续林理论，认为森林的稳定性和连续性是森林的自然本质，强调择伐，禁止皆伐作业。1922 年，密勒接受了盖耶尔的理论，进一步发展和形成了他自己的关于恒续林的理论，提出了恒续林经营。1924 年，克儒驰提出合乎自然的用材林理论。1950 年，克儒驰和韦克在密勒的恒续林理论基础上提出了合乎自然的森林经营理论。合乎自然的森林经营，其特点就是在经济与生态之间，经济与环境保护之间求得某种协调与和谐的关系。

(1) 近自然林业理论对森林结构的认识

近自然林业理论认为，森林生态系统中不同发育阶段的林木，不为林分条块分割，在时间和空间上都处于同一经营单元内，不同年龄或不同树种的树木相互依存、相互制约形成马赛克式的镶嵌体，保持了森林内部的持续稳定性。森林的生长是一个持续的过程，整个森林无龄级之分，也没有成熟龄、轮伐期的概念。恒续林经营模式既能发挥森林的生产功能，又能保证森林的社会和环境功能。它的特点是异龄、混交、复层、高产、稳定。图 3-15 展示了近自然林业理论认为的理想森林结构。

(2) 近自然林业理论主张的森林经营措施

近自然林业理论主张的森林经营措施包括：①非皆伐作业、小块择伐，最好单株利用。林地持续地在林冠覆盖下，土壤不裸露；②培育复层混交异龄林，保持不确定的年龄状态，蓄积量水平是波动的，间伐与主伐不是截然可分的；③任何措施对森林生态系统的干扰应最小；④确保森林的生产功能，即允许收获一定数量的木材；⑤充分利用天然更新，但不完全排除人工更新。

恒续林理论的经营技术特点包括：在同一块林地上各种营林措施（如抚育、更新和采伐等）可同时进行（图 3-16）；放弃皆伐，采用单木或团状方式的利用；恒续林育林系统强调培育森林，而传统的森林永续利用理论则更注重森林的木材利用。近自然林业理论的特点是模拟天然林的状态（异龄、混交、复层、高产、稳定）。

图 3-15　近自然林业理论主张的理想森林结构　　图 3-16　恒续林理论主张的森林经营措施

3.7.3　生态系统管理理论

正如德国的采伐更新问题产生的近自然林业理论一样，在美国西北部的天然针叶林林区，也产生了一种新的林业理论，这就是 20 世纪 80 年代由富兰克林等学者提出的新林业理论，到 20 世纪 90 年代普遍称其生态系统管理理论。

新林业理论最显著的特点是把所有森林资源视为一个不可分割的整体，不但强调木材生产，而且极为重视森林的生态效益和社会效益。因此，在林业生产实践中，该理论主张把生产和保护融为一体，以真正满足社会对木材等林产品的需要，同时满足对改善生态环境和保护生物多样性的要求，建成不但能永续生产木材及其他林产品，而且也能持久发挥保护生物多样性及改善生态环境等多种生态效益和社会效益的森林。

(1) 林分层次的经营策略

这个层次总的经营目标是保护或再建不仅能永续生产各种林产品，而且也能持续发挥生态系统多种生态效益的组成、结构和功能多样性的森林。因此，在生产实践中要做到以下几点：

①采伐迹地中保留适当数量单株或团状分布的活立木，采伐强度一般在20%~50%。这些活立木可以作为森林更新的种源，同时这些活立木能够维持林地气候，形成异龄林，并为一些野生动物和微生物提供必需生境。

②采伐森林中应永久保留一定数量的各种腐烂程度和分布密度的站杆和倒木，以满足野生动物和其他生物对特殊生境的要求，达到维持林地生产力和生物多样性的目的。林地上处于不同腐朽阶段的倒木，不仅是维持生物多样性所必需的，而且对于林地营养物质的循环也起着重要的作用，因而影响着林地长期生产力的维持，具有很重要的生态作用。在采伐中要求保留一定量达到成熟年龄的大径木、枯立木和病腐木，其目的是为各种野生动物和昆虫提供栖息场所和生活环境，因为这些活立木和枯立木都是维持生物多样性所必需的。对于林地上处于不同腐朽阶段的倒木，主张将它们保留在林地上。在采伐强度上，一般控制在20%~50%，所以说这种主伐方式近似渐伐但又不是渐伐，因为它只是采伐强度近似渐伐，但留下的大径木是为了维持野生动物生存的需要不再采伐，并且在下一次采伐时，它们可能已经变成了枯立木和倒木。

③营造混交异龄林，以改良土壤和改善生物多样性。选择能改善立地条件的阔叶树和有特殊功能的植物(如固氮、观赏价值)造林。对同龄林进行早期间伐，使其发展成为具有多层次结构的异龄林，改善林分组成和结构的多样性。

④强调采伐剩余物的意义。强调采伐剩余物对于保持土壤营养物质循环的意义，主张将它们采取平铺的方法进行处理。

(2) 景观层次的经营策略

景观层次较林分层次的时空尺度更大，其总的经营目标是创造森林嵌镶体数量多、分布合理并能永续提供多种林产品和其他各种价值的森林景观，应采取合理的采伐方式，降低景观破碎的程度。景观层次的经营策略包括：

图 3-17　新林业理论主张保留站杆和倒木

①森林景观中伐区应适当集中。采用适当集中伐区的方式，可减少道路修建费，减少对林地面积的占用。

②采取相应措施，使过度采伐的森林景观尽快得以恢复。

③采伐迹地应保留一些活立木、倒木和站杆，以增加林分结构的多样性(图3-17)。

④重视河岸缓冲带。河岸缓冲带是景观保护的重要措施。研究表明，有河岸缓

冲带的河溪生态系统的水质、生物多样性以及水生生物栖息地的质量都明显优于没有河岸缓冲带的河溪生态系统。

⑤合理确定面积，保证野生动物有足够的生存环境。在进行林业生产用地和森林保护区规划时，应仔细确定其面积大小和分布，以保证众多的森林野生动物有足够的生存环境。

3.7.4 多效益主导利用理论

20世纪70年代，美国经济学家克劳森和塞乔提出了森林多效益主导利用理论。他们认为，如通过集约林业生产木材，森林的潜力是相当可观的。他们提出的《全国林地多向利用方案》为林业分工论的创立奠定了基础。

克劳森等人主张首先在国土中划出少量土地发展工业人工林，承担起国家所需的大部分商品材生产任务，称为商品林业；其次划出公益林业，包括城市林业、风景林、自然保护区、水土保护林等，用以改善生态环境；最后划出多功能林业。他们认为，全球森林将朝着各种功能不同的专用森林或森林多效益主导利用方向发展。

现在，多功能森林已经成为全世界森林资源培育的主流模式。全世界除了自然保护区和集约经营的工业原料林，中间就是主体部分——多功能森林，就像一架飞机，一翼是保护区，另一翼是工业原料林，而机身就是多功能森林。多功能森林经营的最高目标是培育永久性森林，也称为按照异龄、混交、复层模式经营的择伐林。

3.7.5 生态采伐理论

1986年，陈陆圻和史济彦共同提出了"森林生态采伐"这一新名词，同年由中国林学会森林采运学会组织了全国森林工程领域的专家和林学界及生态学界的部分专家，在吉林林学院召开了森林生态采伐学术研讨会。这是我国森林工程界和林学界的专家们第一次共同讨论森林采运作业与森林生态环境保护问题，具有划时代意义。此后，国内越来越多的专家学者从事生态采伐研究，同时此方面的研究也受到了政府有关部门和林业企业的关注。

(1) 森林生态采伐的概念

陈陆圻(1991)给出的森林生态采伐的定义为：用森林生态学原理指导采伐作业，作业中尽可能减少对森林生态系统的破坏，做好采伐迹地的清理与处理，为下一代森林创造更好的生态环境并采取措施保护好幼树幼苗。

史济彦等(2001)认为生态采伐的叫法常常使人们把生态采伐理解为以发挥生态效益为主的采伐，误解了生态采伐的原意，而"生态性采伐"则不会产生这样的误解，它是把生态效益和经济效益充分结合起来的采伐。

生态采伐的定义应表述为：依照森林生态理论指导森林采伐作业，使采伐和更新达到既高效利用森林又促进森林生态系统的健康与稳定，达到森林可持续利用目的，这种森林作业简称生态性采伐或生态采伐(唐守正，2005；张会儒等，2006)。这个定义包括两层核心内容：一是森林采伐和更新以森林生态理论为指导，在获取木材产品的同时还必须考虑森林生态系统的健康与稳定；二是在维持生态系统平衡的前提下充分利用森林资源，提高森林资源的经济效益。

(2) 森林生态采伐的原则与技术

①伐区配置应适当集中。伐区配置适度集中可减少森林景观破碎程度，也可减少道路修建费。

②采伐方式确定。天然林多为复层异龄林，无论是一般生态公益林还是商品林均应采用择伐，特殊情况下可以采用小面积皆伐。我国目前已全面停止对天然林的商业性采伐，《森林采伐作业规程》也明确规定对复层林、异龄林只能采取择伐。

③应伐木的确定。根据林分条件、树种的生物学特性和立地条件类型确定择伐树种和径级，低于该径级予以保留，高于该径级定为应伐木。每公顷应保留一定数量的大径级老龄林木，在一定面积内要考虑保留下来的老龄木的树种搭配问题，它们可成为天然更新种源，也可为一些野生动物和微生物提供必要的生境。永久性保留一定数量的具有各种腐烂程度和分布密度的站杆和倒木，以满足野生动物和其他生物对这一特殊生境的要求，达到维持采伐迹地生产力和保护生物多样性的目的。陡坡和石塘等地区的森林被采伐后，很难恢复，易造成水土流失地区的森林应禁止采伐。

④保护土壤、减少保留木损伤。为了减少迹地植被及表土层的破坏、减轻土壤压实、减少水土流失、减少保留木损伤，在选择集材技术时应考虑畜力、小型机械或架空索道，逐步淘汰大型集材机械。

⑤伐区清理应考虑生物多样性保护与地力维持。现行采伐剩余物清理方法有堆腐法、带腐法、散铺法、火烧法及不清理任其自然腐烂法等。堆腐法主要用于择伐迹地，带腐法多用于皆伐迹地且沿等高线设带，可减少水土流失。火烧法在我国南方和东北地区冬季作业多有采用，研究表明，火烧清理法不利于长久维持地力，应予以取消。目前，我国伐区清理包含两个对象：采伐剩余物和林下藤条灌木。从生物多样性保护角度来说，应保留藤条灌木资源（如野生猕猴桃和山葡萄），其遗传基因具有重要生态价值。

⑥保护珍稀及濒危植物。森林经营区内属于国家级和省级保护的珍稀和濒危植物，在以生态为导向的森林经营框架下，应加以保护、培育和发展。本地珍稀树种和濒危树种，应在适宜立地上开展有目的的补植，以保证其遗传潜力。

⑦扩大混交林。应通过应伐木的选择和更新两条途径提高和保护天然林树种多样性，具体可采取栽针保阔、封山育林、培育人工混交林等措施来实现。

⑧调整森林生态系统结构。通过采伐和更新调整森林生态系统的树种结构、树龄结构、空间结构。树种结构调整措施主要包括更新时选择树种、成片或单株保护、树种混交与调控结合等培育和抚育措施进行。森林保持生态系统平衡的最佳树龄结构至今尚无定论，但要求树龄多层次性已成共识，树龄的多层次性可通过合理确定择伐应伐木、林窗更新与林冠下更新、保留老龄木等措施实现。为提高森林的生产力和质量，要求充分利用上层和下层的生长空间，最佳的空间结构由于立地条件和树种配置不同而有很大差异，调整空间结构可采取结构间伐、搭配个体发育不同的各个树种、树龄的多层次等措施。

3.8 木材生产与全球气候变暖与"双碳"目标

3.8.1 全球气候变暖现象

全球气候变暖是指地球表层大气、土壤、水体及植被温度年际间缓慢上升的现象。2021 年,联合国政府间气候变化专门委员会(IPCC)的第六次气候变化评估报告发布,报告显示,与工业化前的气温记录相比,全球平均升温估计为 1.1 ℃,在未来 20 年内,全球升温或会超过 1.5 ℃。

我国的气候变暖趋势与全球一致,中国气象局气候变化中心发布的《中国气候变化蓝皮书(2022)》显示,我国升温速率高于同期全球平均水平,是全球气候变化敏感区。1951—2021 年,我国地表年平均气温每 10 年升高 0.26 ℃。《2021 年中国生态环境状况公报》显示,2021 年全国平均气温 10.53 ℃,较常年偏高 1.0 ℃,为 1951 年以来历史最高。

3.8.2 全球气候变暖的危害

(1) 极端气候天气增多

在全球气候变暖的大背景下,有 4 种主要的气象灾害变多变强,也有两种变少变弱。强度和频率变多变强的 4 种气象灾害包括:干旱、强降水、台风、高温热浪。发生变少变弱的气象灾害是寒潮和霜冻。联合国政府间气候变化专门委员会(IPCC)第六次气候变化评估报告显示,全球升温 1.5 ℃时,热浪将增加,暖季将延长,而冷季将缩短。另外,《中国气候变化蓝皮书(2022)》显示,根据气象记录,1961—2021 年,我国极端强降水事件呈增多趋势;而 20 世纪 90 年代后期以来,极端高温事件明显增多,登陆我国的台风平均强度波动增强。

(2) 海平面上升

全球气候变暖引起极地冰川融化,海水热膨胀而导致海平面上升。20 世纪全球海平面上升了 10~15 cm。《中国气候变化蓝皮书(2022)》显示,20 世纪 80 年代后期以来海洋变暖加速,全球平均海平面呈持续上升趋势,2021 年,全球平均海平面达到有卫星观测记录以来的最高位。《2020 年中国生态环境状况公报》也显示,我国沿海海平面总体呈波动上升趋势,1980—2020 年,我国沿海海平面上升速率为 3.4 mm/年。过去的 10 年,我国沿海平均海平面处于近 40 年来高位。海平面上升的直接影响包括海水倒灌、土地盐渍化、危害到饮用水的保障、排洪不畅、低地被淹。

(3) 气候变暖使农业生产受到影响

气温升高会使干旱对一些地区的影响加剧,从而造成粮食减产。受全球气候变暖影响,大范围持续性干旱已成为农业生产的最严重威胁。我国每年因旱灾平均损失粮食 300×10^8 kg,约占各种自然灾害损失总量的 60%。气候变化引起的洪涝灾害也会导致粮食减产,如 2020 年,我国洪涝灾害导致 $603.26 \times 10^4 \text{ hm}^2$ 农作物受灾,其中绝收 $114.08 \times 10^4 \text{ hm}^2$,主要集中在长江中下游和淮河地区。气候变暖有利于害虫安全过冬,病虫害发生频率逐年升高。气温升高会使农作物耕作周期缩短,物质积累减少,质量下降。

(4) 高山冰川融化

自20世纪90年代起，全球冰川呈现加速融化的趋势，冰川融化和退缩的速度不断加快，一些小型冰川消失。冰川消融导致许多河流的水量减少，全世界近200条大河中近1/3的河流因此径流量减少。《中国气候变化蓝皮书（2022）》显示，我国天山乌鲁木齐河源1号冰川、阿尔泰山区木斯岛冰川、祁连山区老虎沟12号冰川和长江源区小冬克玛底冰川均呈加速消融趋势。

(5) 荒漠化面积增加

在一些地区，干旱天气增多，降水减少，如北美洲中部、我国西北内陆因夏季降水的减少而变得更加干旱，加之人为破坏植被，导致荒漠化面积增加。

(6) 物种灭绝

生物圈进化有30亿年的历史，气候带在近一个世纪内变暖太快，一些物种可能来不及变异和适应就被淘汰，如一些冷水鱼类、两栖动物和植物的灭绝。

(7) 威胁人类健康

高温天气造成传染病的蔓延，例如，气温的升高加剧了登革热病毒的传播，最近数十年来，全球登革热发病率急剧上升。

3.8.3 全球气候变暖的原因

(1) 温室气体排放产生的温室效应

研究表明，温室气体浓度越高，反射回地表的热量辐射越多，地表热量散失少，进而出现气候变暖。温室气体包括以下几种气体：二氧化碳、一氧化二氮、甲烷、氢氟碳化物（HFCs）、全氟化碳（PFCs）、六氟化硫等。从对全球升温的贡献来说，二氧化碳由于含量较高，所占比例也最大，占60%～70%，是最主要的温室气体。二氧化碳主要来自人类在工业化、现代化过程中消耗的大量能源。

(2) 森林植被的减少

联合国粮食及农业组织发布的《2020年世界森林状况：森林、生物多样性与人类》显示，自1990年以来，世界森林面积减少了 $1.78 \times 10^8 \ hm^2$，约等于利比亚的国土面积。森林面积的减少，减少了对二氧化碳的吸收。

3.8.4 应对全球气候变暖的对策

(1) 适应气候变暖

气候变暖已经发生，如果不通过适应手段加以调整，就无法将其负面影响降到最低。

温室气体可以存在几十年、几百年甚至更长时间，即使采取减排措施，已排放的温室气体还会继续影响气候系统要素的变化，其后果在很长时间里还会有所表现，如海平面在未来几百年仍会持续上升。因此，对于已发生和即将发生的风险，必须要采取适应措施来降低不利影响。例如，气候适应型城市的建设目标是明显增强城市应对内涝、干旱缺水、高温热浪、强风等问题的能力，全面提升城市适应气候变化的能力。又如，为应对农作物种植界限北移和优势产区转移，农业种植布局需随之调整；为应对农业气象灾害加剧，病虫害风险加剧,就需要选配更好抵御灾害的品种。

(2) 减缓气候变暖

减缓和适应是应对气候变暖的两个方面,缺一不可。当前的气候变暖趋势不可能停止或逆转,但是能被减慢,使生物系统和人类社会有更多的时间去适应。减缓气候变化最主要的对策是国际合作减排温室气体,尽早实现"碳达峰"和"碳中和"。2015年12月,196个缔约方(195个国家+欧盟)就共同应对气候变化一致通过了《巴黎协定》,并于2020年开始付诸实施。

《巴黎协定》在总体目标方面,确定本世纪末将全球平均气温较工业化前水平升高控制在2℃之内,并为把升温控制在1.5℃之内而努力。全球将尽快实现温室气体排放达峰,21世纪下半叶实现温室气体净零排放,即碳中和。碳达峰是指某个地区或行业年度二氧化碳排放量达历史最高值,然后经历平台期进入持续下降的过程,是二氧化碳排放量由增转降的历史拐点,标志着碳排放与经济发展实现脱钩,达峰目标包括达峰年份和峰值。碳中和中的"碳"即二氧化碳,"中和"即正负相抵。碳中和是指在规定时期内二氧化碳的人为移除与人为排放相抵消。人为排放即人类活动造成的二氧化碳排放,包括化石燃料燃烧、工业过程等。人为移除则是人类从大气中移除二氧化碳,包括植树造林增加碳吸收、碳捕集等。

2020年9月,习近平主席在第七十五届联合国大会上宣布:"中国将提高国家自主贡献力度,采取更加有力的政策和措施,二氧化碳排放力争于2030年前达到峰值,努力争取2060年前实现碳中和。"

3.8.5 木材生产与"双碳"目标

为使大气中的二氧化碳实现净减少,必须通过扩大森林面积和提高单位面积蓄积量来增加全世界森林的碳蓄存量。木材生产与"双碳"目标并不是矛盾的,而是相辅相成的,主要表现在以下方面:

(1) 鼓励木材的使用,可以起到节能减排、减少二氧化碳排放的效果

木材利用具有"节能效果",因而增加木材的替代性使用可以减少二氧化碳的排放。木制品的生产过程,无论是纸浆蒸解、木质板类热压,还是锯材的人工干燥,都是在不超过200℃的温度条件下完成的,这与1000℃以上高温条件下生产的钢铁、水泥、陶瓷制品以及近800℃高温下生产的塑料制品相比,木制品的生产是节能的。当用木制品替代这些高能耗材料时,就能减少整个生产过程中的能源消耗,从而减少二氧化碳排放。例如,从日本木材需求的主要领域——建筑行业来看,以节能的木质材料为主的木结构建筑,其每平方米所使用的建筑材料的生产能耗要低于钢筋混凝土建筑和钢骨建筑,建造每平方米面积时的碳排放量为:木结构建筑59 kg、钢骨建筑85 kg、钢骨钢筋混凝土建筑156 kg。另外,木结构建筑保温隔热,在投入运营以后的能源消耗和碳排放也较小,2.5 cm厚木板的隔热效果优于11.4 cm厚的砖墙,如与其他具有高隔热性能的轻质材料配合使用,可在气温变化时减小室温变化,有效降低取暖或制冷的耗能,减少二氧化碳排放。因此,大力推广木制品的使用和适当发展木结构建筑,可以减少能耗和二氧化碳的排放,而这又会间接地推动社会资本流向林业,推动人工林的发展,人工林的发展又会增大二氧化碳的吸收,形成良性循环。

(2)木材利用具有替代化石燃料的效果,减少碳排放

通过木材在能源领域的利用,可减少化石燃料消费,减缓气候变暖,这被称为木材利用"替代化石燃料的效果"。在木材的生命周期内,林地剩余材、加工剩余材、产品废材及循环利用材等再次成为废弃物时,这些材料都是可以替代化石燃料的。制浆造纸业、制材业等木材工业所产生的废弃物,如废弃的边皮木片等几乎都能得到有效利用。废弃的木材剩余物作为生物质能源加以利用,可以减少化石燃料的消耗,减少二氧化碳的排放。

(3)木材生产可以促进森林更新,增加森林的碳吸收能力

进入老龄期的森林,由于树体呼吸量增加导致净生产量减少及枯死木分解等,预计二氧化碳收支(纯生态系统交换量)接近于零。能使二氧化碳净减少的森林是开展可持续林业的森林,即以不超过森林生长量的程度将壮龄木和老龄木伐除,使森林中适量含有能大量吸收二氧化碳的幼龄木。木材生产促进了森林的更新,使成熟林木被采伐,更新起来的幼龄林具有较强的吸收二氧化碳的能力,使森林的"碳汇"作用更强。对于人工林,为了提高森林的碳储量,吸收更多的二氧化碳,缓和气候变化,应该及时对二氧化碳吸收率较低的成、过熟林进行采伐更新。

(4)木材利用具有碳储存效果

木材中储存的碳不会再释放,因此木制品具有碳储库的功能。无论木材作为原料还是作为产品(如各种家具、板材、建筑材料等),在整个使用期内及后续的循环利用中,都继续储存着碳,增加木制品的使用就是扩大碳储库的储量。因此,木材利用即对树木生长过程中所储存碳的有效利用,相当于在时间和空间上扩大了森林的储碳作用。木制品的用量越多,使用时间越长,越有利于减少大气中的二氧化碳。

综上所述,通过木材利用促进林业投资与可持续林业发展,可以实现二氧化碳的削减。

复习思考题

1. 森林资源都有哪些效益?如何理解"两山"理论和森林效益的关系?
2. 《全国森林经营规划(2016—2050年)》将森林经营类型划分为哪些类型?各森林经营类型的主要经营目标是什么?
3. 木材生产对森林生态效益的发挥有哪些影响?如何协调两者的关系?
4. 木材生产对森林环境有哪些影响?
5. 森林可持续经营理论主张的森林可持续经营目标包括哪些内容?
6. 近自然林业理论主张的森林经营措施有什么特点?有哪些借鉴意义?
7. 生态系统管理理论主张的森林经营措施有什么特点?
8. 我国的"生态采伐理论"主张的森林经营措施有哪些?
9. 全球气候变化有哪些危害?木材生产与"双碳"目标有什么关系?

第 4 章

森林与森林环境

联合国粮食及农业组织将森林定义为："面积在 0.5 hm² 以上、树木高于 5 m、林冠覆盖率超过 10%，或树木在原生境能够达到这一阈值的土地。不包括主要为农业和城市用途的土地。"我国的《森林法》规定："森林，包括乔木林、竹林和国家特别规定的灌木林。"森林生态系统是生态系统的一个重要类型，是森林生物群落与其环境形成的功能系统，森林是典型的完全的生态系统。森林的生物成分包括乔木、灌木、草本植物、地被植物及多种多样的动物和微生物等。森林的环境成分包括土壤、大气、气候、水分、阳光、温度等各种非生物环境条件。森林与环境之间的相互作用和相互影响，是森林生态系统的基本特征。

4.1 森林的组成成分

4.1.1 森林的生物成分

4.1.1.1 森林植物

森林植物分布具有成层性，从上至下依次为：林冠层、下木层、草本层。林冠层也称为乔木层，是通过光合作用固定光能的主要场所；下木层主要由灌木组成，一般比较耐阴；草本层主要由禾草类、阔叶草类和蕨类植物组成；苔藓层主要由苔藓、地衣类等非维管束植物(没有木质部和韧皮部)组成，非常低矮，接近地面，都很耐阴。草本层和苔藓层可合称为活地被物层。

此外，在热带森林里，在林冠层以上有时可以划分出突出木层，它由位于林冠层以上、生长稀疏而高度突出的树木构成。层外植物包括一些生长于其他植物之上的附生植物或寄生植物，以及虽有根系但攀绕于其他植物之上生长的藤本或攀缘植物。

(1) 乔木

乔木为多年生木本植物，有高大明显的主干，并有多次分枝组成庞大的树冠。一般乔木可明显地分为树冠和枝下高两部分，树干和树冠有明显区分。通常乔木按树高可以分为：6~10 m、10~20 m、20 m 以上，分别称为小乔木、中乔木和大乔木。例如，西双版纳的望天树，一般可高达 60 m，胸径 100 cm 左右，最粗的可达 300 cm；而有些乔木，如山

茶就属于小乔木,一般高度不超过 20 m。乔木按叶形和落叶与否可以分为以下几类:

①针叶树。叶针形、条形或鳞片状,大多为常绿树种,树干通直、挺拔,树冠多为圆锥形,大多为优良的用材树种,如松、杉、柏。由针叶树种为建群种的森林称为针叶林。针叶树的主要种类包括:

松树类:我国的松树类包括华山松、油松、马尾松、樟子松、湿地松、云南松、红松、落叶松等。松类树木多有鱼鳞状皮,最明显的特征是叶成针状,常 2 针、3 针或 5 针 1 束,如油松、马尾松、黄山松的叶 2 针 1 束,红松、华山松的叶 5 针 1 束。

云冷杉类:如鱼鳞云杉、红皮云杉、冷杉等,均为常绿针叶林。

柏类:如侧柏、圆柏、崖柏、柏木等。柏类树木鳞叶,枝扁平、圆或四棱形。圆柏、侧柏、柏木、崖柏等均为高级商用材。

杉木类:如柳杉、水松、杉木等。杉木为我国特有树种,在我国长江流域、秦岭以南地区栽培最广。杉木生长快、材质好,木材纹理通直、结构均匀、不翘不裂,被广泛用于建筑、家具、器具、船舶等各方面。杉木在土层肥厚,气候温暖多雨,排水良好的山地或河堤生长迅速,树高可达 30~40 m,胸径可达 2~3 m,是生长快、经济价值高的用材树种。

②常绿阔叶树。具有常绿厚革质和表面有光泽的单叶,叶面宽阔且与光线垂直。由常绿阔叶树种为建群种的森林称为常绿阔叶林,又称照叶林。通常此类林内的下木和草本植物稀疏,藤本和附生植物较多。常绿阔叶林是亚热带大陆东岸湿润季风气候下的产物,主要分布在欧亚大陆东岸北纬 22°~40°,其中我国的常绿阔叶林面积最大、发育最好。常绿阔叶树种以壳斗科、樟科、山茶科和木兰科中的常绿乔木为典型代表,种类丰富,如樟、楠、檫、栲、槠、木荷、水青冈等,其中许多是优良木材,如楠、樟等。常绿阔叶林也分布在热带林区,热带林区有栲、石栎和常绿栎类、樟科、山茶科、木兰科、安息香科等组成的热带常绿阔叶林、针阔混交林等森林类型。

③落叶阔叶树。落叶阔叶树有较宽的叶片,叶上通常无或少绒毛,厚薄适中,叶片冬季脱落,由该类树种为建群种构成的森林称为落叶阔叶林,又称夏绿林。落叶阔叶林林下常有落叶灌木和草本层,附生植物和藤本植物较少。落叶阔叶林分布于北纬 30°~50°的温带,我国的落叶阔叶林主要分布在东北地区的南部和华北各地,主要种类包括栎、椴、杨、桦等。

(2)灌木和半灌木

灌木是次生木质部发达的多年生木本植物,无明显主干,分支从接近地面的节上开始,故茎轴系无枝下高和树冠的区分,高通常为 1~3 m(高度不超过 0.5 m 则称小灌木)。如果灌木枝条下部是多年生的,而枝条上部是 1 年生的,冬季死亡或干枯,则称为半灌木。灌木一般为阔叶,也有一些是针灌木,如刺柏等。

(3)草本植物

草本植物是次生木质部极不发达、茎秆纤细柔软的植物,常绿阔叶林中以常绿草本为主,常见有蕨类及莎草科、禾本科的草本植物。在落叶阔叶林中,草本植物四季变化相当明显。冬季,地上部分枯萎,以根在地下延续生命;春季,乔木没大量生叶时,抽叶开花,构成草本层(显著而美丽);夏季和秋季,在乔木的遮蔽下,光照强度大大降低,有些草本植物则陆续结束生活周期,地上部分逐渐枯死。

(4) 幼苗和幼树

一般将林地上通过下种或萌生而生长起来的1年生植株称为幼苗。将1年生以上,但未达上层林木高度1/2的称为幼树。幼苗、幼树的数量、组成和生长状况影响未来森林状况,是森林经营中要保护的乔木后代。

(5) 蕨类

蕨类在远古时期曾是高大的植物,经地质变迁而消亡,现所遗存的蕨类多为草本,多分布于山谷、林下等阴湿之地,荒山也有成群生长。蕨类不开花,不产生种子,以孢子繁殖。热带、亚热带分布较多。

(6) 苔藓

苔藓是小型陆生植物,高数厘米,生长于潮湿环境,可成片密布于地面或背阴的树干上。苔藓植物有很强的保蓄雨水的作用,吸水量常超过体重的10~20倍,可以防止水土流失、涵养水源。苔藓死后能增加土壤有机质,改善土壤肥力。

(7) 地衣

地衣根据外部形态可以分为壳状地衣、叶状地衣、枝状地衣等。

地衣对不良环境(旱、高温、寒)有很强的适应能力,多生长在岩石或树皮上,一些生长在岩石上的地衣可利用其特有的地衣酸腐蚀岩石,促进土壤的形成。

地衣对有毒气体(如二氧化硫等)敏感,可用于空气监测。

(8) 藤本植物(层外植物)

藤本植物茎干不能直立,必须借助其他植物伸展枝叶,以获取充足的光照。一些藤本植物可以提供果品、藤编材料,是重要的林副产品。但一些藤本植物会造成所附树干螺旋状沟纹,臃肿隆突,影响树木受光面积,影响树冠正常发育,削弱树木生长。

(9) 寄生植物

寄生植物多定居于树木枝干、树根上,这些植物不能进行正常的光合作用,主要靠从寄主植物体内吸收全部或大部养分和水分。它们的吸根像蚂蟥的吸盘一样牢牢地叮在寄主植物上,侵入寄主植物的组织,不仅从寄主植物体内吸取营养物质和水分,还干预寄主植物正常的生理活动。

(10) 附生植物

附生植物不与土壤接触,其根群附着在其他植物的枝干上生长,以雨露、空气中的水汽及有限的腐殖质(腐烂的树皮)为生。这类植物常借助吸根(假根)附生于树木的枝干或叶片上,多为藻类、苔藓和地衣类,它们不吸收树木体内的营养物质,而只是借吸根从死亡腐烂的树皮或积有少量尘土的树皮裂缝中吸收少量的营养物质,所需水分则主要依靠降水和空气中的水汽。附生植物的繁茂发展,不仅影响树冠的光照条件,削弱叶片的呼吸作用,有时还因重量过大,致使树干弯曲或枝条折断。过多的附生植物标志着森林已经成熟和林内湿度过大。

4.1.1.2 森林动物

(1) 无脊椎动物

无脊椎动物身体中轴无脊椎,占动物总数的95%,包括:

①环节动物。身体由许多节构成。许多环节动物对森林生态系统的养分循环有重要作用,例如,蚯蚓能加速枯枝落叶层的分解,加速有机质的分解,改良土壤结构。所以森林中蚯蚓越多土壤肥力越高。

②软体动物。身体柔软,有外套膜,体外有贝壳,如蜗牛、蛹螺、带螺等。

③节肢动物。身体由许多体节构成,分为头、胸、腹3部分,足和触角是分节的,如各种昆虫,包括蚂蚁、蜂、蝗虫、蟋蟀等。森林中的昆虫有些可以帮树木传播花粉,增加树木结实量,而大多数昆虫则取食树叶、嫩枝,危害树木的生长发育。

(2) 脊椎动物

脊椎动物身体背侧有许多脊椎骨构成脊柱,包括:

①两栖类。幼体生活在水中,用鳃呼吸。有的成体生活在陆上,也能生活在水中,主要用肺呼吸,兼用皮肤呼吸。两栖类是从水生开始向陆生过渡的一个类群,裸露的皮肤能分泌黏液。如青蛙、蟾蜍等。

②爬行类。身体腹面贴地爬行,体表覆盖角质的鳞片或甲,用肺呼吸,心室有不完全的隔膜,体内受精,产大型有坚韧卵壳的卵。如蜥蜴、龟、蛇等。

③鸟类。有角质喙,无牙,身体被覆羽毛。前肢变成翼,体温恒定,卵生,有孵卵的本能。目前世界有鸟类1万多种,我国有鸟类1400多种,绝大多数在森林中栖息,是森林不可缺少的组成部分和维护森林生态平衡的重要因素,也是宝贵的资源动物。

④哺乳类。脊椎动物中最高等的一类,有完备而复杂的形态结构和生理功能,它们体表被毛,用肺呼吸,体温恒定,胎生,哺乳,体内有膈,体腔被膈分成胸腔和腹腔。我国大约有哺乳动物693种,如热带森林中的长臂猿、亚洲象;亚热带森林中的金丝猴、穿山甲;温带和寒温带森林中的梅花鹿、松鼠等。

4.1.1.3 森林微生物

森林中的微生物主要包括:细菌、真菌、放线菌。

(1) 细菌

细菌是最小的单细胞微生物,直径数微米,分布于森林土壤、空气、生物体内及体表。细菌形态多样,呈球形、杆形、弧形、螺旋形,多营腐生或寄生生活,它们对森林生态系统的物质循环有重要作用。

(2) 真菌

真菌是森林中仅次于细菌的第二大微生物类群,体形较细菌大,单细胞或多细胞,分为寄生性真菌(寄生于活的有机体)和腐生性真菌(寄生于生物的尸体)。许多寄生性真菌导致森林发生病害,造成树木生长衰弱、死亡,如杨树溃疡病。有些腐生性真菌从木材中吸收营养使木材腐朽变质,还有许多腐生性真菌和其他微生物一起分解枯枝落叶,对树木养分循环起重要作用。另外,有些真菌能寄生在森林害虫上,使害虫致死。有些大型真菌是药材,如灵芝、虫草、茯苓等,有些则是鲜美的食用菌,如香菇、木耳、猴头等。

(3) 放线菌

放线菌是介于细菌和真菌间的单细胞微生物,菌丝纤细,从一个中心向周围放射生长,在森林中分布广泛,多见于土壤中,大多营腐生生活。有些生物体内能产生一些抑制或杀死细菌等微小生物的物质——抗生素，其中2/3左右是各种放线菌产生的。

4.1.2 森林的非生物成分

森林的非生物成分是指阳光、温度、大气、土壤、水、岩石等生物赖以生存的环境因素。阳光是森林中生物成分不可缺少的能量来源，是森林生态系统唯一的能量来源。温度是维系森林中各种生物个体生理活动正常进行的必要条件，生物体内的生物化学过程必须在一定的温度范围内才能正常进行，如种子发芽、光合作用、蒸腾作用等。大气为森林生物提供必需的气体，二氧化碳是光合作用的原料，氧是所有生物生命活动所必需的。土壤主要为森林生物提供水分、矿质营养，以及立足之地。土壤的生态意义表现在营养库的作用、养分转化和循环作用、雨水涵养作用(水分供应)、生物支撑作用(根系伸展、机械支撑作用)、稳定和缓冲环境变化的作用。土壤具有比大气环境更为稳定的生活环境，为土壤动物创造了生活空间。水是生物代谢的重要原料，光合作用、呼吸作用、有机物合成与分解过程中都有水分子参与。没有水，这些重要的生理过程就不能进行。岩石的风化产生土壤，母岩的不同常影响土壤的物理，化学组成。

4.2 森林的结构特征

森林的结构特征是森林中植物与植物之间，以及植物与环境之间相互作用的表现形式，也是识别和鉴定森林的可见标志。树种构成、层次分布、年龄构成、疏密情况，是森林经营中必须考虑的因素。

4.2.1 森林的树种组成

森林的树种组成是指组成森林的树种及其所占的比重，通常以每一树种的蓄积量(胸高断面积或株数)占林分总蓄积量(胸高断面积或株数)的十分数表示。根据树种组成可以将森林划分为纯林和混交林。

(1) 纯林

纯林是由单一树种组成的森林，人工林中较常见，天然林中较少见。天然林中其他树种的比重在10%以下的称为纯林。在实践中，当65%及以上的优势木和亚优势木属于同一树种，但还有其他伴生树种的林分也视为纯林。

天然林中，纯林多出现在气候恶劣、立地条件差的地方，如高山、高纬度的各种针叶林。例如，大兴安岭气候寒冷，代表性的落叶松为纯林。小兴安岭、长白山气温较高，湿润，则混交林居多。华北地区气温高，干燥，代表性的纯林为油松林、侧柏林。气候条件比较好的亚热带常绿阔叶林则多为混交林。在新采伐迹地、火烧迹地和撂荒地上也常出现一些先锋树种最先形成的纯林(多为喜光树种，能适应环境条件较差的迹地，如马尾松等)。

虽然天然林大多是多树种组成的混交林，但历史上，国内外森林营造多以纯林为主，到目前为止，我国人工林树种主要有桉树、马尾松、杉木、湿地松、火炬松、华山松、云南松、泡桐、杨、刺槐、日本落叶松、长白落叶松等。少数几个树种大面积栽培，以针叶树为主。在南方各地，阔叶树人工林面积占比不及5%。一些珍贵阔叶用材树种很少得到发展，如楠、榉树、花楸树、水曲柳、黄波罗等。

(2) 混交林

混交林是由两个或多个优势乔木树种或不同生活型的乔木构成的森林，通常在气候、土壤条件较为优越，适宜多树种生长的地段发生或人工营造。在天然林中，树种混交的概念只是指乔木树种，而对于人工林，则不仅包括乔木树种，也包括灌木树种，为了提高森林的稳定性以及发挥森林涵养水源和保护土壤的作用，灌木也常作为营造对象。

混交林的树种构成一般采用以下方法表示：按各树种的蓄积量所占的十分比表示，如：10松、8松2桦、8杉2阔；蓄积量占2%~5%的树种用+号表示，如8杉2松+檫；蓄积量占比重小于2%的树种用-号表示，如6松4枫香-木荷。

森林的树种组成也可以用某树种株数占林木总株数的比值表示。数量占优势的称优势树种，其他称为混交树种或次要树种。在一定条件下，经营利用价值较大的，为人们主要经营对象的称为目的树种，其他的称为次要树种。在某一群落中，常依树种的数量及其利用价值可以只确定一个主要树种，也可以确定几个主要树种。主要树种在数量上可能占优势，也可能只有少量。在传统林学思想中，有过分重视主要树种的倾向，从保护生物多样性的角度出发，应该认为优势树种和次要树种都是重要的。

4.2.2 人工培育纯林与混交林的比较

纯林的优点体现在管理技术方面，而混交林的优点则主要体现在生物学特性方面。混交林的形式包括单株混交、群状混交、行间混交、不规则混交等。

混交林总体产量比较高，例如，我国南方14个省份46种树木混交类型中以阔叶树为主的有25种，以松为主的有11种，以杉木为主的有9种，木材产量均比纯林高20%左右。

(1) 混交林的优点

①混交林能充分利用光能和地力。各个树种对于光照条件和土壤营养物质有不同的要求，如果将树种配置得当，则混交林可充分利用地上和地下空间，因而可更好地发挥土地生产潜力。例如，耐阴树种和喜光树种混交可充分利用光照；深根性树种与浅根性树种混交可充分利用整个土层中的营养物质；吸收根密集型与分散型混交可充分利用水平层次的养分和水分；对养分有不同需求树种（喜氮、喜磷、喜钾）的混交可充分利用各种养分；速生树种与慢生树种混交，可分期利用土壤中的养分和水分。

②混交林特别是针阔混交林可以改良土壤。在明显能形成粗死地被物和引起土壤其他不良特性的树种中混入能够改良土壤作用的树种，能够改善土壤的物理性质，增加土壤化学营养元素的含量，增强土壤微生物活动，从而可以提高土壤的肥力。针叶树的枯枝落叶量少，分解困难，会造成土壤肥力降低，混入阔叶树以后可以改善土壤的肥力。如德国的欧洲云杉、欧洲赤松曾因大面积发展纯林造成地力衰退，与桦树混交以后，地力得到了明显的改善。我国的马尾松、杉木与阔叶树形成的混交林，能促进针叶林枯枝落叶的分解。一些阔叶树类似，如广东木麻黄与大叶相思混交后，土壤肥力得到了提高。混交林林下凋落物多样，土壤动物和微生物的种类多，有利于枯枝落叶层的分解。由于上述因素的作

用，在人工林的条件下，当树种选择恰当时，混交林的生产力会高于纯林。

③混交林受气象因素的影响小。例如，根系浅的和根系深的树种混交可减少风害，常绿针叶树与落叶阔叶树混交可减少雪害。很多对霜冻和日灼敏感的树种，特别在其幼年阶段，如果于其他树种的保护下，可减少受害的可能。

④针阔混交林可减少火灾。针叶纯林由于地表比较干燥（枯落针叶的影响），针叶含油脂，枯枝落叶易燃性很高，易受火灾，针阔混交林则可避免地表火蔓延，也可减慢林冠火的蔓延速度。

⑤混交林可防止病虫害蔓延。很多昆虫是单食性的，如马尾松毛虫、天牛、松材线虫等，混交林可防止虫害蔓延。此外，针阔混交林可为鸟类寄居创造条件，而鸟类可大量地消灭害虫。混交林林下凋落物丰富，土壤肥沃，生物多样性丰富，昆虫数量多，鸟类可大量消灭害虫。

⑥改良树木品质。对于有些树种，只能在混交林中才能培养出工艺品质较高的木材。如栎树只有在有侧方庇阴的条件下才能长得比较通直，否则会生长不良，弯曲多叉。椴树和槭树是栎树的良好伴生树种，将它们混交可以改善栎树的木材品质。

⑦混交林适合于风景林。风景林建造中，混交林可以增加森林的景观美感，特别在风景区、道路两侧。

⑧混交林可提高生态效益。混交林的林冠结构复杂，层次较多，拦蓄降水能力强，林下枯枝落叶层厚，林地土质疏松，有利于涵养水源，加上不同树种的根系相互交错，分布较深，增大了土壤的孔隙度，增加了降水向深土层的渗入量，减少了地表径流和表土的流失。混交林有类似天然林的复杂结构，为多种生物创造了良好的繁衍、栖息和生存的条件，可较好地维持和提高林地的生物多样性。

⑨可实现林地以短养长，增加木材产品种类。由于混交林由多个树种组成，林产品种类多，产品周期有长有短，可实现以短养长，提高林分的经济价值。例如，我国南方杉木檫木混交，杉木收获期短，檫木作为珍贵阔叶树种需要更长的时间，前期檫木辅助杉木生长，后期杉木采伐为檫木扩展营养空间。欧洲提倡营造针叶树和栎类、山毛榉等阔叶树种混交林，在遵循近自然经营理念的同时，也实现了以短养长、提高了林地的总体效益。

尽管天然林大多是混交林，但受认识的限制，历史上国内外仍营造了大面积人工纯林，如德国历史上营造了大面积的欧洲云杉和欧洲赤松，我国也营造大量的马尾松、杉木、桉树、杨树、泡桐、落叶松等纯林。

综上所述，无论是营造人工林还是培育天然林，提高混交林的比例都十分重要。随着近自然林业经营理念在我国的发展，混交林的培育将进一步加强。

(2) 混交林的缺点

混交林的培育和采伐利用技术较复杂，施工也较麻烦，同时目的树种的产量可能比纯林低。

(3) 培育纯林的优点

营造技术简单，当机械操作时，这个优点更加突出。抚育采伐等经营管理相对容易，纯林的抚育采伐和主伐技术都比较简单容易。可培育在不良的土壤上，在不良的土壤上能生长的树木很少，只能培育一些耐干旱瘠薄的树种，如马尾松纯林。在培育短轮伐期的速生人工林时，纯林有很明显的优势。

(4) 纯林的缺点

纯林生态系统结构简单，树种单一，林下植被欠发达，生物多样性降低、病虫害容易蔓延；易导致产品单一。

为了充分发挥混交林的优越性，必须研究混交林的最佳构成状态。

混交林中的主要树种应该具有最大的高生长能力，或在最初受次要树种遮蔽时有良好的稳定性。次要树种应该有益于改善主要树种的干形和林地土壤条件，并无共同的病虫害。

4.2.3 混交林和纯林的应用条件

①培育防护林、风景游憩林等公益林时，强调最大程度发挥林分的防护作用和观赏价值，应培育混交林。

②培育多功能林应营造混交林。

③培育速生丰产、短轮伐期工业用材林及经济林等商品林，为提高产量或增加结实面积，便于集约经营，可营造纯林。

④造林地区和造林地立地条件极端严酷或特殊（如严寒、盐碱、水湿、贫瘠、干旱等），一般仅有少数适应性强的树种（如兴安落叶松、马尾松、油松）可以生存，只能营造纯林。

图4-1 纯林的营造

⑤天然林中树种较丰富，层次复杂，应保持树种的多样性，培育恒续混交林。而人工林根据培育目标可营造混交林，也可营造纯林，但提倡按照地带性森林植被特点培育近自然混交林。

⑥生产中小径级木材，培育周期短或较短，可营造纯林（图4-1）。为生产大径级木材或培育珍贵阔叶用材树种，则需要营造混交林，以充分利用种间良好关系，培育阔叶树良好干形。

⑦单一林产品销路通畅，并预测一定时期内社会对该林产品的需求量不可能发生大的变化时，应营造纯林，以便大量快速地向市场提供林产品。

⑧营造混交林的经验不足，大面积发展可能造成严重不良后果时，可先营造纯林，有一定把握后再营造混交林。

4.2.4 森林的层次分布

成层性是森林植物群落的基本特点。典型的森林包括4个层次：乔木层（林冠层）、灌木层（下木层）、草本层（草类）、苔藓层。各类植物的根系也按一定的顺序排列在不同深度的土壤中。光照、温度、湿度、土壤肥力决定成层的复杂程度，如热带森林，乔木层有

4~5层，亚热带森林乔木层一般有2~3层，寒带、寒温带层次就更少。藤本植物、附生植物、寄生植物一般称为层外植物。典型的层次划分因年龄而变得复杂，如乔木幼处于灌木层、草本层、苔藓层中。乔木林冠可以分为若干亚层，根据层次的数量可分为单层林和复层林(两个以上乔木亚层)。多树种组成的混交林常为复层林，异龄林也多为复层林。

复层林的优点：①复层林的林木生长量大于单层林，因复层林可有效利用立体空间，并在时间上重复利用。②复层林可以提高木材质量，增加木材产值。复层林中，下层林木对上层林木可以起天然整枝作用，有利于培育无节材。③复层林能更好地涵养水源，保持水土。林冠层次多，枯枝落叶多，多层根系穿插使土壤多孔隙。④复层林内良好的土壤水分条件与空气湿度使幼树成活率高。一些树种在空旷的采伐迹地上保存率低，如椴树、水曲柳、核桃楸等，可在复层林内进行林内天然更新或人工适当补栽。

4.2.5 森林的年龄结构

森林的年龄有时以年为单位，但林木寿命长，许多情况下采用概括的单位，常用龄级表示。确定年龄最简单的方法是将树木伐倒查数年轮，如伐根较高，则应把从伐根上查得的年轮数和由地面长到伐根高度处所需年数加起来。确定树木年龄时，为减少破坏，可采取部分样木代替树木全部伐倒。不同的树种，由于其生长特性的不同，故龄级也不一样。生长缓慢的针叶树和硬阔叶树20年一个龄级；生长中速的松树类10年一个龄级；速生树种(如杉、泡桐、杨、柳)5年一个龄级；竹林2年一个龄级。凡一个林分内最老的树木和最小的树木年龄差别不超过一个龄级的称为同龄林；一个林分内，林木年龄相差超过一个龄级的称为异龄林。

林木的构成类型可能有多种形式，所以林木的年龄阶段只能针对单层纯林的某一代而言。按照林业上的习惯做法，在森林的发育过程中，可以分为下列各个龄期及其相应的森林类别：

①幼龄林。一般指正在形成的森林，生产实践中经常把第一龄级的林分称为幼龄林，这时林木处于更新阶段，前期森林未郁闭，后期则森林已经郁闭。郁闭后的幼龄林称为丛林阶段。

②杆材林。是林木处于生长旺盛期的林分，其树杆可作杆材的林分，生产实践中常把第二龄级的林分称为杆材林，这时林木高生长旺盛，林木自然稀疏强烈。

③中龄林。是林木直径生长和材积生长处于旺盛期的林分。

④近熟林。是林木生长已趋于缓慢，接近成熟但尚未达到成熟的林分。

⑤成熟林。指已基本停止生长而适于采伐的林分。

⑥过熟林。指已经停止生长且有衰老特征、易感染病虫害和开始腐朽的林分。

4.2.6 森林的疏密状况

(1) 森林密度

森林密度指单位面积上林木的株数。经营中要保持合理密度，密度太大林分平均直径减小，不利于培育大径材；密度太小，不能充分利用林地，而且不利于培育干形良好的林木。

(2) 郁闭度

郁闭度指树冠彼此接触闭合的程度，通常用林冠垂直投影面积与林地总面积之比表示。1.0 表示林冠遮蔽整个林地，0.7 表示林冠投影占林地面积的 7/10。森林更新后，在森林的生长发育中，如不加干预，森林密度会不断变化，表现为随年龄的增长单位面积的株数逐渐减少。林冠郁闭后，不同的林木对光、水分和营养物质的利用要发生激烈的竞争，而竞争的结果是造成一部分被压个体死亡，这个过程被称为自然稀疏。因此，应及时间伐，疏开林冠，提高土壤温度，促进微生物活动和有机物分解。

森林培育的前半期，保持高的郁闭度可以促进高生长；后半期，保持较低的郁闭度，有利于干形的生长。密度对于林木直径生长影响最大。密度越小，直径越大，当希望获得大径材时，初植密度应当比较稀疏，并且到一定的年龄必须疏伐。但密度小，林木会侧枝发达，造成木材多节，年轮宽，对于木材的品质有不利影响。在一定密度范围内，密度对于树高没有影响，树高主要受立地质量的影响。林分结构对冰雪灾害有重要影响，林分过密、过稀均会使受害加重。

4.2.7 森林的天然更新

(1) 有性繁殖

有性繁殖指通过种子繁殖，由种子起源而形成的森林称有性繁殖林，也称实生林。多数针叶树，如红松、油松、华山松、马尾松、云杉、冷杉、杉木等，可形成实生林。一些阔叶树，如樟树、栎类等也可实生成林。实生林早期生长慢，但寿命长、木材致密、对病虫害抵抗力强，能培育为大径材，在森林经营上又称为乔林。

树木达到成熟期后才开始开花结实，达到成熟期的早晚取决于树种，速生喜光树种 5~10 年就开始结实。达到成年以后，一部分树种大多数年份均结实，完全不结实的年度少；另有相当部分的树种结实具有强烈的周期性，即经若干年后，有一个丰收年或种子年，而在非种子年，则结实很少或不结实。大粒种子质量大，容易扎根，含有较多的营养物质，可抵抗不利的外界条件，容易成活。林地上的种子量比实际形成幼树的要多得多。对有些树种来说，风对于种子的散布最重要。很多针叶树（如落叶松、云杉、冷杉等）的种子有翅，其散布一般都靠风。有些阔叶树（如杨、柳、桦等）的种子小，靠风力可散布到 2 km 以外。不过，大多数靠风力散布的种子，最大的落种范围还是在母树附近几十米到一百多米的范围内。动物既是许多树木种子的取食者，也是散布它们的重要媒介。

(2) 天然无性繁殖

利用营养器官（茎、根、叶等）的再生能力形成的森林称为无性繁殖林，又称萌生林。通常萌生林早期生长迅速，但寿命短、材质较为疏松、易感染病虫害，宜培育成中小径材，因而在森林经营上常称为矮林。

①萌芽更新。是指当树干上部受到人为破坏或自然损伤时，由树木茎干萌发出新的枝条并发育为新的个体而形成森林的更新方式。大多数阔叶树（如栎类、杨、柳、枫香树、泡桐、刺槐、榆、椴树等）及部分针叶树（如杉木、柳杉等）具有较强的萌芽能力，由此形成的森林称为萌芽林。

②根蘖繁殖。树木地上部分受到破坏后,由根部的不定芽向地上发育幼小枝条——根蘖。如杨、刺槐、泡桐、臭椿等树种的根蘖能力都很强,由此形成的森林称为根蘖林。

③压条更新。是指一株树木的下部枝条接触到土壤表面以后在相接处产生新的根系,并逐步形成一个新的个体。具备压条更新能力的树种很少,美国落基山的冷杉和云杉可以顺山坡,靠反复压条扩展自己。

大多数针叶树只能有性更新,而许多阔叶树两种方式均具备。未受干扰的原始林和无林地,自然形成常为实生林,经人为或自然灾害后形成的天然次生林,常为实生林与萌生林混生。

裸地上首先更新起来的树种称为先锋树种,先锋树种适应采伐裸地的主要原因:一是种粒小,结实频繁,种子飞散能力强;二是幼苗对裸地不良环境的适应性强,如山杨、白桦。由先锋树种形成的次生林一旦形成,就改变了迹地的环境条件,而当它们生长到一定阶段就会为耐阴树种的形成创造条件,于是形成复层林,上层由喜光的先锋树种构成,下层由耐阴的后期优势树种构成,前期前者对后者的作用主要是促进作用,后期优势树种的需光量增加,前者对后者的抑制作用越来越强。

4.3 森林与环境的关系

4.3.1 森林的环境因素

森林的环境因素主要包括:
①气候因子。包括光照、温度、水分、空气。
②土壤因子。包括土壤的物理性质(如质地、含水量、土壤温度、通气性等)和土壤的化学性质(如有机质、酸碱性、微生物等)。
③地形因子。包括地貌(如平原、山岳、丘陵等)、海拔、坡度、坡向、坡位、经纬度等。
④生物因子。包括动物、植物、微生物等。
⑤人为因素。指人为活动对林木生长的干扰,如采伐、整地、造林更新等。

4.3.2 森林与光的关系

光是太阳的辐射能以电磁波的形式投射到地球表面的射线,是一切生物能量的源泉。光是由波长范围很广的电磁波组成的,主要波长范围是 150~4000 nm,其中可见光的波长在 380~760 nm,波长 180~380 nm 的是紫外线,波长 760~1500 nm 的是红外线,红外线和紫外线都是不可见光。在全部太阳辐射中,红外线占 50%~60%,紫外线占 1%。太阳可见光由一系列的单色光组成,可见光谱中根据波长的不同,分为红橙黄绿青蓝紫。可见光的生态意义重大,红光有利于糖的合成,蓝光有利于蛋白质的形成。

全年平均光照度在赤道地区最大,随纬度的增加而减弱。光照度还随海拔的增加而增大。此外,山的坡向对光照度影响也很大,在北半球的温带地区,南坡接受的光照比平地多,而平地接受的光照又比北坡多;较高纬度的南坡可比较低纬度的北坡接受更多的光照,因此,南方的喜热作物可以栽培在北方的南坡。

在一年中，光照度随季节变化，夏季光照度最大，冬季最小，低纬度变化较小，高纬度变化较大。一天当中，中午的光照度最大，早晚的光照度最小。一般来说，光照度在森林内将会自上而下逐渐减小，由于林冠层吸收了大量光能，使下层植物对日光能的利用受到了限制，森林中的垂直分层现象受到影响。

(1) 光对树木光合作用的影响

叶片吸收的全部太阳辐射能中，只有1%~2%通过光合作用变为化学能，其余一部分变为热能消耗在叶片的蒸腾，另一部分增加叶温并与周围空气进行热交换。

①光补偿点。光合作用的强度受光照强度的制约，弱光下光合作用较弱，当光合作用产物恰好抵偿呼吸作用的消耗时，此时的光照强度称光补偿点。光补偿点的光照强度是植物开始生长和进行净生产所需要的最小光照度。长期处于光补偿点之下，树木的生长会停滞。各树种的光补偿点是不同的，耐阴树种光补偿点较低，能较好地利用弱光。喜光树种的光补偿点较高。

②光饱和点。当光照强度提高到一定程度，光合作用增强幅度减慢，最后达到饱和，此时的光照称为光饱和点。此后，强光照引起蒸腾加剧，树叶失水过多，气孔关闭，光合作用减退甚至停止。光照强度在光补偿点以下，植物的呼吸消耗大于光合作用生产，因此不能积累干物质；在光补偿点处，光合作用固定的有机物质刚好与呼吸消耗相等；在光补偿点以上，随光照增加，光合作用强度逐渐提高并超过呼吸强度，植物体内开始积累干物质；光照度达到一定水平后，光合作用产物不再增加或增加很少，该处的光照度就是光饱和点。各树种只有在最适宜的光照强度下，光合作用的强度最大，制造的有机物最多，生长最快。植物在不同生长期的光补偿点和光饱和点不同，一般在苗期和生育后期光补偿点和光饱和点低于生长旺期。几乎所有的农作物都具有很高的光补偿点和光饱和点，即只有在强光下才能进行正常的生长发育。

林业上，提高森林光能利用率或生产力的主要途径是保持、调整森林结构和提高光合强度。在森林不同生长发育阶段应保证森林适宜的密度和叶面积指数以充分利用光能。更新造林初期、幼林郁闭前，为充分利用太阳辐射和地力，进行林农间作或充分利用喜光树种的快速更新能力具有同样效果。多层次的林冠结构有利于增大林冠的叶面积指数和林冠深度，形成垂直郁闭，从而更充分地利用光能。营造各种类型的混交林，有利于光能利用和提高林地生产力，但必须注意使处于林冠上下层的树种在光能利用方面互相配合。

(2) 树种的耐阴性

树种耐阴性是指树种忍耐庇阴的能力，即在林冠的庇阴下，完成更新和正常生长的能力。根据树种耐阴性的差异，可把树种分为喜光树种、耐阴树种、中性树种。

①喜光树种。只能在全光照条件下正常生长发育，不能忍耐庇阴，茂密的林冠下幼苗不能正常生长，不能完成更新过程。喜光树种包括落叶松、油松、马尾松、樟子松、白桦、杨、桉、柳、相思树、刺槐、臭椿等。

②耐阴树种。能忍耐庇阴，林冠下可以正常更新，一些强耐阴树种只有在林冠下才能完成更新过程。耐阴树种包括云杉、冷杉、杜英、红豆杉、紫杉、甜槠、白楠、建柏、竹柏等。但成年树木在全光照条件下生长良好，甚至可以进行全光育苗(如云杉、冷杉)，这与阴性植物不同，所以不能称为阴性树种。

③中性树种。介于两类树种之间，大多数树种属于此类，对光照有较广的适应能力。在全光照下生长良好，也能忍受一定程度的庇阴。中性树种包括红松、杉木、水曲柳、香樟、侧柏、榆、毛竹、椴树等。

(3) 树木耐阴性的影响因素

除遗传特性，树木的耐阴性还与下列因素有关：

①年龄。树木的耐阴性随年龄的增长降低，树木在幼年时期比较耐阴。幼龄林（特别是幼苗阶段）的耐阴性较强，随着年龄的增长需光量逐渐增加，特别是壮龄以后，耐阴性显著降低。

②气候。生长在湿润温和的气候条件下，树木比较耐阴；而在干燥瘠薄和寒冷条件下，则多趋向喜光。同一树种在不同的气候条件下，耐阴能力有一定的差异，在低纬度温暖湿润地区往往比较耐阴，随着北移或海拔的升高，即随温度的降低，需光性增强，耐阴性降低。

③土壤。肥沃土壤上的树木耐阴性较强；同一树种在湿润肥沃土壤比在干燥贫瘠的土壤上耐阴性强。

(4) 树种耐阴性的区别

①林冠下能否完成更新过程和正常生长是鉴别树种耐阴性的主要依据。耐阴树种能在林冠下完成更新过程并正常生长，如云杉、冷杉等。这种树种组成的林分，复层、异龄，结构复杂，比较稳定。喜光树种则不能在林冠下完成更新过程和正常生长，幼树生长需要充足的光照，在迹地、空旷地上更新良好，所以也称为先锋树种。这类树种的幼苗往往是同一年生长起来，林下即使有同种更新幼苗幼树也难以生长因而多形成单层同龄林。相反，耐阴树种可以在林下更新，不同年龄的幼树形成复层异龄林。

②树种光补偿点和光饱和点的高低。喜光树种的光补偿点和光饱和点较高，而耐阴性树种偏低。

③林木生长发育过程的快慢。从树木的整个生长过程看，喜光树种生长快，尤其是幼龄阶段更为明显，开花结实早，寿命短；耐阴树种生长慢，开花结实晚，寿命长。耐阴性树种能在林冠下长期忍耐庇阴，解除上层木的遮阴或竞争后仍有很高的生长潜力并能大量开花结实。

④树冠疏密程度。由于耐阴树种光补偿点低，在较弱的光条件下仍能生长叶子，因此，树冠枝叶比较稠密；自然整枝弱，林下高较低；林分密度大，透光度小，林内阴暗。喜光树种则林冠稀疏，自然整枝强烈，林分比较稀疏，透光度大，林内较明亮。

(5) 光照对树木生长的影响

光照度影响树木成花结实，较高的光照度使树木的结实量增加。一般说来，植物个体对光能的利用效率远不如群体，植物群体对反射光、散射光和直射光的利用比植物个体充分得多。

光照对树木树冠的形态有很强的塑造作用。孤立木四周没有树木遮阴，光照充足，可以形成庞大的树冠，枝条发达，叶量很大。森林中多个树木生长在一起，相互遮阴，只能在树冠的上方接受充足的光照，树冠下部光照不足使枝条枯死，形成"顶冠"。这种森林光照情况下的林木明显高于相同年龄的孤立木，而且具有良好的干形。在森林边缘上的林木，由于林内林外光照的差异而形成"偏冠"。

4.3.3 森林与温度的关系

太阳辐射为地面和水面吸收并转变为热能而使地表温度和水体温度升高，继而引起空气温度变化，温度表征环境热量的多少。

生物体内的生物化学过程必须在一定的温度范围内才能正常进行，当环境温度高于或低于生物所能忍受的温度范围时，生物的生长发育就会受阻，甚至造成死亡。温度对树木的影响主要表现在以下方面。

(1) 温度影响树木的生理活动

树木的生理活动只有在一定的温度范围才能进行，通常用三基点温度说明。三基点温度指的是：最低温度（开始）、最适温度、最高温度。最低温度是指某一生理过程开始的温度；最适温度是指生理过程最旺盛的温度；最高温度是该生理过程停止时的温度。从最低温度开始直到最适温度，生理活动是逐渐加强的，最适温度之后，生理活动强度又逐渐减小，直至最高温度时生理活动停止。以光合作用来说，大多数温带树种的光合作用开始时的温度为：5~6 ℃、最适温度在 20~30 ℃，当温度提高到 40~50 ℃时，光合作用停止。

温度对树木蒸腾作用的影响，一方面是由于气温高低能改变空气湿度而间接影响蒸腾；另一方面，因气温的变化能直接影响叶片温度和气孔开闭，当蒸腾作用消耗的水分大于从根部吸收的水分时，则树木出现萎蔫。

(2) 温度影响种子萌发

种子萌发速率与温度增加值呈正相关，超过最适温度，则种子萌发速率下降，到最高温度时萌发停止。不同树种种子萌发的最适温度不同，一般温带树种种子萌发的最低温度为 0~5 ℃、最适温度为 25~30 ℃、最高温度为 35~40 ℃。部分树种种子萌发的最适温度：马尾松为 25 ℃；落叶松为 25~30 ℃；油松、侧柏、刺槐为 23~25 ℃。

(3) 温度影响树木的生长发育

一般树木生长温度范围为 0~35 ℃，在此范围内，随着温度的上升，生长速率加快，达最适温度时生长最快，此后若温度再升高，生长速率又趋减慢。大多数温带树种 5 ℃开始生长，最适生长温度为 25~30 ℃，最高生长温度为 35~40 ℃。而热带树种最适生长温度为 30~35 ℃，最高生长温度为 45 ℃。除气温外，土壤温度也直接影响根系的生长和对水分、矿质元素的吸收。

温度对树木的发育也起重要作用，一般是温度高，发育快，果实成熟早，但有些原产于寒冷地区的树种，由于在其系统发育过程中长期适应低温刺激，低温反而成为它们发育所必需的条件，如果不经历它们所需要的低温，则不能开花结实。

(4) 温度对树种分布的影响

各树种对温度有不同要求，温度成为限制树种分布的最重要因素。有些树种适应温度范围较宽，如刺槐、柳树，在我国从南到北几乎都能生长；而有些树种适应的温度范围较窄，如樟子松主要分布于大兴安岭。树种的自然分布区有两个界限：高温界限和低温界限，中间为分布区。水平分布上，就是南北界线，如杉木、马尾松的北界为秦岭、淮河，樟树的北界限于长江北岸，除水分和土壤等因子的影响外，主要受低温限制。而兴安落叶松不能分布到华北,则主要受高温限制。

在垂直分布上,树种的高温和低温界限就是它们的上下两个界限。如在长江流域一带的山地上,马尾松分布在海拔 1000~1200 m 以下的山地,在这个界限以上,马尾松被黄山松代替。海拔 1000~1200 m 既是马尾松的低温界限,又是黄山松的高温界限。

树木的引种必须考虑气候相似性原则。北种南引主要存在生长发育良好的问题,南种北引主要存在成活的问题。北种南引要比南种北引容易成功。南方喜温暖的树种可以在北方的阳坡种植,而北方平原的植物可以在南方的阴坡找到相似的温度环境。

(5) 节律性变温与树木的反应

温度随昼夜和季节而发生有规律的变化称为节律性变温。由于树木长期适应这种变化,这种节律性变温对树木生长发育是不可缺少的。

①温度昼夜变化。树木对温度昼夜变化的反应称为温周期现象。温周期现象对树木有利,因为白天高温有利于光合作用,夜间低温使呼吸作用减弱,光合产物消耗减少,净累积增多。变温对产品的品质有良好的影响。如云南的山苍子含柠檬酸比浙江多,原因在于高原地区白天温度高,晚间温度低,有利于物质的积累。果树也存在这种情况,如夜间温度越低,苹果直径越大,果实色泽越鲜艳,品质越好。

②温度季节变化。树木长期适应一年中气候的节律性变化,形成与此相适应的生育节律,称为物候期。例如,大多数树木春季开始发叶生长,夏季开花,秋季果实成熟,秋末落叶,然后以休眠状态度过冬季。随一年中气候的节律性变化,树木表现的不同形态称为物候相。树木的物候期主要与温度关系密切,每一物候期需要一定的温度量。例如,刺槐在南京地区,日平均温度 8.9 ℃时叶芽开放,11.8 ℃开始展叶,17.3 ℃开花,27.4 ℃果实成熟,18.0 ℃叶变色,10.5 ℃叶全落。在北半球,由南向北和由西向东物候期推迟,由山下往山上物候期相应推迟。

(6) 非节律性变温

温度突然降低或突然升高,而并非季节性的突然变温称为非节律性变温。这种突然出现的极端温度对树木的伤害很大,非节律性变温通常包括:

①低温伤害。包括寒害和冻害。

寒害:气温 0 ℃以上,树木受到的低温伤害,多发生在热带和亚热带。寒害影响树木的呼吸、光合、蒸腾以及物质的吸收和运输等生理过程失调,致使树木枯萎或死亡。例如,在 2~5 ℃时,热带树种椰子树和橡胶树的呼吸作用就会严重受阻。

冻害:气温 0 ℃以下,树木内部组织发生冰冻,多在冬、春季发生。

冬季降温,树木有一定的抵抗能力,早春树木的抵抗能力差,突然降温会造成冻害。受冻害的树木通常表现为枝条褐色、主干纵裂、根部冻害等。

②高温伤害。高温对树木的危害表现为主要破坏光合作用和呼吸作用的平衡,使呼吸超过光合,消耗大量有机物,造成树木生长停滞。此外,高温能使蒸腾加强,破坏树体水分平衡,导致树木萎蔫;高温还促使叶片过早衰老,减少有效叶面积,并使根系早熟,降低吸收能力。强烈的太阳辐射对树木会造成皮烧,使树皮局部死亡,片状脱落,导致病菌入侵。根颈灼伤又称为干切,常见于幼苗。夏天,当土壤表面温度增到一定程度时,幼苗的幼嫩组织被灼伤,呈环状坏死而倒伏。

4.3.4 森林与水分的关系

(1) 水对树木生理活动的影响

水是构成树体的无机成分之一,树木无论哪个部位均含有一定的水分。嫩叶含水量可达 80%~90%,树干含水量达 40%~50%,即使风干的种子含水量也达 6%~10%。树木体内一切的代谢活动都必须有水的参与,例如,水是光合作用必需的条件和物质基础,根系从土壤中吸收的矿质营养是以水溶液的形式进入树体,然后在树体内运送和利用。树木的蒸腾作用要消耗大量的水分,以加速根部自土壤中吸收矿物质并向上输导,同时调节因太阳辐射而引起的枝叶温度过高。

水能维持细胞和组织的膨胀状态,使树木各器官保持一定的形状和功能,还可使枝叶挺立便于充分接受阳光和气体交换,同时使花朵张开,利于传粉。此外,高温环境树木通过蒸腾散失水分,调节树体温度。寒冷情况下,水的比热较高,可保持树体温度不致骤然下降。

(2) 不同形态的水对树木生长发育的影响

① 降水。降水一般不直接被树木吸收,树木是通过土壤吸收降水的。降水分为液体降水、固体降水和气体降水。液体降水主要是指降雨,生长期的降水量与树木的直径生长呈正相关,而树木的高生长不仅受当年降水量的影响而且与上一年的降水量有密切的关系。例如,水杉的树高、直径和材积生长均在降水量减少的年份呈现最低值,而在降水量较多的年份呈现较高的生长指标。降水强度、持续时间会影响树木的生长。降水强度小,持续时间长,则水能充分渗入土壤,对树木生长有利。固体降水主要指降雪,降雪能补充土壤水分,而且具有保护土壤、防止冻结过深伤害树木根系,以及保护幼苗、幼树过冬的作用。气体降水包括水汽、雾、露。空气中的水汽含量常用相对湿度表示,当相对湿度较低时,可使树木的蒸腾增强,甚至导致气孔关闭,使光合效率降低。空气中的水分达到饱和时就形成雾,雾漂浮到树木、灌木、草类的表面凝结并下滴至土壤,成为土壤水分的补充。多雾的山区,雾产生的降水可达降水总量的 40%。

② 土壤水分。土壤水分来源于降水和地下水,土壤水分含量对森林的生长发育有重要意义。土壤水分过多,会使各土壤孔隙充满水而缺乏空气,使根系的呼吸作用受到抑制,淹水时间过长将使根系因缺氧腐烂,导致树木死亡。此外,土壤水分过多,还会导致土壤底土板结,影响根系发育。潮湿土壤的乔木多为浅根,根系集中,分布范围窄,易风倒。土壤干旱对树木生长也极为不利,严重干旱时,土壤中的重力水和毛管水将完全消失,树木因失水而萎蔫。同时,树木光合速率减慢,光合产物由叶向各器官的输送减慢,使树木生长减慢甚至停止。土壤水分的亏缺还影响林产品的品质。

(3) 水分条件对森林分布的影响

水分和温度一样,也是限制森林分布的重要因子,森林分布受最低年降水量的影响。森林是一定温度条件和一定湿润气候下的产物。年降水量 400 mm 是森林与草原的分界线,年降水量大于 400 mm 的地区才有森林的分布,300~400 mm 的地区为森林草原,200~300 mm 的地区为草原,200 mm 以下的则为荒漠地带。

水分与森林的垂直分布也有密切的关系。例如,新疆气候干旱、降水少,海拔低处无森林分布，仅在河流的两岸分布着胡杨林。但当海拔升高时，降水量增加，空气湿度增大，出现森林分布。例如，天山北部海拔低处为草原和荒漠，而 1500~3000 m 处的年降水量可达 300~400 mm，出现落叶松、云杉、山杨、桦木等树种形成的天然针叶纯林。

(4) 树木对水分的需求与适应

树木对水分的需求指树木为维持正常生活所需吸收和消耗的水量。树木对水分的适应指对土壤水分的生态适应。通常所说的某种树消耗水分的多少是指对水分的需求，而某个树种抗旱或喜湿，则指对水分的适应。

①树木对水分的需求。树木吸收的水分绝大部分用于蒸腾，而用于制造碳水化合物的只有极小的一部分，一般不超过 1%。蒸腾系数指树木每制造 1 g 干物质需蒸腾水分的质量（克数）。如桦木和山毛榉的蒸腾系数分别为 320 和 170，说明山毛榉的需水量较低，对水分的利用较经济。农作物玉米和小麦的蒸腾系数分别为 349 和 557，与森林相比要高许多，说明森林对水分的利用非常高效。

②树木对水分的适应。树木对水分的适应是树木对水分干湿长期适应的结果，形成树种不同的生态习性。造林时应根据特性安排到适宜地点。根据森林对水分的适应，一般可将树种分为耐旱树种、湿生树种和中生树种。耐旱树种在长期干旱的条件下能忍受水分的不足，维持正常生长，如马尾松、油松、樟子松、柏木、栓皮栎、刺槐、侧柏等。耐旱树种根系发达，可深入土层或扩展到较远的范围，吸收较远范围水分，叶表面具有角质层、蜡质、茸毛，不利于水分的散失。在林业上经常选用耐旱树种作为造林的先锋树种。湿生树种能生长于土壤含水量高、空气湿度大的环境，如柳树、水杉、枫杨、赤杨、桑树等。湿生树种根系不发达，叶面积较大。中生树种不能忍受过干、过湿的环境，如云杉、冷杉、落叶松、枫香树、柳杉、梧桐、杉木、樟、楠等。绝大多数树种属于中生树种，缺乏适应长期干旱或过湿的形态构造和功能。

(5) 森林内的水分状况

树木有庞大的林冠、发达的根系及枯枝落叶层，这对林内水分的分布有很大的影响。降水在森林内的分布主要表现在以下几个方面：

①林冠截留和林地枯枝落叶层的截留。林地降水分为林冠上降水和林冠下降水。林冠上降水量与空旷地一样，林冠下降水包括林冠间隙穿落、树木的茎叶滴落及顺树干流下的降水，若林外的降水量为 100%，林冠下的降水为 60%~85%，林冠截留降水量的 15%~40%，除小部分湿润枝叶外，绝大部分蒸发返回大气。林冠截留的降水量取决于林分组成、林龄、郁闭度、并与降水量和降水强度有关。林冠郁闭度越大，冠层越厚截留的降水量越多。林分接近近熟或成熟时，由于叶片量的减少和林冠稀疏，截留降水的能力下降。林冠截留的降水中的一部分顺枝条和树干流到地面，这部分降水一般占降水总量的 1%~5%。经林冠和林下植物截留后漏下的降水到达林地，其中一部分被枯枝落叶层吸附，通常为其自身干重的 2~4 倍，枯枝落叶层的吸附可以保护土壤免受雨滴溅击。

②森林土壤的水分渗透和贮存。树木根系与土壤之间形成粗大的孔隙，枯枝落叶腐烂后促进土壤团粒结构形成，增加了孔隙度，这些因素使林地土壤的透水性能明显大于无林地。森林土壤中的水分被植物根系吸收、蒸发、补充地下水或以土壤径流的形式流入河道。土壤的贮水量，阔叶林每公顷的贮水量为 74.2 mm，马尾松为 54.2 mm，灌丛为 47.8 mm，荒山为

11.3 mm，林地的贮水量为荒山的6倍。

③森林中的径流。森林中的径流分为地表径流和地下径流。森林能够起到减少地表径流的作用。森林中的地表径流之所以较无林地少，主要在于林冠截留了部分降水，使林下降水减少。枯枝落叶层可以贮蓄水分，延缓径流形成过程。森林土壤疏松多孔、透水性能良好，以及四周隆起的树根，阻碍了地表径流的流动。在山地上，坡度越陡，坡长越长，沿着地表流出的水也越快越多。所以，在陡坡上的森林比平地上的森林对地表径流具有更大的影响。地下径流一般指地下水，地下水指不透水岩层以上的透水土层和松散岩屑中的饱和含水量。根据水分经过土层和岩层的不同深度，地下水又分为浅层地下水和深层地下水。浅层地下水指下雨时向土壤渗透下去并能借助重力和毛管作用作垂向或横向运动的水分，它们可从土层或风化岩屑中流出，从土壤中流出的，称为土壤径流；有时这种水从切割的河岸流出，俗称泉水；从岩石的裂隙流出的称为裂隙水。深层地下水指继续往深层移动直达母岩层(不透水层)的水分。山地条件下，森林有增加土壤径流的作用，从而对森林所在流域的河流水量起调节作用。在森林集水流域常比裸地、农耕地容易形成更多的泉涌，多数小溪(河)都源于山地森林，而山地森林伐除后，泉水就会断源。当深层地下水很低时(离地表 2.0~3.5 m)，由于树木根系不能到达，森林对地下水位不产生影响。如地下水位较高(离地表 1.0~1.5 m)，树木根系可以到达，森林可以吸收水分并蒸发到大气中，影响地下水位。森林里由于蒸腾作用消耗水分较多，林内的地下水位总是比农田低。大面积森林采伐和森林火灾可使湿润地区的地下水位提高，甚至发生沼泽化，待森林恢复后，沼泽化现象将消失。

④森林的蒸散。森林的蒸散由林冠截留水分的蒸发、林地表面的蒸发(较空旷地少)、森林植物的蒸腾(明显高于其他植被)3部分组成。林冠枝叶表面吸附的水分很快即被蒸发。林内地表蒸发较空旷地显著减少，主要原因在于林冠遮蔽阳光，气温、土温较低，风速较小等。森林植物的蒸腾明显高于其他植被。

(6) 森林对降水的影响

①森林对水平降水的影响。水平降水包括雾、露、霜等。森林植物的蒸腾高于其他植被类型，使近地层湿度大，加之森林的蒸发大，消耗的蒸发潜热大，因而使温度降低。林区的这种低温高湿的气候特征，有利于水汽凝结和雾形成，从而能够在很大程度上增加水平降水。夜间温度降低时有利于水汽凝结和雾的形成，即夜间草木上凝结的露水，犹如雨滴降落，称为"森林夜雨"。初春在庐山，秋冬在北方某些林区，有时会出现雾凇太多而压折树干的现象。

②森林对垂直降水的影响。森林蒸腾强度大，使森林上空空气湿度大、气温低，水汽易饱和凝结形成降水。此外，森林增加了地面粗糙度，气流通过森林时受到树木阻挡，使林冠上方的乱流加强，促使水汽向上输送，使森林上空水汽含量增加。

4.3.5 森林与大气的关系

大气一般指距地表上层 12 km 范围内对流层的大气，与森林有密切关系的大气成分是二氧化碳、氧气、氮气。

(1) 大气对森林的影响

①二氧化碳对森林的影响。二氧化碳是光合作用的原料，生物界都由含碳的复杂有机化合物组成，植物干重中，碳占45%，氧占42%，氢占6.5%，氮占1.5%，其他5%。其中碳和氧均来源于二氧化碳。森林植物的光合作用强度与大气二氧化碳浓度有密切的关系，在一定范围内随二氧化碳浓度增高，光合强度加大，其影响超过光。实验表明，把植物放在适宜的光照下，二氧化碳浓度增加3倍，光合作用也增加3倍，而把光照强度增加3倍时，光合作用只增加1倍。在林业生产上，在光照和温度适宜的情况下，通过抚育、松土、促进地被物分解，间接提高二氧化碳浓度，称为二氧化碳施肥。

②氧气对森林的影响。氧是植物呼吸的必需物质，植物呼吸是吸收氧气，放出二氧化碳，借助氧气进行生命的生理过程，没有氧气植物就不能生存。在呼吸过程中，氧把光合作用中贮藏于有机物质中的能量，通过一系列生物氧化反应释放，供给森林植物生命活动的需要。在白天，光合作用所释放的氧气要比呼吸作用所消耗的氧气多20倍。大气中的氧能完全满足植物的呼吸消耗。土壤中由于根系呼吸消耗过量的氧，有时会造成土壤缺氧，影响根部的呼吸和生长。通气性能好的土壤，能保证氧供应。有积水的土壤，氧的供应会不足。

③氮气对森林的影响。氮是植物体的重要营养元素，是蛋白质的主要成分。大气中的氮含量较多，但多数植物不能直接利用，只有少数豆科植物可以利用。高等植物所需的氮，主要来自土壤有机物分解产生的硝酸盐、亚硝酸盐、铵盐、无机氮盐等。

④森林内的空气状况。与林外空气相比，在林冠层以下空气中，二氧化碳和水汽的含量较高，尘埃较少，花粉、孢子、细菌较多，其中还含有一部分植物杀菌素及芳香气体。由于枯枝落叶层的分解以及土壤中植物根系和动物的呼吸作用，常使林内近地面空气中的二氧化碳含量比林外大气中正常的含量为高。据测定，从林地表面至1.5 m高度处，二氧化碳的含量可达0.04%~0.08%（正常大气中含量为0.03%）。林冠下二氧化碳含量的增高在一定程度上可以补偿光照的不足，这对林下幼苗、幼树的生长发育具有良好的作用。在林冠层中，由于光合作用对二氧化碳的消耗，其含量明显低于林冠层以上和林冠层以下的二氧化碳含量，一般只有0.02%。在林内空气中，水汽的含量比无林地大得多，这是因为林冠覆盖减少了水分的物理蒸发。由于森林植物对空气中的尘埃有过滤和吸收作用，所以林内空气的尘埃含量比无林地少得多。此外，在森林大气中还含有相当数量的花粉、孢子和细菌。

⑤大气污染对森林的影响。污染性气体从叶片气孔侵入扩散到叶肉组织，然后通过筛管输送到树体的其他部位。污染性气体进入叶片后，损害叶片的内部构造，影响气孔的关闭，进而影响树木的光合、蒸腾和呼吸作用；破坏酶的活性；有毒物质还在树木体内，进一步分解或参与合成，产生新的有害物质。急性伤害：在高浓度污染物影响下，短时间内造成树木叶表面产生伤斑或直接使叶片枯萎脱落。慢性伤害：在低浓度污染性气体的长期影响下，使叶片褪绿。此外，不可见危害指的是树木外表不表现受害症状，但其生理机能却受到影响，造成生长势减弱、产量下降和品质变劣。常见的污染性气体包括二氧化硫、氮氧化物、氟化氢、光化学烟雾等。树木对污染性气体的抗性表现为：常绿阔叶树的抗性比落叶阔叶树强；落叶阔叶树比针叶树强。树木对污染性气体的抗性可分为3级：抗性

强、抗性中等、抗性弱。通常选用敏感和容易产生受害症状的树种作为监测种,如可利用落叶松、雪松、杨、泡桐、枫杨监测二氧化硫,特别是地衣类,少量有害污染就会导致其受害枯黄。无论是抗性强的树木,还是抗性弱的树木,生活在污染区所吸收的有毒物质都比在非污染区多,其量可以高出几倍至几十倍。有些树种可以吸收大气中的污染性气体,如柳杉、垂柳、槐树、桑、罗汉松对二氧化硫的吸收量和抗性都较强,夹竹桃、广玉兰、梧桐吸收氟化氢的能力较强。森林利用庞大的林冠枝叶的呼吸作用进行着强大的气体交换,来发挥吸收污染性气体的作用,大幅减少大气中有害物质的含量。对颗粒状污染物,树木的吸附能力也特别强,特别是茂密的森林。

(2) 风对森林的影响和森林对风的调节

风能直接或间接的影响树木的生长发育,同时,森林的存在能改变风向和风速,起到天然屏障的作用。

①风对森林的影响。风力不大时,风对树木生长有利,风吹走叶面周围蒸腾作用释放的水汽,带来干燥空气,从而促进蒸腾作用,有利于枝叶的降温和增强根系的吸收能力。同时,风带来二氧化碳含量高的空气,在一定程度上促进光合作用。但风力太大会使森林的蒸腾过强造成树木萎蔫。强风也会使气孔关闭,影响光合作用和呼吸作用。风对树木的结实有很大促进作用,许多树木依靠风力传播花粉,如松、榆、栎、桦、杨、柳等都是依靠风力传播花粉的。许多树种的种子和果实也是靠风力传播的,这对森林采伐更新和荒山荒地造林极为有利。但过强的风能吹落花朵和未成熟的种子,而使种子产量降低。长期的强风会减小叶面积,破坏正常的水分平衡,削弱树木的生长。强风还能造成树冠畸形,在盛行一个强风方向的地方,树干常向背风方向弯曲,树冠向背风方向倾斜,形成所谓"旗形树"。"旗形树"枝条数量比正常的树木少很多,光合作用的总面积大大减小,严重降低树木的生长量和木材质量。风速大于 10 m/s 可使树干折断,形成"风折"。

②森林对风的调节。森林是风的强大障碍,在经过森林时,大风分散成小股气流并改变方向。一般在森林迎风面相当树高 3~4 倍、背风面相当树高 10 倍的范围内,降低风速的作用最明显。林内 34 m 处,风速为空旷地的 55%~78%;55 m 处,风速为空旷地的 44%~52%,77 m 处,风速为空旷地的 23%~27%。一条 10 m 高、10 行的防风林带,在其背风面 150 m 范围内,风速平均降低 50%,250 m 范围内,风速降低 30%以上。在农田防护林保护范围内,风速降低减少了水分蒸发,提高了空气湿度和土壤含水率,能增加农作物产量。

4.3.6 森林与土壤的关系

土壤是树木生长和发育的场所,土壤为森林提供生长和发育所需的水分、养分、温度和空气。

(1) 土壤对森林的影响

森林的生长状况受土壤的影响很大,主要的影响包括:

①母岩对森林的影响。母岩对土壤的理化性质有很大的影响,例如,花岗岩形成的土壤含钾,质地疏松,呈酸性;石灰岩形成的土壤含钙,质地黏重,呈碱性。在同一地区,

不同的母岩形成不同的土壤，不同的土壤上生长着不同的树种，例如，同样在华北地区，石灰岩形成的土壤上生长着侧柏，砂岩形成的土壤上生长着油松。

②土层厚度对森林的影响。土层厚度决定土壤的水分、养分含量，以及树木根系的分布空间。通常土层浅薄处，土壤干燥贫瘠。土层深厚处，则土壤较肥沃湿润。山地条件下，土层厚度取决于地形、坡度、坡向、坡位。通常上坡土层较浅，坡度大，土层薄，阳坡土层薄、阴坡土层厚。土层厚度影响树木的分布，例如，南方丘陵山地，土层瘠薄的山坡、山脊、山顶只有马尾松分布，山脚、山洼则有杉木、毛竹、多树种的阔叶混交林。

③土壤质地和结构对森林的影响。土壤质地是土壤矿质颗粒搭配（分为砂粒、粉沙、黏粒）的比例。土壤根据质地可分为砂土、黏土、壤土。不同质地的土壤具有不同的水分和养分保养的能力，因而对树木的生长产生不同影响。砂土：疏松黏结力小，通气透水，蓄水性能差，养分易流失，只能生长耐干旱贫瘠的树种，如马尾松、刺槐。黏土：以黏粒为主，通气性差，易积水。生长在紧实土壤上的杉木，叶黄化病严重。壤土：不沙不黏，不松不紧，既能通气透水又能蓄水保肥，是适于林业生产的理想土壤。

④土壤酸碱度对森林的影响。土壤受母岩、降水、植被、施肥的影响呈现不同的酸碱度。不同树种由于长期生长在一定酸碱度的土壤上，对土壤酸碱度有不同的适应。例如，杉木在 pH 值为 4.5~6.5 的土壤上生长良好，柏木则能在 pH 值为 7.5~8.0 的石灰性紫色土上生长良好。土壤酸碱度是适地适树的重要原则。通常针叶林下的土壤呈酸性，阔叶林下的土壤酸性较弱。

⑤土壤肥力状况对森林的影响。肥沃的土壤应同时满足森林植物对水、肥、气、热的要求。土壤中水分与空气的含量主要与土壤质地有关，土壤中水分和空气的数量变化是相互制约的，土壤孔隙不是被水占据，就是充满空气。林木正常生长既需要足够的水分，又需要适当的空气。长期干旱造成土壤水分不足，树木生长停滞。水分过多则导致土壤缺氧，妨碍根系呼吸，造成根系腐烂。土温也影响根系的呼吸和吸收能力。通常根系生长的最适合土温为 20~25 ℃。树木生长所需的营养元素分为大量元素和微量元素，大量元素包括氮、磷、钾、钙、铁、镁、硫等，微量元素主要包括铜、硼、锰、钼、锌等。两者主要来源于岩石风化物，其中氮、磷、钾对树木的生长影响最大，如果缺乏就需要通过施肥加以解决，土壤中的营养元素大部含于腐殖质中。按树木对养分条件的适应，可以将树木分为耐瘠薄树种和喜肥树种，耐瘠薄树种如马尾松、樟子松、油松、落叶松、蒙古栎等，喜肥树种如白蜡、杉木、楠、樟等。耐瘠薄树种如栽植在肥沃土壤上会生长更为良好。

⑥土壤微生物对森林的影响。1 g 土壤所含微生物的数量可达数千个至数十亿个，包括细菌、真菌、放线菌等。土壤微生物种类多、数量大、繁殖快、活动性强，在土壤营养物质转化中起重要作用。森林中的死地被物（枯枝落叶和动物残体）是植物营养元素的重要来源，但必须在分解之后才能被植物吸收利用，微生物起分解作用，当土壤温度在 35 ℃左右，通气良好，微生物活动旺盛。

(2) 森林营养元素的循环

①养分吸收。土壤中的可溶性化学物质被森林根部吸收进入植物体内，树木与其他植物一样需要一系列的营养元素，但与农作物不同，树木只需少量的养分就能生长良好。

②养分的返还。树木吸收的矿物质除以木材形式带走的外，最终均通过枯落物和雨水

浸淋的方式返还土壤。森林枯落物对林地土壤影响显著，它不仅释放养分归还土壤，而且影响林内养分循环。森林的枯落物主要包括：树叶、枯枝、花、果、树皮、死树的树干等，它们是土壤的养分库。枯落物的数量：耐阴树种比喜光树种多；混交林比纯林多；生长旺盛的中龄林多于幼龄林和老龄林；生长在肥沃土壤上的森林比生长在贫瘠土壤上的枯落物多。在森林枯落物中，数量最多的是叶子，落叶量可占总枯落物量的70%~80%。由于土壤微生物和土壤动物的活动，枯落物不断被分解，分解速率与树种组成和环境条件有关。阔叶树分解较快，针叶树含较多单宁，不利于微生物的活动，分解速率较慢。在温暖湿润、通气良好的森林环境中，枯落物分解快。土壤动物和土壤微生物，如螨、蚯蚓、细菌、真菌等，可长期不断地将森林的枯枝落叶分解为可溶性化合物，使其为森林植物的根系所吸收。如果从林地上移除枯枝落叶，短期不会有影响，长期则会造成地力衰退。森林土壤具有自肥作用，树木与农作物相比，吸收的养分较少，归还较多。林下的草本植物和灌木对养分循环也起重要作用，特别是在林分形成的初期和林分发展的后期。粗木质残体包括枯立木、倒木，以及脱落的粗大树枝等。粗木质残体是许多物种的栖息地和生存基质。粗木质残体中的营养物质可供植物生长利用，许多低等的附生植物（如地衣和苔藓等）生长在粗木质残体的表面。粗木质残体还可为动物提供食物、栖息地和繁育地，哺乳类、爬行类主要利用倒木，鸟类和蝙蝠主要利用枯立木。粗木质残体有利于营养物质的循环，特别是释放氮，尽管释放速率比较慢（图4-2）。

图 4-2 森林中的粗木质残体

③养分的输出。森林养分的输出一般有3个途径，即以水为介质的输出；以土壤粒子为介质的输出；采伐造成的养分输出等。

4.3.7 森林与地形的关系

地形是间接的生态因子，地形变化引起光照、温度、水分、土壤养分的变化，进而影响森林的分布、发育。根据形态可将地形分为以下类型：

平原：海拔200 m以下的宽广平地，地面的坡度和高度都变化较小，地形简单而趋于平缓。

丘陵：海拔不超过500 m，地表起伏，高差范围50~100 m，地形破碎，陡斜的坡地所占比重很大。

高原：海拔500 m以上，顶面比较平缓，以海拔区别于平原，以较小的起伏区别于山地。

山地：由一系列大小和形状不同的山岭集合而成的地域。又分为：高山，绝对高度3500 m以上；中山，绝对高度1000~3500 m；低山，绝对高度500~1000 m。

盆地：周围山岭环绕，中间地势低平，盆地中央与周围的高度差在500 m以上。

(1) 山脉走向对森林分布的影响

山脉是气流活动的天然屏障，对温度、降水影响显著。我国地处季风气候区，季风气候是大陆性气候与海洋性气候的混合型。夏季受来自海洋的暖湿气流影响，高温潮湿多雨，气候具有海洋性；冬季受来自大陆的干冷气流影响，气候寒冷，干燥少雨，气候具有大陆性。一些东西走向的山脉能阻止冷气团南下和暖气团北上，山北干冷气候，山南暖气团抬升冷却致雨形成湿热气候。典型代表有北方的天山、阴山，中部的秦岭、昆仑山，南方的南岭都是植物分布上重要的界线。例如，秦岭绵延数百千米，平均海拔超过2000 m，对南北气流交流起明显的阻隔作用，成为温暖带和亚热带的界线。北坡分布着落叶阔叶混交林，即夏绿林，南坡则分布着落叶阔叶与常绿阔叶混交林，如杉木、枫香树、马尾松、樟、棕榈等树种。

我国降水靠东南季风从太平洋带来的水汽，因而与东南季风呈一定夹角的山脉常是降水分界线，迎风面地形降水多、气候湿润，背风面降水较少。如大兴安岭以东，年降水量超过400 mm，分布着森林，而以西年降水量不足300 mm，是草原和牧业区。总之，由于山脉对气团的阻隔和抬升，一山之隔气候差异大，植被也截然不同。山体越高大、完整，其屏障和抬升作用就越强。

(2) 江河走向对森林分布的影响

江河对森林分布具有导向作用，海风沿江河吹入，影响流域两岸的气候和植被，这种影响取决于江河宽窄、曲直。江河越宽、越直，影响范围越大。我国的主要江河自西向东流入太平洋，太平洋的湿热季风沿河流自东向西深入影响我国腹地，使我国东部成为湿润森林区。如在我国的亚热带地区，之所以大部分为森林植被覆盖，与长江的影响是密切相关的，而世界同纬度的许多地区则因缺乏河流影响而成为沙漠和半沙漠地带。

(3) 山地地形对森林的影响

小地形主要包括坡向、坡位、海拔等，它们能影响气候、土壤、植被，造成多样的环境条件，因而在不大的范围内可以发现不同的植物组合或同种植物的不同物候期。

①海拔对森林的影响。海拔高，气温低，水汽容易饱和，降水量增加，但超过一定高度降水量会减少。由于山地气候的变化，一个树种只分布在一定的海拔，例如，马尾松生长在1200 m以下，黄山松生长在1200 m以上。在一定高度以上的高海拔地区，因温度低而湿度大，土壤微生物活动受阻，有机质分解较慢而积累较多，加上风速很大，不宜于树木生长，成为树木分布的上界，即高山树木线。

②坡向对森林的影响。不同坡向因太阳辐射强度和日照时数有别，坡面的水热状况和土壤性质也有所不同。例如，南坡(阳坡)温度高、湿度低、较干燥，多分布着喜光、耐旱植物；北坡(阴坡)则分布着耐寒、耐阴、喜湿的植物。东坡(半阴坡，较接近北坡)、西坡(半阳坡，较接近南坡)分布的植物南北混杂。在湿润气候区，南坡的树木生长好于北坡，如亚热带地区的杉木。在水分缺乏区，南坡的植物生长较北坡差，如华北地区的油松。

③坡度对森林的影响。不同坡度的山坡，因太阳入射角不同，获得的太阳辐射有区别。但坡度的主要影响表现为坡度越大水分流失越多，土壤越瘠薄。一般将坡度划分为：平坡(<5°)、缓坡(6°~15°)、斜坡(16°~25°)、陡坡(26°~35°)、急坡(36°~45°)、险坡(>45°)。平坡土壤深厚肥沃，一般为农用地；缓坡、斜坡，不仅土壤肥厚，而且排水良好，最适合林木生长；陡坡土层薄，石砾多，水分供应不稳定，林木生长差，林分生产力

低。急坡、险坡上的树木稀疏低矮,如遭破坏容易发生地质灾害。

④坡位对森林的影响。山坡的不同部位可以划分为:山脊、上坡、中坡、下坡、山谷。从上到下,日照时间逐渐变短,坡面获得的阳光不断减少。土壤则逐渐由剥蚀到堆积,土层厚度、水分、养分含量都相应增加。整个生境向阴暗、湿润、肥沃的方向发展。从上至下分布着对水肥要求不同的树种。如果树种对水肥反应比较敏感,应考虑适地适树。例如,7年生杉木在山谷的生物量为 80.9 t/hm²,在山坡的生物量为 63.6 t/hm²,而在山脊的生物量则为 39.6 t/hm²。但也有例外,如山脊平缓开阔,则山脊处土层肥厚。

⑤沟谷宽度对森林的影响。沟谷的宽度又称山坡的开阔度,指沟谷的深度与宽度的比例,分为宽谷和狭谷。宽谷通风、光照条件都较好,生态条件差异视两谷坡的坡向和坡度而定,林木生长有明显差别。狭谷具有阴凉湿润的特点,两谷坡上分布的植物多为耐阴、喜湿的种类,无论坡向和坡度如何,光照时间和强度都明显减少,两谷坡上的植被差异较小。

4.3.8 森林与生物的关系

(1)森林植物之间的关系

①林木之间的关系。在森林生态系统中,林木之间的关系是竞争与互利的关系。当个体数量超过环境的负荷能力,则产生竞争,主要是对光照、水分、养分的竞争。竞争分为种内竞争和种间竞争。种内竞争是同一树种间的竞争,如纯林中的自然稀疏,对光照、水分、养分的竞争导致一些树木沦为生长落后的被压木而逐渐枯死。种间竞争是不同树种间的竞争,有相似习性和生长需要的树种竞争激烈,例如,全部是喜光树种,对光照的竞争就比较激烈,采用混交模式可以有效解决光照竞争问题,如喜光树种与耐阴树种混交。在混交林中,也有自然稀疏的现象,这是在种间和种内关系相互作用的结果。除竞争关系外,林木之间还存在着互利共生关系。种内存在的互利共生关系,例如,同种林木密集造林或簇式造林,于幼年时期,由于能够互相遮阴,创造对彼此有利的小气候条件,并且可防止杂草,因而提高了造林成活率,加速了树木生长。森林群落的空间成层结构在很大程度上是种间互利共生的表现,例如,喜光树种利用最上层空间,耐阴树种利用次层空间,而下木和活地被物利用下层空间,这种结构性可使单位空间存在大量植物个体,在一定程度上减弱了竞争的强度。

②林木与下木和草本植物的关系。森林的组成树种不同,林内下木和草本植物的种类和生长状况也不同,一般来说,由耐阴树种和常绿阔叶树种组成的森林,其下木和草本植物都是比较耐阴的,而且种类和数量较少,这是它们长期适应林内微弱光照条件的结果。而在林冠稀疏的喜光树种组成的森林中,林下植物种类繁多,生长茂密,而且多为较喜光的植物。在树种相同而郁闭度不同的林分中,林下植物也有显著的差异,在郁闭度较大的林分中,多生长着耐阴的下木和草本植物,在郁闭度较小的林分中,则以喜光的下木和草本植物占优势。下木和草本植物的凋落物是土壤有机质的来源之一。下木和草本植物对林木的生长发育和森林更新影响极大。下木和草本植物过度繁茂时,将大量消耗土壤水分和养分,对林木生长不利。因此在经营速生丰产林时,适时清除林内的杂草灌木是保证林木得到充足水分和养分供应的重要措施之一。根系较浅、侧根发达、呈丛状分布的下木是幼

苗、幼树的竞争者，因而对更新不利。下木和草本植物还与森林火灾有关，多数下木和阔叶草类不易燃烧，能减小火灾危险性，而禾本科杂草则会增大火灾危险性。

(2) 森林植物与动物的关系

①森林是多种动物类群的栖息地。森林为各种动物提供了丰富的食物，种子、果实、嫩芽是鸟类的食物来源，昆虫是两栖类动物的食物来源。林内小气候优越，风速小，气温均匀稳定；枯枝落叶层、乔灌木、树洞是许多动物理想的栖息地，如兽类、鸟类、昆虫、土壤动物(蚯蚓、线虫等)。

②动物对森林的影响。土壤动物能改良森林土壤。蚂蚁、蚯蚓、线虫、鼠类生活于土壤中，使土壤疏松，增加了土壤的通气性和透水性，特别是蚯蚓对森林土壤最为有利，它们可使一些枯落物加速分解。动物的排泄物和尸体经微生物分解后，可以提高土壤肥力，在林内放牧家畜，也可因其排泄物而提高林地肥力，但过度放牧会使林地土壤板结，降低通气性和透水性。动物能帮助树木传播种子。脊椎动物(鸟类、哺乳动物)和昆虫都是种子的散布者。一些啮齿类动物有埋藏种子的习性，最后忘记种子的埋藏地点，例如，田鼠、松鼠喜欢隐藏树木的种子。鸟类有反吐和通过消化道排泄种子的习性。有些植物种子带有刺附着于动物身上传播，如苍耳的果实外面长有钩刺。在种子利用动物媒介传播需具备3个条件：第一，动物必须被植物果实和种子的颜色或味道所吸引；第二，吸引时间必须与植物种实成熟时间相符合；第三，在动物吃食种子的过程中，必须要有足够的种子从散播媒介手中逃掉。逃避机制包括：埋藏种子；反吐种子；有坚硬而平滑的种皮，以保障种子通过消化道不被破坏。动物还能传播花粉。许多昆虫、鸟类甚至蝙蝠都能够传粉，从而有利于树木结实。树木的结实量与昆虫、鸟类数量有关。传粉是植物生长中的关键过程，在寒温带树木靠风传粉，而在温带和暖温带传粉的动物包括昆虫(蜜蜂、蝴蝶、甲虫、蛾类)、鸟类、蝙蝠等。动物有时也会对林木生长造成危害。害虫会吃掉树叶、嫩枝、蛀空树干，常造成树木死亡。有些鸟类喜食树木的幼芽、嫩枝和花序，如一只鹩哥在一个冬季就能吃掉总计几百米的嫩枝，它们有时咬断树木顶梢，使树干弯曲，影响材质。但森林中也存在大量的寄生性或捕食性昆虫，如寄生蜂、步行虫、瓢虫等，能消灭大量林木害虫，抑制其种群爆发，起着保护森林的作用。蚂蚁等捕食性昆虫的灭虫量也很大。另外，蟾蜍、青蛙、蜥蜴、蛇和蜘蛛等都能消灭大量森林害虫，许多鸟类以昆虫为食。草食兽类可以造成植物部分器官的损害，严重时可以造成整株植物的死亡，一般来说，它们对种子和幼苗死亡率的影响要大于对成年植物的影响。草食动物和昆虫的危害，在自然界中一般不会威胁某种植物的生存，因为这些动物本身的多度还受到捕食者的限制，并且动物一般来说相较植物稀少。

4.3.9 人为因素对森林的影响

人为因素对森林的影响往往是多方面的，生态因素的作用不是孤立的，例如，采伐出现的采伐迹地，与原林冠下相比，变化最大的是光照增强，除光照外，气温和土温提高、空气湿度降低、土壤水分蒸发增强和土壤含水量降低，进一步又会影响土壤的理化性质和生物的活动，进而影响森林的生长。

采伐、集材、造林等林业经营活动都会影响林地土壤、林下植被以及林木和林内的小气候，进而影响森林的生长和恢复。

复习思考题

1. 典型的森林生态系统都有哪些组成成分？
2. 纯林和混交林各有哪些特点？森林经营中，什么情况下考虑培育纯林或混交林？
3. 光照如何影响森林的生长？耐阴树种和喜光树种的主要区别是什么？
4. 温度如何影响森林的发育？节律性变温对树木生长有何影响？
5. 水分对森林的发育有何影响？森林是如何影响降水的？
6. 大气是如何影响森林发育的？森林与风有什么关系？
7. 土壤对森林的生长发育有什么影响？
8. 森林生物之间有什么关系？
9. 地形因子对森林的分布和发育有什么影响？

第 5 章

森林采伐与森林环境保护

5.1 森林采伐类型和采伐方式分类

森林资源是可再生资源,在森林资源的管理中,森林采伐更新直接影响森林的生长量、蓄积量、出材率、资源利用率及更新造林成效,也影响未来林分的质量、经营周期、林地生产力以及多种环境目标,因地制宜地确定森林采伐更新方式有利于改善森林质量,缩短经营周期。森林采伐要保护好森林环境,为森林更新创造有利条件。《森林采伐作业规程》(LY/T 1646—2005)将森林采伐分为 5 种类型:主伐、抚育采伐、低产(效)林改造采伐、更新采伐和其他采伐。

(1)主伐

主伐是为获取木材而对用材林中成熟和过熟林分所进行的采伐作业。森林主伐更新是指当森林培育达到成熟时,对成熟林木进行采伐利用的同时,培育新一代幼林的全部过程。在生产实践中常把这一过程分为两部分:对成熟林木的采伐利用,称为森林主伐;在采伐迹地上借助自然力或人力重新恢复新一代幼林,使之代替老林,称为森林更新。主伐又分为皆伐、渐伐和择伐。

森林主伐与森林更新是林业生产中相互联系、不可分割的两个方面。仅就木材生产方面来说,森林主伐是为了更好更快地更新,而森林更新则是为了将来更好更多地采伐,二者是辩证统一的关系。由于森林资源是一种可再生的生物资源,只要在采伐之后及时更新恢复森林,就能实现森林资源永续利用。更新与采伐的有机结合要做到以下几点:在时间上,做到当年的采伐迹地当年更新或翌年更新;在地点上,做到在哪里采伐就在哪里更新;在方法上,贯彻人工更新为主与人工促进天然更新相结合的方法;在面积上,每年迹地更新的面积要达到上一年的采伐面积;在质量上,对人工更新树种要做到适地适树、合乎经营要求,保证成活率。采伐的过程极大地影响着更新过程,为了合理采伐森林并为森林更新创造条件,应根据各地的自然特点、经济条件和森林类型选定适宜的主伐方式。

(2)抚育采伐

抚育采伐是指从幼林郁闭起到主伐前一个龄级为止,为促进保留木的生长,对部分林木进行的采伐,简称抚育伐,又称间伐或抚育间伐。抚育采伐是以培育森林为目的的采伐，其采伐目的是促进保留木的生长，同时获得部分小径材，提高森林资源利用率。抚育采伐根据林种的不同分为用材林抚育采伐和防护林抚育采伐。《森林抚育规程》(GB/T 15781—2015)将我国森林抚育采伐的方法分为透光伐、疏伐和生长伐，特殊林分还可采用卫生伐。

(3) 低产(效)林采伐

低产(效)林采伐是指对生长不良、经济效益或生态效益很低的低产(效)林分，通过砍伐低产(效)林木、引进优良目的树种，提高林分的经济效益或生态效益，使之成为高效林分的一种采伐类型。低产(效)林采伐包括低产用材林采伐和低效防护林改造采伐。改造采伐方式主要包括皆伐改造、择伐改造和综合改造。

(4) 更新采伐

更新采伐是指为了恢复、提高或改善防护林和特种用途林的生态功能，进而为林分的更新创造良好条件所进行的采伐。更新采伐包括林分更新采伐和林带更新采伐。

(5) 其他采伐

其他采伐是指除上述4种类型外因其他特殊原因进行的采伐，主要包括：①工程建设及征占用林地采伐林木；②能源林、经济林、特种用途林采伐；③修建森林防火隔离带、森林病虫害防治隔离带及边防公路、巡逻路等项目应采伐林木；④散生木和"四旁"树采伐。

5.2 森林抚育采伐的目的与理论基础

根据《全国森林经营规划(2016—2050年)》，全国现有中幼龄林面积 1.06×10^8 hm^2，其中亟须抚育的近 5500×10^4 hm^2。现实林分中，每公顷蓄积量未达到林地生产潜力20%的占43%，达到林地生产潜力 20%~50% 的占26%，达到林地生产潜力50%以上的只占31%。我国的林分质量低，林地生产潜力远未充分发挥。实践表明，经过科学合理抚育的乔木林，单位面积蓄积量可增加 20%~40%。研究表明，长期坚持、科学务实、不失时机地开展森林抚育经营，优化调整森林采伐利用方式，我国北方森林的年均生长量可达 7 m^3/hm^2，南方林区可达 15~20 m^3/hm^2。这与我国现有乔木林年均生长量 4.23 m^3/hm^2 相比，森林增长潜力巨大，森林质量大幅提升是完全能够实现的。

5.2.1 抚育采伐的目的

(1) 调整树种组成，防止逆行演替

林木生长中经常会发生一个树种更替另一个树种的情况，有时会发生次要树种代替主要树种的情况。原因在于：一是在互相排挤的过程中，质量较差、生长较快的次要树种占据优势地位，而质量较好、生长较慢的主要树种有被排挤掉的危险；二是主要树种是价值较高的耐阴树种，在林冠下得不到很好的发育，需等到次要树种老熟后林冠疏开，改善了生长条件，才能加速生长，这一过程往往需要较长的时间。在混交林中进行抚育采伐，首先要保证林分理想的树种组成，使目的树种在林分中逐步取得优势，达到经营目的。此外，我国人工林多为纯林，通过强度抚育采伐，也可为引入新的树种留出空地，从而形成良好的混交林。

(2) 降低林分密度，改善林木生境

林木随年龄的增加，单株林木因营养空间缩小而生长发育受限，存在自然稀疏现象，即林木随年龄的生长，需要不断扩大赖以生存的营养空间，因而发生生存竞争，导致部分林木自然枯死。自然稀疏可使林分密度得到一定的调节，但这种作用需要很长的时间。在自然竞争激烈的时期，加以人为干预，伐除部分竞争或不良林木等于加速自然稀疏过程，形成良好的龄级密度，为保留木创造适宜的生长空间，加速优良林木的成材、成林。我国人工林多为20世纪50年代以来营造的，林分密度一般在3000株/hm^{2}以上，多为林相较差的中、幼龄林。第九次全国森林资源清查数据显示，我国森林资源龄组结构依然不合理，幼龄林占33%，中龄林占31%，近熟林占16%，成熟林占14%，过熟林占6%。森林资源质量不高，每公顷蓄积量94.83 m^3，只有世界平均水平的72%，每公顷年均生长量4.73 m^3，林木平均胸径13.4 cm。因此通过抚育采伐提高森林质量是我国森林经营的重要任务。

(3) 土壤养分条件得到改善

合理的抚育采伐能够增加林下透光度，使枯落物较好分解，土壤微生物得以更好地繁殖，土壤养分条件得到改善，林下植被有了较好的生存条件，从而有效提高了森林生物多样性。

(4) 促进林木生长，缩短林木培育周期

抚育采伐扩大了保留木的营养空间，地下根系能更好地吸收养分和水分，树冠得到舒展，产生适中的冠幅和叶面积，从而使林木得到较好的生长量，尤其径生长随密度的降低而明显提高，可以大大缩短林木培育周期，缩短用材林工艺成熟龄，也提高了森林的早期防护效能和景观价值。

(5) 清除劣质林木，提高林分质量

自然稀疏是林木生长发育过程中的普遍现象。在自然稀疏中，被淘汰的林木未必都是低劣的，保留下来的未必是干形良好的。因此应通过抚育采伐有目地选择保留木，用人工选优代替自然选择，去劣留优，提高林分质量。这对于当代的森林或下一代的森林都有极为重要的意义。

(6) 建立适宜的林分结构，发挥森林的多种效能

通过抚育采伐，使林分有适宜的树种构成、密度与郁闭度。林分适宜的结构将有效改善森林的防护作用，尤其是涵养水源的作用。

(7) 改变林分卫生状况，增强林分的抗逆性

抚育采伐促进了林木根系生长，提高了林木抵御雪害、风害的能力。抚育采伐清除了病虫害木，改善了林分的卫生状况。

(8) 实现木材的早期利用，提高木材的总利用率

森林木材的总产量由间伐量、主伐量和枯损量3部分组成。抚育采伐有效利用了自然稀疏过程中将被淘汰或死亡的林木，使生产单位早期获得木材，从而以短养长，有利于克服林业生产周期长而给发展生产带来的困难。这部分材积可以占到该林分主伐时蓄积量的

30%～50%。特别是公益林地区,由于严禁森林主伐,因而通过抚育采伐可为其创造一定的经济效益。

5.2.2 抚育采伐的理论基础

(1)生物学基础

①林木生长发育阶段。林木由生长、发育到衰老,经历几十年至上百年的时间。整个生长发育过程可以分成不同的阶段。在每个阶段,森林环境及林木个体间的关系有不同的特点,因此森林呈现出形态和结构方面的差异。在抚育间伐措施开展之前,首先要调查林分所属年龄阶段及各个时期的差异,才能正确地制定抚育间伐技术措施。根据林木生长发育特点,可将林木生长发育划分为以下6个阶段:

森林形成阶段:林木以个体生长为主,未形成森林环境,受杂草的影响大;主要以林地抚育为主,促使根系发育,帮助林木适应和改造不良环境。

森林速生阶段:林木生长迅速,特别是高生长很快。林内光照强度减弱,林地阴湿,开始形成稳定的森林群体。林分密集,进入分化分级和强烈自然稀疏阶段。在该阶段主要进行抚育采伐。

森林成长阶段:速生阶段后森林结构基本定型,但林木生长仍然旺盛,特别是直径生长和材积生长依次出现高峰。森林具有最大的叶面积和最强的生命力。自然稀疏仍在进行,应继续实施强力抚育采伐,保持适当的营养面积,缩短成材期。

森林近熟阶段:林木的直径生长趋势减慢,开始大量开花结实,自然稀疏明显减缓,但生长未停止,为获得大径材可进行生长伐。

森林成熟阶段:林木大量结实,林下有下种更新,林木生长明显变缓,自然稀疏基本停止,林冠开始疏开。以用材为目的的林分应进行主伐利用。

森林衰老(过熟)阶段:林木生长停滞甚至出现负生长,林冠更加疏开,结实量减少,种子质量降低,出现枯枝和死亡木,虫害和心腐病蔓延。用材林应采用适宜的主伐方式采伐更新;公益林应注意伐除病腐木,减少火灾险情,引进其他树种,保护生物多样性。

②叶量与林木生长的关系。林木通过叶子的光合作用产生有机物质,叶的数量越多,产生有机物质越多。无论林龄和密度如何,只要林冠完全郁闭,单位面积的叶量大体相同。就是说,在未间伐的郁闭林分中,尽管林龄增高,若维持林分密度不变,林分总叶量几乎不变,单株的叶量也没有明显变化,则每年有机物的生产量也保持在同样的水平。这时候,若保持林分密度不变,则林木虽年龄增长,平均单木叶量及生长量仍保持不变。在树高不断增长的情况下,显然年轮的增长就越来越窄,使林木变得纤细,就会延长工艺成熟期。通过抚育间伐,减少单位面积上林木株数,使林分保持适宜的密度,当林冠重新恢复郁闭时,林分的总叶量与间伐前大体相同,而保留木的单株叶量因林分密度减小而增加,同时林冠的垂直分布也有变化,从而提高了林木的生长量。

③密度与干、枝材积和树干形质的关系。通常林木的干材积和枝材积的变化趋势是大体一致的,但是当林分达到一定密度时,随密度增加则枝材积逐渐减少,而干材积所占的

比例增大。因此，若要增加干材的比例，最好培育尽可能密的林分，但是密度太大，林木树干径级变小，降低出材率，难以获得较大的材种。所以，根据林分的培育目标，通过抚育间伐适当调整林分密度，以便获得满意的材种。树干形质在生产上与树干材积同样重要。影响树干形质的因子：一是树干粗度，二是饱满度或称尖削度，三是树节的数量，它们都与林分密度密切相关。通常林分密度越小，干材的尖削度越大；林分密度越大，干材的饱满度越高。密度越小，树木的枝下高越低；密度增加，树木自然整枝良好，枝下高上升。林分密度越大，树节越少，且包入树干的速度越快，最终看不出节子。所以，抚育间伐必须充分考虑林分密度对树干材质的影响。

④密度与单株材积及单位面积产量的关系。立木的单株材积直接受树高、胸径和干形的影响，密度对胸径、树高生长的制约作用必然反映到立木的单株材积。调查分析表明，林分的平均单株材积随着密度的增加而递减。林分单位面积产量是林分各个体产量的总和，它不仅受单株材积的影响，也受单位面积株数的影响。因此，在单株材积未达到足以抵消由单位面积株树的影响之前，各类林分则出现单位面积产量随密度的增加而递增的现象。在一定阶段内，林分密度越大，单位面积产量越高，平均单株材积越小。

(2) 生态学基础

①种间关系。植物之间的竞争和互利在自然界普遍存在。植物通过竞争获取所需资源，求得生存和发展，又通过互利作用节约资源，共同生存。对人工林培育而言，从栽植（播种）开始，经过除草、透光伐等抚育，新林达到郁闭成林，林木之间就开始竞争。竞争是森林生态系统中的普遍现象，指两个以上有机体或物种间阻碍或制约的相互关系，是塑造植物形态、生活史的主要动力之一，对植物群落的结构和动态具有深刻的影响。竞争是生物种间相互作用的一个重要方面，一般分为种内竞争和种间竞争，竞争产生了植物个体生长发育上的差异。在森林群落中，林木个体总是与周围其他个体以某种方式发生正效或负效互作。不同的林木个体有各自的生态位，相邻的个体为了获得适宜生长的最佳生态位，必然与其他个体争夺光、热、水、营养元素等环境资源，这就导致种内、种间竞争。竞争对林木个体生长发育和森林群落的结构及种群动态有重要影响。林木个体的形态及生长除受自身遗传特性和立地条件影响外，主要受邻体的竞争干扰。抚育采伐的目的就是调节这种竞争关系，使林分的生长发育向经营目标方向发展。

②森林自然稀疏。在林业生产上，把森林随着年龄的增加、林分密度不断减小的现象称为森林的自然稀疏。林木分化和自然稀疏是森林发育的主要特点，也是林木适应环境条件、调节林分密度的结果。在自然状态下，森林的林木分化和自然稀疏是一个漫长的过程，在这个过程中林木的生长会受到影响。自然稀疏留下的林木个体，不一定是目的树种或经济价值较高的树种。因此，有必要在认识林木分化和自然稀疏规律的基础上，通过抚育采伐及时进行人为稀疏，选择性疏伐林木，调整林分密度，使林分形成合理的结构，为保留木创造良好的生长环境，促进保留木的生长和保持林分的生物多样性。

③森林演替规律。在森林演替过程中，常发生一个树种更替另一个树种的现象。存

在两种情况：一种情况是质量较差、生长较快的次要树种占据优势地位，质量较好、生长较慢的树种常有被排挤掉的危险；另一种情况是当较耐阴的、价值较高的树种处在林冠下生长时，受到上层次要树种林冠的压抑，常生长不良，需要等到次要树种成、过熟时林冠疏开，改善了生长条件时才能加速生长，最后逐渐排挤掉次要树种而占优势地位，这一自然过程通常需要较长的时间。通过抚育间伐采伐部分次要树种，在前一种情况下，可以保证质量好的树木免受排挤从而占据优势地位。在后一种情况下，通过采伐部分上层林木，可以使质量好的主要树种提前获得良好的生长发育条件，从而加速主要树种更替次要树种的进程。

(3) 经济学基础

开展抚育间伐，必须以经济条件为前提，这里所说的经济条件主要是指劳力条件、交通条件和产品销路。有时，为了改善林分组成，提高林木质量，即使在间伐入不敷出的情况下，也应不计成本地进行抚育间伐，如在混交幼林中，当主要树种被压抑，尤其是有被淘汰危险的情况下，必须及时进行透光伐，这部分的经济亏损可在将来获得弥补。

实践证明，抚育间伐过的林分，主伐时由于大径材出材率高，从而提高了该林分15%~25%的木材工艺价值。抚育间伐所得的木材收入数量也是相当可观的，可占采伐时期材积的50%~100%，如果只采伐自然稀疏过程中死去的林木，其木材数量也会占采伐时期材积的25%~35%。所以，间伐的经济收益通常大于支出，而且间伐所得的中小径材又有多种用途，特别是满足农用材的需要，这在森林资源缺乏的地区显得更加重要。但是，必须强调指出，林业所提供的木材主要通过主伐来获得，间伐的主要任务在于培育森林和提高主伐时的采伐量，获得间伐材并非抚育间伐的主要目的。因此，间伐的经济收益只能处于从属地位，绝不能因为获取木材而盲目地、随心所欲地进行间伐，不然，往往会砍去过多、过好的径粗通直的林木而造成不良后果。

5.3 森林抚育采伐的种类和方法

《森林抚育规程》(GB/T 15781—2015)将我国森林抚育采伐分为透光伐、疏伐和生长伐，特殊林分还可采用卫生伐。

5.3.1 透光伐

透光伐在幼林时期进行，是针对林冠尚未完全郁闭或已经郁闭、林分密度大、林木受光不足或因其他阔叶树或灌木妨碍主要树种生长而进行的一种抚育采伐方法。透光伐主要解决树种间、林木个体之间、林木与其他植物之间的矛盾，保证目的树种不受非目的树种或其他植物的压抑。

透光伐的对象主要包括：①抑制主要树种生长的次要树种、灌木、藤本，甚至高大的草本植物。②在纯林或混交林中，幼林密度过大、树冠相互交错重叠、树干纤细、生长落后、干形不良的植株。有些植株虽无长远的培养前途，但遮护土壤、减少杂草滋生，有利于主要树种生长，不能一次伐去。③天然更新中，实生起源的主要树种数量已达营林要求，伐去萌芽起源的植株，萌芽更新的林分中，萌条丛生的，应择优而留。④在天然更新或人工促进天然更新已获成功的采伐迹地或林冠下造林，上层林木起保护作用，幼林已经长成，需要砍伐上层过熟木。

透光伐的时间一般是在夏初，此时容易识别各树种的相互关系，枝条柔软，采伐时，不易碰断保留木。透光伐1次往往不够，需根据树种的生长状况确定次数，一般每隔2~3年或3~5年，再进行1次或2次。抚育采伐强度以单位面积上保留主要树种的株数作为参考指标。透光伐的适用范围一般是在幼树出现营养空间竞争、林木开始分化时或主要树种是耐阴树种，在林冠下得不到很好的发育时进行。

5.3.2 疏伐

疏伐是指在中壮龄林阶段进行的伐除林分中生长过密和生长不良的林木，进一步调整树种组成及林分密度，促进保留木的生长和培育良好干形的抚育采伐方法。林木从速生期开始，树种之间或林木之间的矛盾焦点集中在对土壤养分和光照的竞争上，为使该阶段的林木占有适宜的营养面积，在此阶段进行疏伐对于促进林分生长具有良好的效果。根据树种特性、林分结构、经营目的等因素，疏伐又分为4种方法：下层疏伐法、上层疏伐法、综合疏伐法和机械疏伐法。

(1) 下层疏伐法

下层疏伐法是砍除林冠下层的濒死木、被压木，以及个别处于林冠上层的弯曲、分叉等不良木，又称德国疏伐法。下层疏伐法用于同龄针叶纯林，在此林分中，生长高大的植株往往是干形良好、树冠发育正常、生长势旺盛、具培育前途的树木，下层疏伐主要伐除林冠下层的林木，疏伐后对林冠结构影响不大，仍保持林分一定的水平郁闭，只是林冠的垂直长度缩短了，形成单层林。由于及时清除了被压木，扩大了保留木的营养空间，从而促进了它们的生长。下层疏伐法最早产生于德国，至今仍成功地应用于松、杉等林分，特别是喜光针叶纯林的经营。下层疏伐获得的材种以小径材为主，上层林冠很少受到破坏，因而有利于保护林地和抵抗风倒危害。图5-1为下层疏伐法示意。

(2) 上层疏伐法

上层疏伐法是以伐除上层林木为主，疏伐后形成上层稀疏的复层林的疏伐方法，适用于阔叶混交林、针阔混交林，尤其是复层混交林(图5-2)。当上层林木价值低、次要树种压制主要树种时，可应用此法。实施上层疏伐时，首先将林木分成优良木(树冠发育正常、干形优良、生长旺盛，为培育对象)、有益木(有利于保持水土和促进优势木自然整枝)和有害木(妨碍优良木生长的分叉木、折顶木等，为砍伐对象)3级，然后伐除有害木。上层疏伐法起源于法国的橡树林采伐，称为法国橡树林疏伐法。上层疏伐时，砍伐木主要选自上层林冠，人为改变了林木自然选择的方向，干预了森林的生境，为保留木创造了良好的生长环境，促进了林分的生长。上层疏伐法技术比较复杂，疏伐后能明显促进保留木的生长。由于林冠疏开程度高，特别在疏伐后的最初1~2年，易受风害和雪害。

(a)下层疏伐前林分

(b)下层弱度疏伐后林分

(c)下层中度疏伐后林分

(d)下层强度疏伐后林分

图 5-1　下层疏伐法示意

(a) 上层疏伐前林分

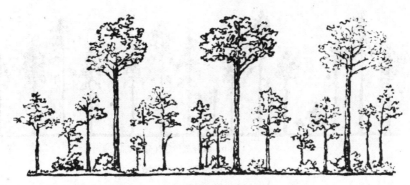

(b) 上层疏伐后林分

图 5-2 上层疏伐法示意

(3) 综合疏伐法

综合疏伐法综合了下层疏伐法和上层疏伐法的特点，既可从林冠上层选伐，也可从林冠下层选伐(图 5-3)，混交林和纯林均可应用。进行综合疏伐时，先将林木划分成植生组，再在每个植生组中划分出优良木、有益木和有害木，然后采伐有害木，保留优良木和有益木，并用有益木控制郁闭度。

优良木：一般树冠发育正常、干形优良、生长旺盛，为培育对象。

有益木：作用是保证优良木的整枝，遮蔽林地，而生长级中等或偏下，应予以保留。

有害木：往往妨碍优良木的生长，如树冠过分庞大，尖削，多枝节，有害木为抚育采伐的对象，此外，生长落后的林木也应当采伐。

对坡度小于 25°、土层深厚、立地条件好并兼有生产用材要求的防护林，采用综合疏伐法伐除有害木，保留优良木、有益木和适量的草本、灌木与藤蔓。一次疏伐强度不能过大，株数不超过林木总株数的 20%，蓄积量不超过总蓄积量的 15%，伐后郁闭度应保留在 0.6~0.7。立地条件好的林分保留株数应小些。

(4) 机械疏伐法

机械疏伐法又称隔行隔株抚育法、几何抚育法，是指在人工林中机械地隔行采伐、隔株

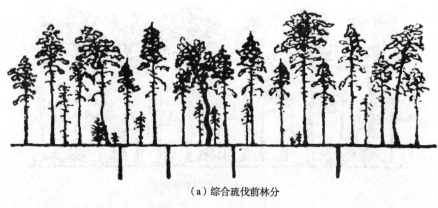

（a）综合疏伐前林分

（b）综合疏伐后林分

图 5-3　综合疏伐法示意

图 5-4　机械疏伐法

采伐或隔行又隔株采伐(图5-4)。适合于种内竞争比较弱的人工林，如华北地区侧柏人工林。

5.3.3　生长伐

生长伐是为培育大径材，在近熟林阶段实施的抚育采伐方法。生长伐与疏伐相似，在疏伐之后继续疏开林分，促进保留木直径生长，加速工艺成熟，缩短主伐年龄。

5.3.4　卫生伐

卫生伐是在遭受病虫害、风折、风倒、雪压、森林火灾的林分中，伐除已被危害、丧失培育前途林木的抚育采伐方法。符合以下条件之一的森林应采取卫生伐：①发生检疫性林业有害生物；②遭受森林火灾、林业有害生物、风倒雪压等自然灾害危害，受害株数占林木总株数的10%以上。

5.4　抚育采伐的技术要素与森林环境保护

抚育采伐的技术要素直接影响森林的生长环境，例如，不同强度的抚育采伐对林地的光、热、水等环境条件产生不同的影响，因而对林分的高生长、直径生长、材积生长、材质、工艺成熟期均会产生不同程度的影响。为使抚育采伐得到良好的效果，各种抚育方法都包含抚育采伐起始期、抚育采伐强度、抚育采伐重复期、抚育采伐木的选择等技术要素。

5.4.1 抚育采伐起始期

抚育采伐起始期指第一次抚育采伐的时间。开始早，对林木生长的促进作用不明显，不利于优良干形的形成，也会减少经济收益；开始晚，林分密度过大，影响保留木的生长。合理确定抚育采伐的起始期，对于提高林分生长量和林分质量有重要意义。

抚育采伐起始期的确定，根据树种组成、林分起源、立地条件、原始密度的不同而异。还必须考虑可行的经济、交通、劳力等条件。可根据以下几个方面确定抚育采伐起始期。当林分的密度合适，营养空间可满足林木生长需求时，林木的生长量不断上升；生长量降低时，说明林分密度不合适，应该开始抚育采伐。因此，直径和断面积连年生长量的变化，可以作为第一次生长抚育的指标。一般当林分平均枝下高达到林分平均高的1/3时，应进行第一次疏伐。林分的外貌是林分生长状况的反映，可以根据外貌特征判断第一次抚育采伐的时间。例如，树冠越小，说明林木竞争越强。在交通不便、缺少劳力、小径材销路不畅、不能充分利用的地区，抚育采伐可适当推迟；反之，应尽量早抚育。

起始期的确定一般还应考虑下列因素：密度大的林分开始早；树冠大的林木开始早；喜光树种开始早；速生树种开始早；立地条件好的开始早。

5.4.2 抚育采伐强度

不同强度的抚育采伐对林地的光、热、水等环境条件产生不同的影响，因而对林分的高生长、直径生长、材积生长、材质、工艺成熟期均会产生不同程度的影响。采伐强度以每次采伐木的材积占林分蓄积量的百分比表示，也可以采伐株数占伐前林分株数的百分比或以采伐木断面积占伐前林分总断面积的百分比表示。

合理的抚育采伐强度应满足以下要求：①能提高林分的稳定性，不致因林分稀疏而招致风害、雪害和滋生杂草；②不降低林木的干形质量，又能改善林木的生长条件，增加营养空间；③利于单株材积和林木利用量的提高，兼顾抚育采伐木材利用率和利用价值；④形成培育林分的理想结构，实现培育目标，保证生物多样性，增加防护功能、美学功能和其他有益效能；⑤应当结合当地条件，充分利用间伐产物，在有利于培育森林的前提下增加经济收入。

抚育采伐强度的确定方法：①定性抚育采伐。根据林分郁闭度确定抚育采伐强度，用林分郁闭度或疏密度计算和控制抚育采伐强度。当林分郁闭度或疏密度达0.9左右时，应采取间伐，保留木郁闭度一般控制在0.6，疏密度控制在0.7以上。②定量抚育采伐。根据树冠确定抚育采伐强度的方法称为营养面积法，即把一株树的树冠垂直投影面积看成其营养面积。用林分平均每株树的树冠面积，求得单位面积上应保留的株数，从而决定采伐强度。

确定抚育采伐强度的考虑因素：①经营目的。经营培育大径材，应采用强度较大的间伐；培育小径材，为提高单位面积产量，应采用较小强度的多次抚育采伐，能保持较高的生长量。②树种特性。有些树种顶端优势旺盛，主干明显，高生长旺盛，这些树种多是速生树种，可采取较大的抚育采伐强度，如杉木、松树、杨树、水杉等。有些树种顶端优势不明显，林分密度低时，树杈丛生，影响通直圆满，可采取较小的采伐强度，如榆树、刺槐、枫杨等。③立地条件。一般陡坡的抚育采伐强度应小于缓坡，山地应小于平原；如果考虑坡向，北方阳坡的采伐强度应小于阴坡，而南方阴坡的采伐强度应小于阳坡。④林分年龄。中龄林以后的林分生长势减弱，树冠恢复较慢，抚育强度宜小。⑤当地的经济条件。在经济比较发达、运输条件好、小径材有销路的地区，可采用多次弱度间伐；而经济条件落后、运输条件差、劳力缺乏的地区，首次间伐强度宜大些。采伐量小、间隔期短的多次抚育采伐可使林分保持较大的生长量，形成圆满通直的树干。

5.4.3 采伐木的选择

在实施抚育采伐时，采伐木的选择是一个很重要的技术环节，因为只有正确地决定采伐木，才能保证达到预期的抚育采伐目的。在选择采伐木时，应注意以下方面。

①淘汰部分低价值的树种。在混交林中进行抚育采伐时，保留经济价值高的和实生起源的目的树种，是应首先遵循的原则。但是根据实际情况，非目的树种有符合下列条件者应酌情保留：如生长不好的主要树种和生长好的非目的树种彼此影响，则应伐去前者，保留后者；如伐去非目的树种而造成林中空地，引起杂草的滋生和土壤干燥，应适当保留非目的树种；为了改良土壤，在立地条件较差针叶纯林中的非目的阔叶树种，应适当保留，力求维持混交状态；对培育木干形生长有利的辅助木，应保留。

②伐除品质低劣和生长落后的林木。为了提高森林的生产率和木材质量，应保留生长快、高大、圆满通直、无节或少节、树冠发育良好的林木，应伐除弯曲、多节、偏冠、尖削度大、生长孱弱等品质低劣和生长势弱的林木，以提高森林的生产率和改善林分品质。但当因伐除这些林木而形成林中空地或造成其他不良后果时，则应适当保留。

③伐除对森林环境卫生有碍的林木。应维护森林良好的卫生环境，首先，将已感染病虫害的林木尽快伐除，凡枯梢、干部受伤、枝叶稀疏、枯黄或凋落及因病虫害而引起树皮表面颜色异常的立木也应适量伐除。

④维护森林生态系统的平衡。为了给在森林中生活的益鸟和益兽提供生息场所，应保留一些有洞穴但没有感染传染性病害的林木以及筑有巢穴的林木。对于下木及灌木应尽量保留，以增加有机物的积累和转换。在选择采伐木时，有两种不同的具体做法：一种做法是重视保留木的单株生长，即在较稀的状态下，给每株林木以定向培育，一直保留到主伐；而在密植林分中，先在林分中均匀地挑选若干生长健壮、品质优良的林木，做标志作为终伐木，一直保留到主伐期。在每次抚育采伐时，只根据与终伐木的关系确定采伐木，为这些终伐木的树冠发育创造良好的生长空间，而对其余暂时保留的林木仅做一般照顾。这种做法适合培育大径材，采用大强度、长间隔期、低密度管理的方式，具有节省劳力，不必每次专人选木的优点。另一种做法是选木时把重点放在整个林分的生长上，即在每次间伐时普遍地为所有的保留木创造良好的生长空间，仅在主伐前一段时间才最后选出终伐

木。这一做法适合培育中小径材,采用强度小、隔期较短、密度大的管理方式,优点是可以获得更多的抚育采伐木材,比较适用于密度大而分化显著的林分。但每次作业都需重新全面考虑选木问题,要求有技术熟练的人员专门掌握。所以在抚育采伐工作中,究竟采用哪种方法,应视经营目的和技术力量而定。在落叶林内,选择采伐木最好在夏末或秋季落叶前进行,因为这时乔灌木均着生叶子,树冠的形状以及林木间的关系较易判断;在常绿林内,一年中任何季节均可进行。

5.4.4 抚育采伐间隔期

相邻两次抚育采伐所间隔的年限称为抚育采伐间隔期,其长短主要取决于林分郁闭度增长的快慢。喜光、速生、立地条件好的林分抚育采伐间隔期短。抚育采伐的强度也直接影响间隔期,高强度的抚育采伐后,林木需要较长时间才能恢复郁闭,所以需要较长的间隔期;相反,低强度的抚育采伐,间隔期较短。透光伐间隔期短;疏伐、生长伐间隔期较长。林木生长速率和树种特性也影响间隔期。速生树种容易恢复郁闭,间隔期短;慢生树种不易恢复郁闭,间隔期应长。经济条件不佳时,要求强度大而间隔期长的抚育采伐;经济条件允许的情况下,宜采取采伐量小、间隔期短的多次抚育,可使林分保持较大的生长量,形成圆满通直的树干。

5.5 森林主伐与森林环境保护

森林主伐也称森林收获作业法,是对成熟林分或林分中部分成熟的林木进行采伐,一般指用材林在林木到达成熟龄时为生产木材而进行的采伐。森林主伐分为皆伐、渐伐、择伐3种采伐方式。

5.5.1 皆伐

5.5.1.1 皆伐的概念和适用条件

(1) 概念

皆伐是将伐区上的林木在短期内一次全部伐除或几乎全部伐除(有时保留部分母树和更新的幼树),并于伐后主要实施人工更新或人工更新与天然更新相结合(但要达到更新要求)恢复森林的一种主伐方式。

(2) 适用条件

根据《森林采伐作业规程》(LY/T 1646—2005),皆伐的适用条件:①人工成、过熟的同龄林或单层林;②中小径树木株数占总株数的比例小于30%的人工成、过熟异龄林;③需要更换树种的林分。此外,短轮伐期工业原料林可以采用皆伐。

皆伐不适合的情况:①高山陡坡、溪流两岸;②岩石裸露、石质山地、土层浅薄处;③沼泽水湿地或地下水位较高,排水不良的地段;④中小径林木株数多的异龄林和复层林。

5.5.1.2 皆伐的种类

根据伐区的面积和形状,皆伐可以分为:

①大面积皆伐。大面积皆伐作业的区域面积很大,伐区宽至少 250 m,长 500~1000 m,可机械化作业,成本低,适合于地势平坦的林区,特别适合于短轮伐期工业人工林。

②带状皆伐。将伐区划分成狭长的带,先皆伐数带,在未采伐带的林木侧方下种或人工植苗,待成苗后再皆伐其他带。该方法可以保持水土,并利用侧方天然下种获得更多的种子。伐区形状一般为长方形,长边为伐区长度,短边为伐区宽度,分为窄伐区(50 m),中等宽度伐区(50~100 m),宽伐区(100 m 以上),伐区宽一般为树高的 2~5 倍。带状皆伐分带状间隔皆伐和带状连续皆伐(图 5-5)。

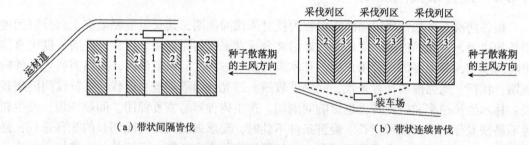

(a)带状间隔皆伐　　　　　　　　(b)带状连续皆伐

1.第一次采伐带；2.第二次采伐带；3.第三次采伐带。

图 5-5　带状皆伐伐区排列方式

该方法最好横山带或斜山带设置伐区以利于保持水土,并且使伐区方向尽量与当地主导风向垂直,以利于利用侧方天然下种获得更多的种子。

③块状皆伐。块状皆伐适合于地形不整齐或不同年龄林分块状混交的情况。伐区的形状视地形条件而定,以面积控制采伐强度。为了避免水土流失并有较好的更新条件,在实行块状皆伐时应对伐区面积进行控制。立地条件较差时,面积应相应缩小。南方山区地形起伏、沟谷交错,适合于采用块状皆伐。

5.5.1.3　皆伐的技术要求

《森林采伐作业规程》(LY/T 1646—2005)对于皆伐的技术要求:①皆伐一般采用块状皆伐或带状皆伐,皆伐面积的最大限度见表 5-1。②保留林木。在需要天然更新或人工促进天然更新的伐区。采伐时保留一定数量的母树、伐前更新的幼苗、幼树,以及目的树种的中小径木。③保留林带。伐区周围应保留相当于采伐面积的保留林带。保留林带的采伐要在伐区更新幼苗生长达到郁闭成林后进行,一般北方和西北、西南高山林区在更新后 5 年采伐,南方在更新后 3 年采伐;采伐带或块的区划,应依山形地势进行设计,以有利于防止大面积水土流失,有利于防止幼树、幼苗的风倒和有利于种子的散播。应保留伐区内的国家和地方保护树种的幼苗、幼树。④伐后更新。伐后实施人工更新或人工更新与天然更新相结合,但要达到更新要求。

表 5-1　皆伐面积限度表

坡度(°)	≤5	6~15	16~25	26~35	>35
皆伐面积限(hm²)	≤30	≤20	≤10	≤5(南方) 北方不采伐	不采伐

5.5.1.4 皆伐作业评价

皆伐作业的优点：①皆伐作业无论在时间和空间上都更加集中，而且便于利用采伐、集材机械设备，充分发挥机械效能，节省人力，降低生产成本；②采伐成本较低，对立木损伤较小；③与其他作业法相比，不需要复杂的技术；④可以通过植苗引进改良树种；⑤生长衰退的成熟林可以采用这种方法实行更新；⑥窄带伐也适用于大面积的森林。

皆伐作业的缺点：①土壤侵蚀和林地退化的危险较大；②一些尚未成熟的林木也可能被伐掉；③林木更新的生长条件有可能迅速恶化；④在所有作业法中，皆伐作业对景观的影响最大，特别是在幼苗长成幼树以前阶段。

5.5.1.5 皆伐迹地更新

(1) 皆伐迹地的人工更新

皆伐迹地主要以人工更新为主（图5-6）。人工更新通常采用植苗更新。植苗更新保存率高、幼林郁闭早、抚育管理较容易且成林、成材较快。采用人工更新必须根据立地类型、树种特性等，做到适地适树。人工更新树种的选择应根据当地经营目标的需要、立地条件及树种习性确定。由于各类树种适生土壤条件不同，所以更新时，要因地制宜地选择更新树种。皆伐迹地的更新应充分利用新迹地杂草、灌丛较少和土壤疏松的条件，及时采用人工更新，最好当年采伐当年更新。皆伐3~4年后杂草丛生，喜光杂草滋生，大大增加整地、抚育的工作量，降低人工更新的成活率和保存率。

图5-6 皆伐迹地

(2) 皆伐迹地的人工促进天然更新

皆伐后良好的天然更新应有足够的种源，有适于种子发芽与幼苗生长的林地条件。皆伐后人工促进天然更新的措施包括：

①保留母树和林墙。保留母树可使皆伐迹地有充分的种子来源，是更新成功的一个重要条件。母树选择的条件：抗风力强；具有丰富的结实能力，干形、冠形优良，发育良好。采伐迹地两侧的林墙也是种子的重要来源。

②采伐迹地清理和整地。林地是否有种子发芽与幼苗生长条件对更新影响很大，森林采伐、集材后堆积着大量的采伐剩余物，加上灌丛和杂草，都是更新的障碍，所以及时清理非常重要。采伐剩余物应归带或归堆。此外，林地还覆盖着较厚的枯枝落叶层，阻碍更新的顺利进行。促进天然更新是借助于天然种源，为种子发芽和幼苗生长创造良好条件，所以要在林木更新下种前不久进行整地。

③保留前更幼树。采伐之后保留下来的前更幼树，由于得到充足光照，生长良好，可以大大缩短森林培育期。皆伐的天然更新仅适用于全光条件下具有更新能力的树种。一些强喜光先锋树种不仅能忍耐这种条件，而且也需要这种条件。

5.5.2 渐伐

5.5.2.1 渐伐的概念和适用条件

(1) 概念

渐伐是指在成熟林伐区内分2~4次逐渐伐除全部林木，目的在于防止林地突然裸露。渐伐的更新过程和采伐过程同时进行，通过逐次采伐为林木的结实及下种创造有利条件，留存的林木则对幼苗起保护作用。渐伐是林冠下的更新，更新过程和采伐过程同时进行，根据林下更新状况，当留存林木的遮阴对幼苗、幼树有妨碍时，将所有林木伐去。渐伐意义在于在主伐木的庇护下使森林得到更新，因此又称伞伐法。

(2) 适用条件

渐伐的适用条件：①天然更新能力强的成、过熟单层林或接近单层林的林分；全部采伐更新应在一个龄级期内。②皆伐后易发生自然灾害（如水土流失）的成、过熟同龄林或单层林。

5.5.2.2 渐伐的种类

(1) 预备伐

预备伐是为更新准备条件而进行的采伐。通常在林木密集、树冠发育较差且林地枯枝落叶层很厚、妨碍种子发芽和幼苗生长的林分中进行。首先伐去病腐和生长不良的林木，以疏开林冠，增加林内光照，加快林地枯枝落叶的分解，改善林地种子发芽和幼苗生长的条件。同时促进伐区上保留的优良林木的结实，采伐强度（按蓄积量计算）一般为25%~30%，采伐后林分郁闭度应降到0.6~0.7，如果林分的平均郁闭度为0.5~0.6，则不必进行预备伐。系统进行过抚育间伐的林分，到成熟时期时林分已适当疏开，就不必进行预备伐。预备伐的操作一般在种子年的前几年进行。预备伐是一种轻度的局部采伐，目的在于补救发育不良的林分状况（树冠不发达的林木不能很好地结实，所以不能依靠它们下种更新），改善下种地条件（如枯枝落叶层过厚）。

(2) 下种伐

下种伐是预备伐若干年后，为疏开林木和创造幼苗生长的条件而进行的采伐，一般在种子年进行，以使更新所需的种子尽量落在林地上。同时，下种伐本身可以适当地破坏死地被物，以增加种子与土壤接触的机会，有时为此目的可在林冠下辅以带状和块状松土。下种伐的强度一般为10%~25%，伐后林分郁闭度保持在0.4~0.6，以保护林冠下幼苗免受高温、霜冻、杂草的危害。

(3) 受光伐

下种伐以后，林地上逐渐长起许多幼苗、幼树，它们对光照的要求越来越多，受光伐就是为给逐渐成长起来的幼苗、幼树增加光照进行的采伐。此时幼苗、幼树仍需一定的森林环境保护，林地上需保留少量树木。采伐强度10%~25%，伐后郁闭度在0.2~0.4。保留的上木可继续生长，增加木材产量。

(4) 后伐

受光伐3~5年后，幼树得到充足的光照生长加速，逐渐接近郁闭状态且能抵抗日灼、霜冻的危害，需要充足的光照，需将老树全部伐去。后伐是对最后母树或庇护树的采伐，目的是给幼树充分的光照，采伐强度为一次性伐除全部成熟林木。典型的渐伐过程如图 5-7 所示。

5.5.2.3 渐伐的技术要求

(1) 采伐强度

预备伐的采伐强度为 25%~30%，采伐对象为生长不良的林木；下种伐的采伐强度为 10%~25%，采伐对象为处于种子年的大径木；受光伐的采伐强度为 10%~25%，采伐对象为影响幼树生长的林木；后伐是待更新林木生长稳定后，全部伐除剩余的成熟林木。

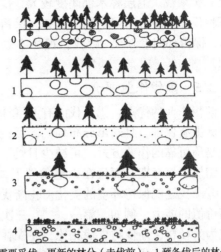

0.需要采伐、更新的林分（未伐前）；1.预备伐后的林分；
2.下种伐后的林分；3.受光伐后的林分；4.后伐后的林分。

图 5-7 渐伐的林相

(2) 渐伐的间隔期

渐伐的间隔周期指各次采伐的间隔期，根据各次采伐的目的决定。预备伐到下种伐的间隔期，取决于树木的种子年，一般 3~5 年；下种伐到受光伐的间隔取决于树种的耐阴性；受光伐到后伐的间隔期取决于幼林的郁闭以及立地条件。

(3) 渐伐木的选取

渐伐进行中，应尽量将树干通直、圆满、树冠发育良好、生长迅速、有生长潜力的树木保留到最后采伐。在采伐中，应优先伐除非目的树种、病腐木、生长不良木。

5.5.2.4 渐伐的省略

渐伐的主要目的在于保证森林更新和加速保留木的生长。为了不使保留木的生长条件发生急剧变化，并使幼苗幼树得到保护，一般来说，弱度的、适当的多次采伐是合理的。但是根据预定要进行渐伐的林分状况和更新特点，通常不需要通过上述 4 个阶段的采伐，可省略掉其中的 1 次或 2 次。例如，当林分郁闭度较低时，可省略预备伐；当林分郁闭度较低，林分已经开始大量结实或下面已经开始发生了目的树种的幼苗、幼树时，可将下种伐省去；当预备伐后林木长期不能大量结实无法顺利进行下种伐，而必须在林冠下进行人工更新时，也可以将下种伐省略，待幼树成活后直接进行受光伐。同样，如果更新起来的幼树已经郁闭成林，已能抵抗裸露环境所带来的各种不良危害，也可以将受光伐省略，直接地进行后伐。在这些情况下，不按照上述 4 个采伐阶段，而以简易渐伐代替，也是非常必要和合理的。另外，采伐次数越多，木材生产成本越高，因此，在加强人为措施保证森林更新的前提下，减少采伐次数也是非常必要的。所以，在实践中应用的渐伐方式通常是简易渐伐。

《森林采伐作业规程》(LY/T 1646—2005) 规定，上层林木郁闭度小，伐前更新等级中等以上可采用二次渐伐。二次渐伐可省去预备伐和下种伐，第一次受光伐采伐林分蓄积量的 30%，保留郁闭度 0.4，后伐视林下幼树的生长情况，幼树接近或达到郁闭，则可以进行第二次采伐。上层林木郁闭度较大,伐前天然更新等级中等以下可采用三次渐伐。第一次下种伐采伐林分蓄积量的 30%,保留郁闭度 0.5;第二次受光伐采伐林分蓄积量的 50%,保留郁闭度 0.3;后伐,视林下幼树的生长情况,幼树接近郁闭,则可伐除上层林木。

5.5.2.5 渐伐作业评价

渐伐作业的优点:①渐伐因有上层林冠丰富的种源,比带状皆伐或留母树皆伐法的天然更新更有保证,且幼苗分布均匀。目的树种种粒大、不易传播或幼树需要老林庇护时,渐伐是最可靠的作业方式,可减少日灼、霜冻。②渐伐形成的新林发生在采完老林之前,不仅缩短了培育期,而且在山地条件下森林的水源涵养和水土保持作用不会受到很大影响。③渐伐还能保持环境的美化。④渐伐作业比较集中,而且加速保留木生长,提高木材利用价值的能力。例如,第一、二、三次采伐后的保留木,由于林冠疏开,能加速直径生长成为大径材,渐伐与皆伐相比,在森林更新期内,能更充分地利用生长空间,增加林木的生长量。⑤渐伐虽比皆伐需要更高的经营技术和采伐工艺,但对经营管理者来说,渐伐更有条不紊。由于渐伐主要应用于单层林和同龄林,故作业较简单。⑥每次采伐后的剩余物较少,降低了火灾的可能性。⑦渐伐保留的林木具有美学价值,有一种关心未来的感觉。

渐伐作业的缺点:①采伐和集材时对保留木和幼树的损伤率较大,同时不利于采伐和林地清理。因此合理设置集材道,采用正确的采伐和集材技术非常必要,否则会使前更幼树遭受严重破坏而不能成林。②渐伐中的采伐、集材费用均高于皆伐,同时第一次采伐多是有缺陷的林木,在经济上收益不高。但只要林区道路网能够全面铺开,使下种伐和后伐同时在不同的地方进行,就能克服这些缺点。③渐伐分几次将成熟木伐除,每次采伐时对确定采伐木与保留木的技术要求较高。④林分稀疏强度较大时,保留木由于骤然裸露,容易发生风倒、风折。

5.5.2.6 渐伐对森林环境的影响

渐伐对森林环境的影响包括:①有利于森林更新。渐伐有丰富的种源,幼苗早期在上层林木的庇护下,可避免各种灾害,容易成活。林地在培育幼林的同时,保留了部分上层林木,充分利用了光能和地力。在容易获得天然更新,但土层浅薄,不宜采用皆伐的林分,可采用渐伐。②有利于水土保持。渐伐的基本特征是逐渐稀疏成熟林木,避免林地的骤然裸露,始终保持一定的森林环境,并在采伐的同时,新林得到恢复,因而比皆伐有利于水土保持。对山地中坡度较大的林分,采用渐伐可减少水土流失。③有利于改善林分组成。渐伐中的保留木是经过选择的,这些保留木是伐区更新的种源,因而有利于改善树种组成和提高林木的遗传性。④渐伐会损伤保留木和幼树。渐伐要进行选木,技术要求高,会造成保留木的损伤,后期采伐会损伤更新幼树。⑤初期采伐强度大时,容易发生风倒、风折。⑥可缩短轮伐期。渐伐在伐尽成熟林木的同时,获得了完满的更新幼树,缩短了轮伐期。⑦渐伐适合于耐阴树种,也适用于喜光树种。喜光树种可以通过加大采伐强度保证光照。强喜光树种需要在更新幼苗出现后迅速除去上层林木。

5.5.2.7 渐伐的更新

渐伐是以天然更新为依据的采伐方式,有时依靠天然更新难以获得预期的效果可以采用人工促进天然更新或人工更新。

5.5.3 择伐

5.5.3.1 择伐的概念和适用条件

(1) 概念

择伐是指每隔一段时间，把林分中合乎一定经济要求的成熟林木和应当采伐的林木进行单株分散采伐或呈群团状采伐，而将未成熟和不适合采伐的林木保留下来，林地上始终保持着多龄级林木。择伐的森林天然更新是连续进行的，能充分发挥森林的生态效益，但不能较好发挥设备效益，成本较高。择伐用于形成或保持复层异龄林的育林过程，择伐后的林相如图 5-8 所示。

图 5-8 择伐后的林相

(2) 适用条件

根据《森林采伐作业规程》(LY/T 1646—2005)，择伐的适用条件：①复层林。为保持森林的复层结构，复层林应采用择伐。②异龄林。异龄林有未成熟的林木，应当采用择伐，采伐其中成熟的林木或抚育林木。③为形成复层异龄结构或培育超大径级木材的成、过熟同龄林或单层林时采用择伐。④竹林。竹林的特点是年年产生新竹，故竹林是异龄林，必须采用择伐。⑤不适于皆伐和渐伐的林分，如地形限制、坡度较陡、土层较薄、有珍贵树种等。

5.5.3.2 择伐的技术要求

(1) 采伐木的选择

择伐可以采用径级作业法，单株择伐或群状择伐。根据《森林采伐作业规程》，采伐木的选择主要包括以下两点：①凡胸径达到培育目的树种林分蓄积量占全林蓄积量超过 70% 的异龄林可以采伐达到胸径指标的林木。②林分平均年龄达到成熟龄的成、过熟同龄林或单层林，可以采伐达到胸径指标的林木。采伐木的选择还应考虑优先伐除病腐木、濒死木、双叉多梢木、弯曲木、被压木、干形不良木，以及影响目的树种生长的非目的树种；生长在一起的多株林木应伐除非目的树种，对于从根部分叉的林木应保留一枝干形好的。

(2) 保留木的确定

保留木的确定应去大留小、去劣存优，下列林木应保留：珍稀树种应全部保留；枯立木和倒木；林分中的大树；林分中个别树种生长特别大的单株(包括非目的树种和小乔木)；能给野生动物提供休眠场所的林木，如空心大树等；大的、奇形怪状的、可能有潜在艺术价值的林木；注意保护树种多样性，对于林分中个体很少的非目的树种应予以保留；特殊的经济树种等。

(3) 择伐强度

择伐强度的控制应遵循下列原则：择伐分单株择伐和群状择伐；群状择伐后林中空地直径不应大于林分平均高；蓄积量择伐强度不超过40%，伐后郁闭度应保留在0.5以上，以0.6~0.7为宜。

(4) 择伐周期

择伐周期的控制应采用以下方法：可参照择伐后的林分保留木继续生长恢复到择伐前林分单位面积蓄积量所需的年数确定，可以用年生长量除以采伐量所得商值作为间隔期的标准。

(5) 择伐质量

择伐质量的控制应遵循下列原则：①下次采伐时林分单位蓄积量应高于本次采伐时的林分单位蓄积量；②采伐木确定时去大留小、去劣存优，使林分的质量越来越好；③首先确定保留木，将能达到下次采伐的优良木保留下来，再确定采伐木；④竹林采伐后应保留合理密度的健壮大径母竹。

5.5.4 择伐作业评价

择伐作业的优点：①形成与保持复层异龄混交林，提高生物量。择伐作业能一直保持森林的多树种、多层次、多龄级的状态。择伐林近似于原生的天然林，具有异龄多层的特点，可充分利用光能和地力，因此能提高林分的生物量。②缩短轮伐期。择伐作业在采伐成熟木的同时，也对保留的林木尤其是中小径木进行了抚育，改善了林分结构与卫生状况，因此中小径木得以更好地生长，更快地提高生物量。③增加生物多样性。复层异龄混交林土壤肥沃，林内小气候环境好，在森林占据的地上地下空间还分布着多种多样的植物、动物与微生物，形成一个复杂的生态系统，使森林生态系统具有很高的生物多样性。④保护环境。择伐可以保证林地上永远有森林植物的庇护，保持一个稳定的环境，因此能较好地涵养水源，防止土壤侵蚀、滑坡与泥石流。⑤减少生物灾害。在择伐林中有较多的昆虫、微生物，但由于生物多样性高，它们很少发生危害，更不会成为灾害。复层林能更好抵抗风倒和风折。⑥有利于更新。择伐林内存在永久的母树种源，幼苗又可以得到林冠的庇护，即使在不良的气候条件下，幼苗、幼树也能成长起来，可以有效地恢复森林，大幅降低更新费用。⑦择伐适合于耐阴树种的更新，择伐适用于由耐阴树种形成的异龄林和耐阴性不同的树种构成的复层林，不适用于喜光树种的更新，虽然在大的林隙中喜光树种可以更新，但抚育工作量大，因此择伐林也难以培育为速生丰产林。⑧提高森林美景度。择伐林具有多层性，并有单株与群团采伐后形成的林隙，可以美化风景，有更好的旅游与保健价值。⑨实现森林的可持续经营。由于择伐作业法始终是边采伐利用，边更新边抚育，因此成为最适于森林资源可持续经营的作业方法。

择伐作业的缺点：①作业成本高。择伐采伐强度小、间隔期短，采伐分散，除采伐老龄木外，还兼顾抚育中小径木，因此采伐集材较费工，木材生产成本较贵。②作业难度大。择伐作业过程中，伐倒木很容易砸坏中小径木与幼树，一般损伤率在10%左右。当用机械集材时，破坏更为严重。现在部分林区已多用人力和畜力集材，将原木原条单根拉出林外。③技术条件要求高。在伐区调查设计时，要按照树种、立地条件、林分状况和林种要求决定采伐强度与间隔期，使伐后的林分变成平衡异龄林状态（即使各龄级的林木占有相似的空间），因此选择采伐木须十分慎重。同时，还要考虑现有幼苗、幼树能否达到更新标准，是否需要补植，补植点的需苗量以及补植树种种类。④森林调查和林分生长量、产量的估算较困难且费时，需要比皆伐和渐伐后形成的林分做更多的样点。由于择伐林中除树种外，其他植物种类也比较多样，分布不均，因此在对中草药、山野菜等多资源利用量的调查与产量估算也十分困难。

5.6 低产林改造采伐

低产林改造采伐适合于立地条件好、有生产潜力的低产林。

(1) 低产林形成的原因

低产林形成的原因包括：①造林树种选择不当、苗木质量差。例如，北方水分条件很差的造林地上营造的杨树林，南方山脊与多风低温的高海拔地区营造的杉木林。②整地粗放，栽植技术不当。整地太浅，松土面积太小。造林时，如果栽得过浅，培土不够，不但降低保存率也会影响林木生长。③造林密度偏大。由于密度大，营养空间不能满足幼树的需要，必然导致林木生长不良。④抚育采伐不及时。对于密度过大的林分应尽快进行抚育采伐。⑤破坏性采伐。这类森林中生长良好的林木大多被伐去，剩余的林木生长较差，不能很好地利用立地。

(2) 适用对象

低产林改造采伐对象为立地条件好，有生产潜力并且符合下列情况之一的林分：①郁闭度 0.3 以下；②经多次破坏性采伐、林相残破，无培育前途的残次林；③多代萌生无培育前途的萌生林；④有培育前途的目的树种株数不足林分适宜保留株数 40%的中龄林；⑤遭受严重火烧、病虫害、雪害、风折等灾害，没希望复壮的中幼龄林。

(3) 采伐方式

①皆伐改造。适合于生产力低、自然灾害严重的低产林以及更换树种的林分。皆伐可以采用带状皆伐成块状皆伐。

②择伐改造。适合于目的树种数量不足的低产林，伐除非目的树种及无培育前途的老龄木、病腐木和濒死木。

(4) 技术要求

低产林改造采伐的技术要求包括：①坡度不大于 5°时一次皆伐改造面积不大于 10 hm^2；坡度 6°~15°时不大于 5 hm^2；坡度 16°~25°时，不大于 3 hm^2；25°以上的山地进行带状皆伐改造。对于遭受易传染的病虫灾害的林分，应采用块状皆伐改造。②择伐改造应保留有培育前途的中小径木，林下或林中空地补植。③改造后及时更新，更新期不超过 1 年。

5.7 其他采伐

其他采伐主要包括：工程建设及征占用林地采伐林木；能源林、经济林、特种用途林采伐；修建森林防火隔离带，森林病虫害防治隔离带采伐；散生木和"四旁"树采伐等。

以上采伐有以下要求：①工程建设及征占用林地采伐林木，收取森林植被恢复费，县级以上主管部门审批。②能源林、经济林、特种用途林采伐，办理采伐许可证。③修建森林防火隔离带，森林病虫害防治隔离带采伐，列入采伐限额，办理采伐许可证。④散生木和"四旁"树采伐，采伐林木必须申请采伐许可证，按许可证的规定进行采伐；农村居民采伐自留地和房前屋后个人所有的零星林木除外。

5.8 森林更新

森林采伐后，按更新时间可分为伐前更新、伐后更新和伐中更新，按树种起源可分为有性更新和无性更新，按实施方法可分为天然更新、人工更新和人工促进天然更新。为确保采伐迹地及时有效的更新，我国采取以人工更新为主、人工和天然更新结合的森林更新方针。根据《森林采伐作业规程》(LY/T 1646—2005)规定，森林的更新方式主要包括以下几种：

(1) 人工更新

人工更新是指用人工植苗、直播、插条或移植地下茎等方式恢复森林的过程。人工更新的适用范围包括：改变树种组成；皆伐迹地；皆伐改造的低产林；集材道、楞场、装车场、生活区；工业原料林；非正常采伐；其他采用天然更新困难的情况。

人工更新应做到适地适树、良种壮苗、细致整地、合理密度、精心管护、适时抚育。整地作业指的是按需整地，即在植苗的地方翻土、碎土、疏松土壤、消灭杂草；适时抚育指的是根据杂草和幼树的生长情况，每年两次进行透光伐，连续进行3~4年，使幼树生长稳定。

(2) 天然更新

天然更新是利用自然力的更新，主要方式包括：①天然下种。俗称飞籽成林，是有性更新。大多数针叶树种更新依靠这种方式。一些阔叶树也能依靠天然下种更新，如樟、栎类、桦等。②萌芽更新。指利用林木营养器官的再生能力恢复幼林，是天然无性更新。如由树木伐根或树干上的萌芽更新。根蘖繁殖是利用树木根上的不定芽萌发形成幼林的过程。大多数的阔叶树，如栎类、杨、柳、枫香、泡桐、刺槐、榆树、椴树，以及部分针叶树。例如，柳杉、水杉等均有较强的萌芽能力，杨、刺槐、泡桐、臭椿都有根蘖萌生的能力，大多数针叶树只能有性更新，而许多阔叶树两种方式均具备。

天然更新的适用范围包括：①择伐、渐伐迹地。择伐、渐伐迹地有良好的环境，充足的种源，有利于天然更新的成功。②择伐改造的低产林地。择伐改造伐除老龄木、病腐木、濒死木之后，可以采用天然更新的方法更新。③采伐后保留的目的树种幼苗、幼树较多，分布均匀，规定时间可以达到更新标准。④采伐后保留天然下种的母树较多，或具有萌蘖能力强的树桩较多，分布均匀，规定时间可以达到更新标准。⑤立地条件好，雨量充足，适于天然下种、萌芽更新的迹地。

(3) 人工促进天然更新

人工促进天然更新指的是采用某些单项措施以弥补天然更新过程的不足。例如，保留母树(生长健壮、结实丰富、冠形优良、抗风力强的林木)以补充林墙天然下种的不足；保护伐前更新幼树；人工补播补植，以弥补天然种苗的分布不匀；进行部分块状或带状松土，以改善种子发芽和幼苗、幼树生长发育的条件；封禁更新区防止人畜对幼苗、幼树的破坏，直到幼树达到足够数量和安全高度。

人工促进天然更新的适用范围包括：渐伐迹地；补植改造的低产林；采伐后保留目的树种天然幼苗、幼树较多，但分布不均，规定时间难以达到更新标准的林地。

(4) 森林采伐后的更新要求

①更新时间。采伐后的当年或翌年内完成更新造林作业；对未更新的采伐迹地，林中空地，限期完成更新。

②更新成活率。一般要求人工更新当年成活率85%，干旱地区70%，人工促进天然更新的补植成活率当年85%。

③保存率。皆伐迹地更新第3年幼苗、幼树保存率80%，干旱地区65%；择伐迹地更新频度60%；渐伐80%。

④合格率。成活率达到标准的更新迹地面积占按规定应更新伐区面积的95%，第3年保存率合格的更新迹地应占伐区面积的80%。

复习思考题

1. 我国的森林采伐类型和采伐方式是如何分类的？
2. 商品林抚育采伐的目的是什么？其理论基础包括哪些？
3. 抚育采伐的种类有哪些？它们的适用条件是什么？
4. 抚育采伐的技术要素是如何影响森林环境和林木生长的？
5. 皆伐有什么特点？它对森林环境有什么影响？它的适用条件是什么？
6. 渐伐有什么优缺点？它适用于什么类型的森林？
7. 择伐的优点和缺点包括哪些？择伐适用于什么类型的森林？
8. 低产林产生的主要原因是什么？低产林改造采伐的技术要求有哪些？
9. 森林的更新方式有哪些？各适用于什么情况？

第 6 章

伐区木材生产与森林环境保护

6.1 木材生产与森林环境保护

　　森林当中具有国民经济和人民生活必不可少的木材资源，开发木材资源是森林作业的目的之一。然而，森林也是陆地生态系统的主体，是由乔木、灌木、草本植物、苔藓，以及多种微生物和动物组成的有机统一体。森林不仅提供各种林产品，还具有涵养水源、防止水土流失、调节气候、净化大气、保健、旅游等多种生态效益。森林生产的木材在有些方面可以用其他材料代替，而森林的多种生态效益却不能由其他任何物质所代替。

　　森林多种效益的发挥必需在保证森林环境不受破坏、森林能够持续更新的前提下才能实现。因此，在木材生产过程中必须注意保护森林环境，保护林地土壤条件和小气候条件，不破坏生物资源的更新条件等。只有保证森林的更新，才能使森林资源更好地发挥经济效益、生态效益和社会效益。因此，木材生产必须考虑对森林环境的影响，把对森林环境的影响控制在最低限度。

6.2 木材生产基本原则

　　木材生产需坚持以下基本原则：
　　①生态优先。木材生产应以保护生态环境为前提，协调好环境保护与森林开发之间的关系，尽量减少森林采伐对生物多样性、野生动植物生境、生态脆弱区、自然景观、森林流域水量与水质、林地土壤等生态环境的影响，保证森林生态系统多种效益的可持续性发挥，保护森林环境和保证森林资源的可更新。
　　②注重效率。森林采伐作业设计与组织应尽量优化生产工序，加强监督管理和检查验收，以利于提高劳动生产率，降低生产作业成本，获取最佳经济收益。
　　③分类经营。商品林和生态公益林实行分类经营，严格控制在国家和行业有关法律、法规、标准规定的重点生态公益林中的各种森林采伐活动，限制对一般生态公益林的采伐。木材生产作业应主要在商品林中进行。
　　④资源节约。在木材资源的采伐利用中应该坚持资源开发与节约并重，将资源节约放

在首位,以提高森林资源的利用效率为核心。这不仅是因为木材资源稀缺,供需矛盾尖锐,而且因为森林具有重要的生态功能,即使是商品用材林也具有涵养水源,调节气候,固定二氧化碳、缓解温室效应的功能。

⑤以人为本。木材生产是最具有危险性和劳动强度最大的作业之一。关键技术岗位应持证上岗,采伐作业过程中应尽量降低劳动强度,加强安全生产,防止或减少人身伤害事故,降低职业病发病率。

6.3 伐区木材生产工艺类型与特点

木材生产指的是对已经成熟的林木或抚育采伐林木,通过采伐、打枝、造材、集材、归楞、装车等作业,将立木变成符合国家标准或购买方特殊要求的原木,并归类运离伐区的作业过程。

6.3.1 伐区木材生产工艺类型

生产工艺是指将原材料或半成品加工成产品的工作、方法和技术等。伐区木材生产工艺类型是以集材时木材的形态划分的,可以划分为:原木生产工艺、原条生产工艺、伐倒木生产工艺、木片生产工艺(图6-1)。各种工艺的作业程序如下:

(1) 原木生产工艺

采、打、造、原木集材、归楞、装车、原木运材、清林。

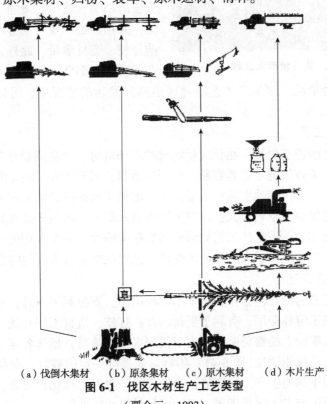

(a) 伐倒木集材　(b) 原条集材　(c) 原木集材　(d) 木片生产

图6-1 伐区木材生产工艺类型

(粟金云,1993)

(2) 原条生产工艺

①采、打、原条集材、归楞、装车、原条运材、清林。
②采、打、原条集材、造材、归楞、装车、原木运材、清林。

(3) 伐倒木生产工艺

①伐木、伐倒木集材、打枝、造材、装车或归楞、原木运材、清林。
②伐木、伐倒木集材、打枝、装车或归楞、原条运材、清林。
③伐木、伐倒木集材、装车、伐倒木运材、清林。

(4) 木片生产工艺

立木伐倒、打枝、剥皮、削片、木片打包、包袋装车。

6.3.2 伐区木材生产工艺特点

(1) 原木生产工艺

原木生产工艺的特点包括：原木形体规整，较伐倒木及原条搬运方便，有利于集材机械类型的选择，集材方式容易选择（图6-2）；可以采用各种集材方式，集材成本低；有利于木材运输，通过性能好，集材时有利于保护保留木和幼树；但该生产工艺的打枝、造材作业均在采伐地点进行，采伐迹地上留有大量的梢头、枝丫，增加了迹地清理的作业量，采用油锯作业，地形不好的情况下，影响打枝、造材质量。此外，如果采用油锯作业劳动生产率低，适合于木材生产量少，森林资源零散分布的情况。该生产工艺在林区道路网发达的情况下，可以直接将木材运往市场。

图6-2 拖拉机原木集材

(2) 原条生产工艺

原条生产工艺的特点包括：在伐区楞场或贮木场造材，产品质量易于保证，提高了商品材的出材率；原条较伐倒木搬运容易，便于集运材机械类型的选择（图6-3）；由于打枝是在采伐地点进行，采伐迹地上留有大量枝丫，增加了伐区迹地清理和收集采伐剩余物的作业量；集材时对保留木影响较大；一般采用半拖式集材，对地表破坏较大，集材道破坏严重，易产生水土流失；该生产工艺如果采用原条运输时，需要专用的装车设备和运输车辆；在楞场造材占用林地面积大，因此该生产工艺往往要求较大规模的贮木场。

(3) 伐倒木生产工艺

伐倒木生产工艺的特点包括：提高了木材利用率，资源利用率高；减少了伐区迹地清理的作业量，节省了清林费用，有利于更新造林；打枝、造材工序在伐区楞场进行，提高了造材质量，但需要较大的楞场面积；由于伐倒木大而笨重，形体各异，搬运困难，需要有较大功率的集材机械相适应（图6-4）；集材对地表有一定的破坏；全树利用移走了林地的养分来源，不利于林地生产力的恢复；短轮伐期工业人工林比较适合，能够提高木材资源的利用率。此种生产工艺适用于采用大功率集材机械的条件。

图6-3 拖拉机原条集材

图6-4 索道伐倒木集材

(4) 木片生产工艺

除将整个树干削片外，还可将散落在采伐迹地上的大量采伐剩余物加工利用，大大提高了森林资源的综合利用率和经济效益；有利于采伐迹地清理，便于森林更新。在当前木材紧缺，资源利用率又较低的情况下，开展木片生产，是发展综合利用和节约木材的正确途径，这种生产工艺类型，目前我国尚少利用，但尤其适合工业原料林基地。

6.4 木材生产准备作业与森林环境保护

木材生产准备主要包括：林木采伐许可证办理、缓冲区设置和管理、楞场和集材道的修建、生活点和物资的准备等。

6.4.1 林木采伐许可证

采伐林木应按照相关法律法规办理林木采伐许可证。实行凭证采伐是世界各国科学经营利用森林的一项重要经验。只有采伐量不超过生长量，才能保证森林的可持续利用，并保证其生态功能的持续发挥。采伐许可证规定了采伐的面积和出材量，有效控制了采伐者超量采伐、超量消耗的行为，是保证森林资源持续利用的重要措施。

《森林法》对林木采伐许可证办理进行了如下规定：采伐林地上的林木应当申请采伐许可证，并按照采伐许可证的规定进行采伐；采伐自然保护区以外的竹林，不需要申请采伐许可证，但应当符合林木采伐技术规程。采伐许可证由县级以上人民政府林业主管部门核发。农村居民采伐自留山和个人承包集体林地上的林木，由县级人民政府林业主管部门或者其委托的乡镇人民政府核发采伐许可证。申请采伐许可证，应当提交有关采伐的地点、林种、树种、面积、蓄积量、方式、更新措施和林木权属等内容的材料。超过省级人民政府林业主管部门规定面积或者蓄积量的，还应当提交伐区调查设计材料。符合林木采伐技术规程的，审核发放采伐许可证的部门应当及时核发采伐许可证。但是，审核发放采伐许可证的部门不得超过年采伐限额发放采伐许可证。有下列情形之一的，不得核发采伐许可证：采伐封山育林期、封山育林区内的林木；上年度采伐后未按照规定完成更新造林任务；上年度发生重大滥伐案件、森林火灾或者林业有害生物灾害，未采取预防和改进措施；法律法规和国务院林业主管部门规定的禁止采伐的其他情形。采伐林木的组织和个人应当按照有关规定完成更新造林。更新造林的面积不得少于采伐的面积，更新造林应当达到相关技术规程规定的标准。

6.4.2 缓冲区设置和管理

下列情况需要设置缓冲区：伐区内分布有小溪流、湿地、湖沼或伐区边界有自然保护区、人文保留地、野生动物栖息地、科研试验地等应设置缓冲区。小型湿地、水库、湖泊周围的缓冲带宽度应大于50 m；自然保护区、人文保留地、自然风景区、野生动物栖息地、科研试验地等周围缓冲带宽度应大于30 m。不同溪流等级的缓冲区设置要求见表6-1。

表6-1 不同溪流等级的缓冲区设置要求

溪流河床宽度(m)	单侧缓冲带最小宽度(m)	溪流河床宽度(m)	单侧缓冲带最小宽度(m)
>50	30	10~20	15
20~50	20	<10	8

注：溪流河床宽度是指河两岸植被区之间的距离。

河岸缓冲带的林木及其他植被的功能包括：为水体遮阴以缓冲水温变化，提供水生生态系统必需的枯枝落叶，对沉积物和其他污染物起过滤作用，还具有减少水蚀的作用。一般来说，坡度越陡，土壤流失可能性越大，河岸缓冲带就应越宽。此外，以下两种情况也应划出缓冲地带或保留斑块：一是伐区周边小班是空旷地，如无林地、农地等，应划出缓冲带，以免形成更大的空旷地；二是伐区内存在与社区居民相关的斑块，如风水地、坟地等。

6.4.3 楞场修建与森林环境保护

在伐区面积较大、运输距离较长等情况下可设置楞场。楞场既是伐区集材作业的终点，也是与木材运输的衔接点。楞场是集中放置木材、机械和装车运输的地方，往往会导致严重的土壤干扰。在这些裸露的地区，雨水径流和地表侵蚀会增加，这些过程会影响水质，其影响的程度取决于楞场的位置，径流中可能含有来自燃料和润滑剂的有毒物质。楞场是木材生产中的临时设施，木材生产完毕后，要进行封闭和植被恢复。

为了保护森林环境，楞场选设与修建应符合以下要求：计划林道网前先确定楞场的位置；将作业中所需的楞场的数量降到最少；采伐前应根据伐区设计修建楞场，尽量少动用土石方，尽量避开幼树群，保持良好的排水功能，留出安全距离；距离禁伐区和缓冲区至少40 m，要能有效减少集材作业对环境敏感目标的影响；位置应适中，符合集材方式与流向，保证集材距离最短和经济上最合理；楞场应地势平坦、干燥、有足够的使用面积、土质坚实、排水良好；楞场应便于各种简易装卸机械的安装；楞场面积取决于木材暂存量、暂存时间和楞堆高度，应尽量缩小楞场面积，减少对伐区林地的破坏，保护森林环境；应避免通过楞场将雨水径流聚集到林道、索道或直接通往水体的小路；楞场位置应在伐区作业设计(采伐计划)图上标明，符合条件者方能建设。

6.4.4 集材道修建与森林环境保护

集材道选设与修建应考虑以下因素：集材道应远离河道、陡峭和不稳定地区；集材道应避开禁伐区和缓冲区；集材道应简易、低价、宜恢复林地，不应在山坡上修建造成水土流失的滑道；集材距离要短，应尽量减少集材道所占林地的面积、减少土壤破坏、减少水土流失；集材道宽应小于 5 m，这样能够保证占用更少的林地，减少对土壤的破坏；采伐开始前修建集材主道，采伐时修建集材支道，避免集材道路提前修建造成的土壤环境破坏。此外，冬季前和雨季后修建集材道能减少水土流失；在斜坡上周期性设置间隔以帮助分散地表径流；在永久性措施实施前，如有可能发生大的侵蚀作用，应采用临时措施，如采伐剩余物覆盖等；不应随意改设集材道；集材道修建应尽量减少破坏林区的溪流、湿地，保护林区的生态环境；应避免在坡度大于40%的地段上修建集材道；应将集材道与河流的交叉点减到最少，修建集材道应避免阻断河流；清除主道伐根，支道伐根应与地面平齐。

6.4.5 生活点和物资的准备

(1) 生活点

生活点应选设在平坦、开阔、靠近水源且排水良好，不易受洪水威胁的地段。生活点规模应充分考虑作业人员的数量，尽量为作业人员提供舒适、卫生的居住条件和防火设备。生活点设计应规划出居住、活动场地，安装排水、供水、供电、电视接收等设施。生活点应有废弃物贮存和处理的设施。

(2) 物资准备

应准备好足够的不易变质的多种食品，尽量满足高强度体力劳动所需的营养。应配备足够的日常生活用品。应尽量配备休闲娱乐物品。配备足够的常用急救药品和用品，以备作业人员发生事故或患有疾病时得以及时处置。配备足够的生产所需物资，如易损坏的机械零件、绳索、燃料等，保证作业人员使用的工具配件、机械始终处于良好、安全的状态。应准备状态良好的采伐作业工(机)具和辅助工具。应为作业人员提供必要的安全保护设备。应配备有效的通讯设备和交通工具。生活点或作业点以及所使用的机械都应配备相应的防火设备。

6.5 林木采伐与森林环境保护

林木采伐对森林环境的影响主要是损伤保留木(包括幼树)，这也是伐木中需要注意和控制的主要问题。此外，采伐要为后续的打枝、造材、集材作业创造有利条件，林木采伐需要经过以下几个程序：

6.5.1 伐前公示

为了减少木材生产对环境的影响，应建立伐前公示制度，明确公示的形式、内容、期限等。大面积采伐应在当地广播电视、报刊等新闻媒体上发布公告。采伐森林、林木的单位(个人)还应在伐区及其附近的交通要道设立公示牌,对林业主管部门核发的林木采伐许可证进行公示。伐前公示有利于采伐活动公开化,并在公众的监督之下防止滥砍滥伐行为的发生,保护森林环境。

6.5.2 确认伐区边界与采伐木标志

采伐前,应找到伐区设计时的标桩和伐开线,确认伐区边界。核对采伐木、保留木标志(挂号)情况,以利于有效防止越界采伐,有利于森林资源的合理利用及开发管理。

6.5.3 确定伐木顺序

合理的伐木顺序应有利于集材作业,有利于保护保留木,有利于作业安全,有利于防止木材的砸伤和垫伤。在伐木开始前,应首先确定伐木顺序,即伐木作业从哪一地段开始,如何推进。从作业范围来看,一般应当从装车场这一边开始,向远处采伐。对于一个采伐小班,首先采伐集材道上的林木,然后采伐集材道两侧的林木,必要时采伐"丁字树"。因为集材道上的林木采光了之后,位于集材道两侧的被伐木就可以根据集材道的位置和走向确定树倒方向。伐木工能很明显看出集材道的方向,并以集材道为基准正确选择每棵树的倒向。在采伐集材道两侧的林木的同时,在集材道两旁,每隔十几米选留生长健壮的被伐木作为"丁字树",用来控制集材道的宽度不再扩大,尤其是在集材道转弯处。

在伐木过程中,采伐顺序要根据林木的生长状态和林木之间相互影响的情况来决定。一般来说,林木在前面的先伐,在后边的后伐。如大树小树相间或好树、病腐树并存时,为了防止先伐大树砸伤小树或先伐好树砸伤病腐树,则应当先伐小树、后伐大树,先伐病腐树、后伐健壮树。在伐区里由于树木茂密,常常遇到一棵树被伐倒后没能落到地面,而是搭在另一棵树上。伐木搭挂后给摘挂带来了困难,对安全工作也很不利。因此,伐木时应首先伐倒引起伐倒木搭挂的"迎门树"。当遇到个别树木倾斜方向同周围其他树的倾斜方向相反,而且又没有办法使它按照大部分树木的倾向伐倒时,应该以这棵树为中心,以它的树高为半径,首先伐倒这个距离范围内的树木,最后再伐倒此株倒向相反的树木,以免伐倒后树冠倒在其他树木的底下,给继续采伐造成困难。

6.5.4 确定树倒方向

正确选择和掌握树倒方向是伐木作业中的重要问题,它不仅对提高劳动生产率、保证安全生产、防止木材损失有重要意义,而且对后续生产工序(如打枝和集材)也有很大的影响。树倒的方向应根据下列标准予以决定:①集材方向。如果树以某个角度倒向集材道,采伐木较容易被集材,集材时对保留木的破坏性也较小。②对采伐木和保留林分的最小破坏。在有条件的地方,树木在采伐后应倒在树冠之间或集材道上。树倒的方向应该避免碰到保留木及幼树。③保护母树。一些好的目的树种应予以保留,为培育目树种提供种子。这些树木应作上标记,以帮助伐木工识别,并强调这些树木不得破坏。④陡坡。在采伐时,应避免非常陡峭的山坡。当在山坡上进行采伐时,如有可能,采伐木应横穿山坡,以防止其折断,并最大程度地防止其滚下山坡。⑤伐木工的安全。在选择树倒方向时通常应考虑给伐木工留出安全的避险通道。

一般树倒方向取决于集材方式，同时还要避免砸伤其他林木和摔伤树干。使用拖拉机、畜力和架空索道集材时，要求集材道上的林木沿着集材道方向倒下。集材道两侧的林木要求与集材道呈30°~40°按"人"字形（小头朝前）或"八"字形（大头朝前）倒向集材道，这样可以减少绞集或装载的障碍。用绞盘机集材时，要求所有伐倒木倒向集材杆，以免集材时横向牵引。在整个采伐小班内，伐倒木应均匀分布，伐倒木的梢头应向着一个方向，彼此平行地倒在地面上（图6-5）。

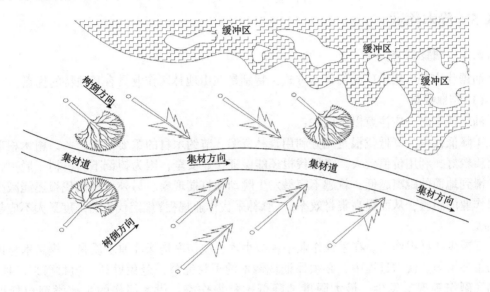

图6-5 采伐树木倒向

每株立木都有其自然倒向，这是由每株立木的生长状态决定的，即由树干的倾斜和树冠的偏心所形成。树的自然倒向与控制倒向有时一致，有时不一致。两者一致时比较容易处理，两者不一致时，需要采取一定的技术措施按控制倒向将树伐倒。控制倒向是为了达到良好的作业目的而对自然倒向的人为改变。

要达到控制倒向的目的，首先需要对自然倒向做出正确的判断。对于直立树（即树干较通直、生长不偏斜的树木），其自然倒向一般可以根据树冠的偏斜度来判断。直立树多数都存在着树冠重心偏离的现象，自然倒向是比较容易判断的，直立树木多出现在平缓坡上。生长在阳坡上的直立树，其树冠基本都伸向山下，而生长在阴坡上的直立树正相反，大多自然倒向山上。倾斜树除了树冠偏斜以外，树干还因山坡朝向、外力（如风力、雨力等）等因素引起倾斜。在多数的情况下，树冠的偏斜方向和树干的倾斜方向是比较一致的。如不一致，其自然倒向可以根据综合偏向来确定。一般粗大且树干倾斜度较大的树，判断自然倒向时应以树干的倾斜为主；直径较小的树，如果树冠发达且偏心严重的，其自然倒向主要取决于树冠的偏向。

除此之外，还有一些生长不规则的树，如树干弯曲的树，这类树的自然倒向往往不容易判断。树干单向弯曲的，可以根据树干弯曲的方向和树冠的偏斜程度综合判断该树的自然倒向。双向弯曲的，则应以弯曲的方向、程度、位置的高低和树冠的状态综合确定该树的自然倒向。如树冠不大、弯曲位置较高，尤其是中大径树木，其自然倒向基本取决于树干弯曲的方向；而弯曲位置较低，树冠较发达的，其自然倒向可由树冠的偏向决定，采伐这类树木时要特别注意安全。

树倒方向的控制是伐木作业的必不可少的技术要求，它直接关系提高森林资源利用率、采伐作业综合效率和作业安全性等问题，必须在正确判断树的自然倒向基础上，运用作业技术和措施来达到控制倒向的目的。树倒方向的控制是通过锯下楂、锯上楂、留弦、加楔、支杆、推树等技术措施实现的。

6.5.5 伐木作业

6.5.5.1 油锯伐木

油锯伐木是应用最广泛的伐木方式，特别是在山地林区作业具有其独特的优点。

(1) 作业要求

油锯伐木时，应注意以下问题：

①降低伐根。降低伐根是充分利用森林资源、节约木材的重要措施之一。树木根部一般材质较好，利用价值较大。降低伐根还能保证作业安全，因为树倒下时，树干脱离伐根后，滑到地面的距离越低，就越不容易发生跳动和打摆现象。另外，降低伐根还能减少对集材作业的阻碍，从而提高集材效率。《森林采伐作业规程》规定伐根的高度最大不应超过 10 cm。

②减少木材损伤率。在采伐作业中，减小木材损伤率是保证原木质量、提高木材出材率的重要措施。伐木过程中，必须保证伐倒木的干材完整，避免劈裂、边材劈裂、抽心、摔伤和砸伤等现象发生，最大限度地降低木材损伤率。伐木损伤的主要类型包括以下几种：

a. 劈裂。俗称打桦子，指用手工具和手持动力链锯伐木时，树干基部突然顺着木材纤维方向发生爆裂的现象。劈裂长度可达数米，干基向后支出，严重损伤木材，威胁伐木工人安全。劈裂多发生在采伐树干倾斜度较大的立木时，因下锯口深度不够、没有挂耳或挂耳不深所致。采伐中小径级立木时麻痹大意，不开下锯口，也常发生劈裂。为避免劈裂，采伐时应正确锯割下锯口，特别是对倾斜树木应挂耳并达一定深度。

b. 边材劈裂。指采伐中树干基部边材发生顺纹撕裂。边材劈裂的原因：立木伐倒时，树干基部边材的木纤维比心材大，抗拉力也强，纹理倾斜较明显，因此，树倒时留弦部位的边材不与心材一起折断，而是被拉伸，撕离开树干，导致边材劈裂。树干尖削度大、树腿比较发达、木材纤维韧性好的树种易发生边材劈裂。为避免边材劈裂，应尽量避免在树腿部位留弦，另外，采用两侧挂耳 4~5 cm 深可以避免边材劈裂。

c. 抽心。立木被伐倒时，留弦部位的木材不是被折断，而是被树倒的力量强行拉断，把树干内的木材抽出很长一段，严重损伤木材，称为抽心。引起抽心的主要原因：树倒时没有迅速锯切，致使留弦过宽，或因下锯口开口不够大，树干基部被树腿顶住不易倒下所致。避免抽心的主要措施：树倒时迅速锯切；留弦不应过宽；下锯口开口应达到一定深度。

d. 摔伤和砸伤。当树木与不平的地面或其他立木接触时，把树摔断或把其他立木砸伤。避免摔伤和砸伤的主要措施是伐木时正确控制树木的倒向。

③保护母树、幼树。伐区内的母树是森林天然更新种子的主要来源，因此，在有母树的伐区必须保留好母树。幼树是森林资源持续利用的基础，天然更新的幼树往往成活率较高，在采伐作业中应保护好伐前更新的幼树。在非皆伐作业中，采伐木倒下时会损伤和折断其他林木。树藤将树冠缠在一起，能将其他林木拉倒，应注意处理。

④保证安全生产。采伐作业是在山场露天条件下进行的，由于树干体大笨重，采伐和运输都不方便，加之劳动条件较差，这就要求采伐作业必须保证安全生产。安全生产的措施主要包括：伐除"迎门树"；清除被伐木周围1~2 m以内的藤条、灌木和攀缘植物等障碍物；冬季作业还应清除或踩实积雪；开辟安全通道，在树倒方向的反向左右两侧（或一侧），按一定角度（30°~45°）开辟长不小于3 m，宽不小于1 m的安全道，并清除安全通道上障碍物。

(2) 作业过程

①选定树木伐倒方向。伐木者应认真观察被伐木树冠形状，树干是否倾斜、弯曲，风向和风力，判断自然倒向；根据上述因素和周围其他树木的位置，结合树木的控制倒向，正确选定伐倒方向。

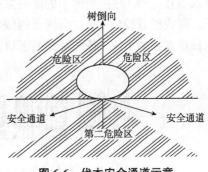

②开安全通道。在树倒方向反向的左右两侧（或一侧）按一定角度（30°~45°）开出长度不小于3 m、宽度不小于1 m的安全通道，并清除安全通道上障碍物（图6-6）。

图6-6 伐木安全通道示意

③伐木程序。伐木应按以下程序进行：

a. 锯下口。是指伐木时在被伐树干基部树倒方向所开的缺口，又称下口、下楂。下锯口应尽可能靠近地表以降低伐根，可用斧或用各种锯锯下口。锯或砍下口是伐木的第一个步骤，作用是避免树倒时发生劈裂、抽心等材质损伤，正确控制倒向，确保作业安全，故在任何情况下都必须先锯下口再锯上口（图6-7）。

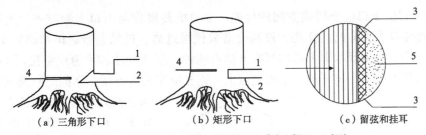

(a) 三角形下口　　(b) 矩形下口　　(c) 留弦和挂耳

1.上口切面；2.下口切面；3.侧切（挂耳）；4.伐木上锯口；5.留弦。

图6-7 采伐作业技术参数

下口的锯切方向一般与控制倒向一致。在需要借向时，它的锯向必须与风向、留弦等互相配合，以保证控制倒向。下口的形式很多，有线形、矩形、三角形和混合形等，应用较多的是矩形和三角形。线形下口用于伐径20 cm以下的小径木，中径木多用矩形和三角形的下口。三角形下口具有很多优点，其楂片能自动滑落，省去人工抽片；在树倒下时，倒木的头部和下口紧密接触，在伐根上的压力分布较均匀，不易向后滑出，保证树倒平稳，按控制倒向倒下；能有效地防止劈裂、抽心等现象的发生。混合形下口是在矩形下口的上边用斧斜砍三角形而成，能保证树倒时的平稳和准确，一般多用于伐径 40 cm 以上的大径木。在一些特殊情况下，有时为了借向需要将下口锯成特殊的形式，如楔形和梯形下口。这些下口的上下两边在树倒时合拢，树干沿着斜边旋转倒下，达到借向的目的。下口的深度一般为伐根直径的 1/4~1/3，高度约为深度的 1/2~2/3。下口的深度和高度过小容易造成树木倒向不定，并且容易发生树木头部劈裂、抽心等现象；下口的深度和高度过大则容易产生反倒、斜倒，并使伐根过高。三角形下口由斜边和直角边组成，斜边的角度一般控制在 30°~40°，以保证下口深度和高度的关系。直立树下口的深度可取小值，即伐根直径的 1/4 即可。倾斜树须视树干的倾斜方向与控制倒向之间的关系决定下口深度，当树干倾斜方向与控制倒向一致时，为防止劈裂，应使树倒速度加快，故下口深度可取大值，即伐根直径的 1/3；当树干的倾斜方向与控制倒向相反时，为防止反倒，下口深度应取小值，即伐根直径的 1/4；当树干的倾斜方向与控制倒向垂直时，下口的深度应偏大些，可取伐根直径的 1/3。各种形式的下口如图 6-8 所示。

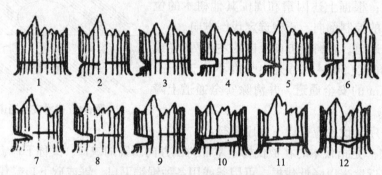

1、2.线形；3.斧砍；4.矩形；5、6.三角形；7.斜边斧砍的三角形；8.混合型；9.上下二边倾斜的矩形；10.倾斜；11.梯形；12.对接。

图 6-8 各种形式的下口

b. 锯上口。上口位于树倒方向的反侧，上口的高度应与下口上缘对齐。上口过高或过低都可能使其失去应起的作用，过高会造成伐根过高，过低会造成树木倒向不易控制，威胁作业安全。油锯伐木锯上口的基本方法有两种：扇面锯法和后退缓锯法（图 6-9）。扇面锯法是以插木齿支在树干的一个固定点上，锯导板作旋转锯切，锯截的断面成扇形。利用这种方法锯上口最适合于中小径树木。后退缓锯法适用于大径树木。它的特点是插木齿支在树干上的某一点，先进行一次扇面锯截，然后在不抽出锯导板的前提下，插木齿向后移动，继续向同方向锯截，重复这样的动作，直至将树木伐倒。对于大径树木，这种锯上口方法的锯截效率和锯截效果要比扇

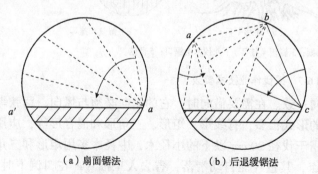

（a）扇面锯法　　　　（b）后退缓锯法

图 6-9 油锯伐木锯上口基本方法

面锯法好。

③留弦和借向。留弦是伐木时,于上、下口之间有意留下的一小部分不锯断的木材,作为树木倒下时的铰支点,随着树木的倾倒,被树倒的力量折断,实现控制倒向,防止劈裂的目的。若树干被锯透,没有留弦,立木就有猝然倒向任意方向的危险。"弦"一般成等宽的窄长条形,长边与伐倒方向垂直。利用其长度方向上抗弯折能力强、不易被折断,在宽度方向上易折断的特点,使立木伐倒时倒向下口方向,不致倒向其两侧。留弦厚度随树木径级大小而增减,以树木能够倒地为限,但留弦厚度不应小于直径的10%。当采伐自然倒向与伐倒方向不完全一致时,需要"借向"的立木,留弦呈三角形或留双弦(大弦和小弦),利用弦对立木的拉力,迫使立木在倒地过程中向留弦宽的一侧扭转,倒向控制倒向。留弦不能过宽,当立木开始倾倒时,锯手可以对树倒方向做出及时、准确的判断,通过快速锯木,用迅速改变留弦形状和大小的方法调整伐倒方向。留弦有3种作用:一是有效控制倒向;二是减缓树木倒下时的速度,使伐木工有足够的时间退至安全道;三是有利于借向。

采用伐木技术措施,使伐倒方向偏离树木的自然倒向,称为"借向"。当树木的控制倒向与自然倒向不一致而又必须按控制倒向伐倒时,就牵涉到"借向"问题。借向的措施主要包括以下几种方法:

采取不同形状的弦(图6-10):即在控制倒向一侧的弦宽一些,另一端窄一些甚至为零,形成了楔形。这样,在树木倾倒中,首先把窄处的弦折断,然后逐步向宽处折断。这种折断过程使弦对树木的倾倒产生拉力,强迫树干由自然倒向向控制倒向转移,终而倒在控制倒向上。这是最基本、最常用的方法。局部双留弦用于伐根直径较大或树腿歧生、锯导板的有效长度不足的状况。

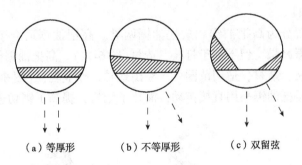

(a)等厚形　　(b)不等厚形　　(c)双留弦

图6-10　留弦形式

加楔:加楔是伐木过程中施加的外力。伐木楔的作用是控制倒向、防止夹锯和提高伐木效率[图6-11(a)]。伐木楔有木楔和铁楔两种。楔有大、中、小3种。在冬季作业或采伐硬杂木时,可先用小楔打入,待锯口略张开后再打入中、大楔子。不同的借向角决定了加楔的位置,通常位于控制倒向的对面靠自然倒向的一侧,借向角越大,则越是靠近自然倒向。当借向角为180°时,加楔位置恰在自然倒向上。

推树:伐木推杆多用木材或铝合金制成,小头装有铁叉,推树时支于树干的2~4 m高处。有时为了增加推力,把推杆大头支在一杠杆上使用[图6-11(b)]。

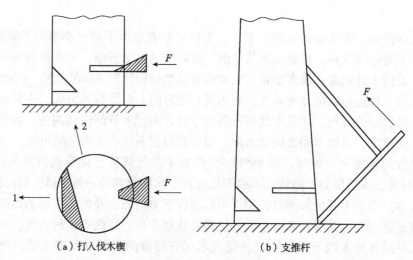

(a)打入伐木楔　　(b)支推杆

1.控制倒向；2.自然倒向。

图 6-11　利用外力借向

(3)油锯的构造和工作原理

油锯是一种以汽油机为动力的手提式链锯，是 20 世纪初在德国首先研制出来的。当时为双人油锯，重量大，使用不便。20 世纪 50 年代前后出现了单人油锯，从此油锯的使用逐步推广并成为机械化伐木的主要工具。全世界每年的油锯产量多达几百万台，油锯除用于木材生产外，也是园林、家具等行业的常用工具。

在山地林区，油锯在木材生产中占据主导地位，其体积小、重量轻、转移方便、对地形适应能力强、作业效率高。在山地林区，油锯不仅是采伐作业的主要工具，也是打枝、造材的主要工具。

油锯按把手位置分为高把油锯和矮把油锯两类。高把油锯适合于地形坡度不大的地区，操作省力，防振减噪，但不利于打枝、造材(图 6-12)。高把油锯设有减速器。矮把油锯适合于采伐、打枝、造材，适用范围广，在山地林区作业轻便(图 6-13)，但在平坦地形使用时比较费力。矮把油锯采用直接传动，简化了结构，提高了锯切速度。

图 6-12　高把油锯　　　　　　　图 6-13　矮把油锯

油锯主要由动力机构、传动机构和锯木机构三大部分组成(图 6-14)。

①动力机构。油锯的动力机构大多采用单缸二冲程往复活塞式汽油机。为了使油锯整机重量减轻、结构紧凑，这类发动机要求能发挥尽量大的功率。因此，采用增大转速的办法使发动机"强化"。为了减轻重量，需要简化结构，采用新材料和新工艺制造，如配气系统、冷却系统和润滑机构都采用简化结构。

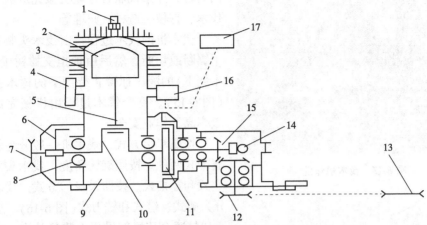

1. 火花塞；2. 活塞；3. 气缸；4. 消声器；5. 连杆；6. 飞轮；7. 启动器；8. 主轴承；
9. 曲轴箱；10. 曲轴；11. 离合器；12. 链轮；13. 导轮；14. 机油泵；15. 减速箱；
16. 化油器；17. 燃油箱。

图 6-14　油锯内部构造

②传动机构。分为直接传动和带减速器的传动。直接传动的油锯，发动机发出的动力由曲轴直接传给离合器、驱动轮。此时，驱动轮的转速即为曲轴转速，曲轴的扭矩即为驱动轮的扭矩。这类油锯多为短把锯。带减速器的油锯，发动机的动力首先传给离合器，再经过一级减速器传给驱动轮。发动机的转速经减速器降低，增大了输出扭矩、同时改变了动力的传递方向。这类油锯一般为高把锯。

油锯传动机构主要由离合器、减速器、驱动轮组成。油锯离合器的功用是接通或断开动力的传递，以及防止发动机超载。油锯离合器一般采用自动离心式摩擦离合器。这种离合器不但结构简单，而且操作方便。离合器靠转速的大小结合或分离，转速高时自动接合，转速低时自动分离。油锯的减速器由一对锥形齿轮组成，装在一个专门的减速器壳内，齿轮和轴连为一体，被动齿轮轴的伸出部分就是驱动链轮的轴。驱动链轮是驱动锯链运动的部件，把发动机输出的旋转运动转换为锯链的直线运动。油锯上常用的链轮有星形链轮及齿形链轮两类。

③锯木机构。由锯链及导向缓冲装置、导板及其固定张紧装置组成。锯链是一个由不同形状、不同功能的构件组成的封闭链环。它的切削齿可以切割木材，传动齿可以传递动力。导板是锯链运动的轨道，在锯切时还要起支撑作用，要求一定的强度和耐磨性。目前，油锯导板都采用悬臂式，带导向缓冲装置的导板可以减轻锯链的振动对导板头的冲击，减小摩擦力，提高耐磨性。

选择油锯的主要标准：重量轻、体积小、密封性能好、导板转向性能好、噪声和振动小。衡量油锯性能的主要指标包括重量、发动机功率和油锯锯木生产率、油锯经济性、振动及噪声、可靠性指标等。

6.5.5.2　伐木机伐木

20 世纪 60 年代，部分森林工业发达国家研制并应用了采伐联合作业机械（简称伐木机）。经过不断改进，到 20 世纪 80 年代，在一些发达国家，采伐联合作业机械已经成为森林采伐作业的主流设备。这种机械能完成采伐作业中的两道或两道以上工序，因地域不

图 6-15 伐木机作业

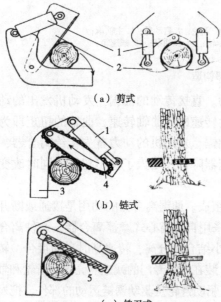

（a）剪式

（b）链式

（c）铣刀式

1.液压缸；2.移动切刀；3.基底；4.锯链；5.铣刀。

图 6-16 伐木机伐木头类型

同而各异。采伐联合作业机械完成的工序包括伐木、打枝、造材、归堆等。

伐木机的伐木过程：由伐木头装置先把树干锯断或切断，然后由承担支撑树干（不让树木倒下）的液压抓臂将待倒下的树木引向地面（图 6-15）。整个伐木过程由机械完成，生产效率高，作业安全。

按照牵引方式，伐木机一般分为轮胎式和履带式两种。按照旋转角度，伐木头可分为固定式和摇摆式。按照采伐的方式，伐木头可以分为剪式、链式和铣刀式（图 6-16）。剪式伐木机比较适合从根部采伐大胸径林木，而锯切式伐木机的采伐效率非常高，一棵树在数秒内就被伐倒。

6.5.5.3 油锯伐木与伐木机伐木的比较

油锯伐木具有以下优点：采伐成本低；对于地形、土壤水文状况的要求低；油锯配件损坏后，配件的替换简洁、快速。油锯伐木也具有几个明显的缺点：手工作业，木材产量低；体力劳动为主，劳动强度大；倒木枝条、互相牵扯的林木有可能对采伐工人造成伤害，操作不当，油锯很可能对采伐工人造成伤害。

与油锯伐木相比，伐木机伐木具有以下几个优点：木材产量高，一台设备一个工作班次可完成 20~25 个批次的采伐任务；对林木控制能力强，采伐、剥皮、打枝、加工可一气呵成。驾驶员的安全防护水平高，在驾驶舱、安全带等一系列保障条件下，即使倒木砸到伐木机上，驾驶员也不会受到生命威胁。伐木机采伐也具有以下几个缺点：采伐成本高，一台综合采伐机械的购置费用动辄数十万美元；伐木机对采伐场地的地形、土壤条件有较高的要求，往往地势险峻、坡度较陡的场合不适用；伐木机对采伐林木的大小也有一定的要求，胸径太大、太小的林木一般不适合采用伐木机。

6.6 打枝作业与剥皮作业

6.6.1 打枝作业

打枝作业的目的是便于集材、造材、归楞、装车和运输。打枝作业应将伐倒木的全部枝丫从根部开始向梢头依次打枝至 6 cm 处。全部枝丫紧贴树干表面，不得打劈，不得深陷、凸起。采用原条集材时，应在去掉梢头 30~40 cm 处留 1~2 cm 高、1~2 个枝楂，以便于捆木。从安全角度考虑，打枝作业应符合下列要求：①打枝时，应将腿、脚闪开，应站到伐倒木的一侧打另一侧的枝丫；②不应两人或多人同时在一棵伐倒木上进行打枝作业。对局部悬空的或成堆的伐倒木应采取措施，使其落地后再进行打枝作业；③处理被树干压弯的枝丫时，应站在弓弦的侧面锯砍弓弦；④对支撑于地面的较大枝丫，应在造材后打掉。对横山伐倒木打枝或进行清理时，应站在山上一侧；⑤为保证作业安全，打枝人员和清林人员作业时，应保持 5 m 以上的距离。

从环境保护的角度考虑，打枝作业可以减少在拖曳式集材作业中对林地的破坏。林业发达国家已使用专门的打枝机或具有打枝功能的采伐联合机（图 6-17）。我国的打枝作业现多用打枝斧或油锯打枝（图 6-18）。油锯打枝宜采用轻型油锯以减轻劳动强度。此外，立木打枝方法是工人系好安全带，先打断树梢，然后自上而下地打枝。这样做可以保护小树，不仅打枝快（树枝本身形成的重力有利打枝），而且不需要翻动树身。

图 6-17　打枝机打枝作业

图 6-18　油锯打枝作业

6.6.2　剥皮作业

对原条或原木进行剥皮是某些树种的要求。在雨水多，空气潮湿的南方林区，针叶树和某些阔叶树的树皮的韧皮部含有大量害虫、病菌繁殖所需的有机物质，这些树木伐倒后，树皮很快腐烂或被蛀蚀，进而蔓延到树干的形成层和木质部，致使树干腐朽变质或产生虫眼，影响原条或原木的经济出材率和使用价值。例如，马尾松伐倒后，如果在潮湿季节不进行剥皮，15~20 d 后树皮即开始腐烂和被蛀蚀，进而侵害木质部。

对伐区原条和原木及时进行剥皮，对木材的迅速干燥是有利的。木材的及时干燥为集材作业创造了有利条件，能够提高集运材的效率，并减轻劳动强度和降低设备损耗。木材的及时干燥还能有效减少或避免材质的腐朽和虫害。原条进行剥皮后改善了造材的条件，因为树皮上的泥沙污物对锯齿非常不利，使造材作业的生产率降低。原条剥皮后便于发现木材缺陷的性质和程度，有利于制定正确的造材方案，提高出材率和使用价值。

收集和利用树皮是全树利用的一部分，树皮含有大量的胶质等有机质，可以制成栲胶、有机肥料和合成燃料等。收集利用从原条或原木上剥下的树皮是提高森林资源利用率的一个途径。

对原条和原木的剥皮作业有以下要求：对于容易遭害虫、病菌侵害树种的剥皮工作必须及时,避免不必要的材质损失;对于因干燥容易开裂的树种和对开裂限制比较严的材种,在剥皮时允许留有韧皮部,以减缓水分丧失的速率,达到树干表面完整性的目的;剥皮既要求剥得干净,又不得损伤木质,根据有关规定,剥净率应在95%以上,而木质的损伤率不能超过3%。

剥皮有很多方法,其中最常见的是人工剥皮和机械剥皮两种。人工原条或原木剥皮多使用剥皮铲进行,剥皮铲多为平面形状,装上木手柄可以直立工作(图6-19)。剥皮铲作业劳动强度大,不适合于小径木剥皮,生产效率低。如剥平均直径为30 cm的马尾松时,平均人日生产率仅2~3 m³,但是人工剥皮的木质损伤率较低,一般不超过1%,这是机械剥皮所不及的。综合利用的小径木和枝丫材的人工剥皮多用弯刀、镰刀等工具进行,生产效率更低。由于伐区木材的剥皮作业受到自然条件和资源条件的制约,尤其是原条和原木的形状各异,给剥皮作业的机械化带来了很多困难。我国伐区木材剥皮作业机械化的程度低,几乎全靠手工具完成。近年来,伐区木材剥皮的机械化有所发展,出现了多种型号的剥皮机。

手提式剥皮机是山地林区木材剥皮较理想的机械(图6-20)。它灵活机动,适于在复杂的伐区地形和各种资源条件下作业,剥皮效率比手工具作业提高2~5倍。手提式剥皮机均以小型汽油机作动力,功率一般在1.47 kW以下,多以刀具(铣刀、滚齿等)的旋转运动将树皮剥下,作业效率和适应性均比往复式运动的刀具好。

图6-19 人力剥皮作业

图6-20 手提剥皮机剥皮作业

6.7 集材作业与森林环境保护

集材作业是木材生产中将木材从采伐地点运送到路边、装车场或楞场的作业。由于作业对象及地形的限制,集材作业的成本在木材生产的总成本中所占比例较大,而且集材作业还涉及森林生态环境的保护,因此,是木材生产中的重要环节。

6.7.1 集材作业目标

(1)联合国粮食及农业组织推荐的集材作业目标

联合国粮食及农业组织推荐的集材作业目标包括了生产效率和成本、环境保护、安全生产、产品质量等,主要包括以下几点:①优化集运生产率,低成本、高效率;②尽量减少集运作业造成的土壤板结和翻动;③尽量减少对残留林木和树苗的破坏;④尽量减少对砍伐单元内及周围江河的破坏;⑤将所有原木运到集材场而不造成损失和质量退化;⑥确保集运及周围人员的安全。

(2) 亚太林业委员会推荐的集材作业目标

亚太林业委员会将集材作业的目标概括为：①使用接地压力小的设备以免压实土壤；②尽量减少对保留木、更新区、河道和缓冲带的破坏；③执行必要的安全标准。

以上两个规程对集材作业的环境影响进行了如下限定：①尽量减少集运作业造成的土壤板结和翻动；②尽量减少对保留林木和树苗的破坏；③尽量减少对采伐单元内及周围江河的破坏；④使用接地压力小的设备以免压实土壤；⑤尽量减少对更新区、河道和缓冲带的破坏。

6.7.2 集材作业方式

集材作业的方式可从不同的角度进行分类，主要划分为以下类型：

①按搬运的木材形态分类。分为原木集材、原条集材、伐倒木集材。

②按归集木材的运动状态分类。分为全拖式集材、半悬式集材、全悬式集材、全载式集材。

③按集材的动力源分类。分为动力集材（包括拖拉机集材、索道集材、直升机集材、飞艇集材、绞盘机集材等）、重力集材（包括土滑道集材、木滑道集材、竹滑道集材、塑料滑道集材、冰雪滑道集材等）、人力集材（包括吊卯、人力小集中、人力串坡和板车集材等）和畜力集材（包括各类挽畜集材，如牛、马、骡子集材等）。

联合国粮食及农业组织将集材分为：地曳式集材、缆索集运系统集材、空中集运系统集材、挽畜集材、其他集运系统集材（包括人工集运、滑槽、绞盘卡车、水系集运等）。亚太林业委员会将集材分为：履带拖拉机集材、集材机集材、挽畜与人力集材、索道集材、直升机集材等方式。

6.7.2.1 拖拉机集材作业

拖拉机集材是当今世界上采用最广泛的一种集材方式。这种集材方式具有机动灵活、转移方便、生产效率高等特点，因而受到普遍欢迎。目前，拖拉机集材主要适用于地势比较平缓，单位面积林木蓄积量大的平原林区或丘陵山地林区。在自然坡度不超过25°，每公顷出材量较大的伐区，较适宜采用拖拉机集材。

1947年，苏联生产了第一批集材专用的履带式拖拉机KT-12，并正式命名为履带式集材拖拉机（图6-21）。20世纪50年代，美国、加拿大等国开始研制轮式集材拖拉机（图6-22）。60年代初，第一批四轮驱动、折腰转向的轮式集材拖拉机在美国林区开始使用。目前，美国、加拿大、俄罗斯、瑞典、芬兰等国生产了上百种型号的集材拖拉机，其功率为25~250 kW。

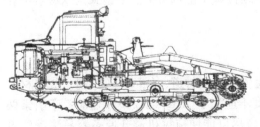

图6-21 履带式集材拖拉机

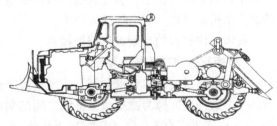

图6-22 轮式集材拖拉机

我国于 1950 年开始引进苏联的集材拖拉机，1963 年松江拖拉机厂开始成批生产集材-50 型履带式拖拉机，以后又陆续生产了集材-80 型轮式拖拉机。

履带式拖拉机行驶速度慢，约 10.5 km/h，但附着力比轮式拖拉机大 1.5 倍，能爬较大坡度，在雪地、泥泞、地面承载力低时通过性能较好。轮式拖拉机全轮驱动，并采用大型低压轮胎、摆架式或滚架式驱动桥，行驶速度约 28.7 km/h，转弯半径小，机动灵活。由于木材生产量的减少，以及出于森林环境保护方面的原因，目前集材拖拉机向小型化方向发展(图 6-23、图 6-24)。

图 6-23　小型轮式集材拖拉机

图 6-24　小型履带式集材拖拉机

(1)拖拉机集材的特点和类型

拖拉机集材效率高、成本低、机动灵活，可以到达伐区的多数地方，与索道、绞盘机相比，不需要设置辅助设备，转移方便，投产迅速。可以集原木、原条和伐倒木，还可以集枝丫材。但受坡度和土壤承载能力的限制，一般只适于坡度小于 25°，同时土壤承载能力大于拖拉机接地压力的伐区。

拖拉机集材按集材设备可分为索式、抓钩式和承载夹式。索式集材拖拉机的集材设备由绞盘机、搭载板或吊架及集材索组成，集材时需要人工捆木。抓钩式集材拖拉机用于抓取木材的抓钩只能在一个方向上伸出，而承载夹式拖拉机抓取木材的夹钩不仅可以伸出，还能在一定范围内回转。

拖拉机集材按承载方式又可分为全载式、半载式和全拖式。全载式是木材全部装在集材设备上，集材时只有集材机械(包括载重)的阻力。半载式也称半拖式，是将木材的一端装在集材设备上，另一端拖在地上，因而产生摩擦阻力。半载式拖拉机集材，原条梢端(小头)搭在拖拉机后部的搭载板上，根端(大头)在地面拖动；原木集材则一端搭在搭载板上，另一端在地面拖曳。搭载板直接可以落下和升起，集材时用拖拉机上的卷筒和牵引索将木材拖到搭载板上，刹住卷筒，木材即稳固地搭载于拖拉机上。全拖式是木材全部在地面上由机械拖动，对土壤破坏较大。

我国应用较多的是索式半载拖拉机。

(2)拖拉机集材的技术要求

拖拉机集材的技术要求包括：①集材顺序应依次为集材道、伐区、丁字树。②集材绞盘机牵引索伸出方向与拖拉机纵轴线之间的角度不应大于 20°。③绞集作业时，牵引索两侧 10 m 以内不应有人。④沿陡坡向下绞集时，应尽可能使拖拉机避开原条容易滚动的方向。⑤集材道的路面应平整，不应有倒木、乱石等障碍物，不应超坡集材。⑥在北方冬季作业时,对集材道主道坡度在15°以上的地段应采取撒砂等防滑措施,轮式拖拉机应装防滑链。⑦拖拉机集材时不应下道,而应单根绞集。⑧拖拉机载量应适当。⑨拖拉机应尽可能沿集材道,倒退着驶向原木。⑩集材作业应离开河流缓冲区。

(3) 拖拉机集材对森林环境的影响及保护措施

拖拉机集材对森林环境的破坏主要表现在以下方面:①压实土壤,引起水土流失。由于拖拉机的运行和木材在地面的拖动,集材道土壤会被压实。压实的土壤会使土壤的透水性下降,极易引起水土流失,进而使土壤肥力下降,影响森林更新。压实的土壤影响林木种子与土壤的结合,并且植物根系在压实土壤的厌氧环境里无法良好生长,林木的更新生长会受到影响。②影响河流水质。集材作业中产生的水土流失还会使附近的小溪、河流的泥沙含量增加,影响水质和水生生物的栖息环境。③损伤幼苗、幼树和保留木。拖拉机集材作业时,作业方式不当还会折断树干、刷蹭掉保留木的树皮以及压倒较小的幼苗、幼树。

减轻拖拉机集材对森林环境影响的措施主要包括:①尽量缩小集材道的面积。通过限制集材道的宽度、集材道的长度,减少占用林地面积。集材道的宽度不能超过5 m。《森林采伐作业规程》(LY/T 1646—2005)规定,拖拉机集材道的宽度为3.5 m。②将采伐剩余物铺设在集材道上,减少集材拖拉机对林地的破坏。③利用有利季节作业,例如,北方采取冬季作业,南方作业避开雨季,减轻集材过程对土壤的破坏程度。④采用正确的作业方法,如拖拉机不下道、单根绞集等,可以减少集材作业对保留木和幼树的破坏。⑤集材设备的小型化和轻量化。我国集材拖拉机的发展方向是小型化和轻量化,应该符合结构简单、外形尺寸小、移动灵活、对林地土壤和保留木影响小的要求。⑥减小集材道的坡度级到最低。

6.7.2.2 索道集材

用架空的钢索集运木材的设备称为集材架空索道,简称索道。索道集材是解决复杂地形条件下木材集运的一种较好方式。索道对地形适应性强,对高山陡坡,山涧溪流等地形复杂地区不需要营建道路,通过两个控制点直接架设将两点距离缩到最短,而且索道可以根据需要安装和拆卸。

(1) 索道集材的特点

索道集材的优点:①对地形地势的适应性强。不管是高山陡坡,或深沟峡谷,还是跨越塘涧溪河,均可架设索道。②很少破坏地表,有利于水土保持和森林更新。③不但可以顺坡集材,也可以大坡度逆坡集材。④能够减少林道修建对林地的占用和破坏。⑤集材作业受气候季节影响小。⑥集材作业中,可充分利用森林资源,梢头、枝丫均可以通过索道运出伐区加以利用,集运中也不损失木材。

索道集材的缺点:①安装、拆转费工时。②集材时机动性差,不如拖拉机灵活。③集材的宽度受限,横向的拖集距离有限。④全悬空集材时有利于水土保持,半悬空集材时索道下方会有一定的水土流失。⑤索道集材距离有限,集材距离受卷筒容绳量的限制。

(2) 索道的结构组成

索道主要由下列结构组成(图6-25):

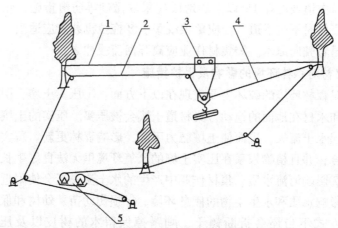

1. 承载索；2. 牵引索；3. 跑车；4. 回空索；5. 绞盘机。

图 6-25 索道结构示意

①钢索。根据作用不同，分为承载索、牵引索、回空索。

②跑车。用以悬挂木材并在钢索上滑行。根据结构不同，可分为增力式跑车、半自动跑车、全自动跑车、遥控跑车等。

③绞盘机。是索道的动力机构，用以牵引悬挂木材的跑车及跑车的回空。

④集材杆和尾柱。用以支撑承载索和跑车。

⑤廊道。廊道是为悬挂木材的跑车通过而伐开的林地通道。

(3) 索道作业技术要求

索道作业的技术要求包括：①索道线路应尽可能通过木材集中的地方，以减少横向拖集距离，提高作业效率。②索道中间支架的位置应考虑使索道纵坡均匀，避免出现凹陷型侧面。③安装时承载索张力应得当，选用强度合格的钢索。④集材作业时应不开快车，不超载，不急刹车。⑤索道卸材场地应考虑便于下一阶段运输，如汽车运输等。⑥索道安装完毕之后应先试运行，经验收合格后方可正式使用。⑦索道锚桩应牢固、安全。

(4) 索道作业与森林环境保护

索道集材是一种空中集材方式，能有效保护林地土壤（图 6-26 至图 6-28）。半悬式索道集材时对林地会有一些破坏，但每架设一次集材量有限，木材与地面的接触次数少，因而产生的土壤破坏和水土流失少，特别是对于降水量小的地区和季节，索道对林地破坏的程度是有限的。

图 6-26 索道集材作业

图 6-27 索道全悬空集材作业

图 6-28 索道半悬空集材作业

6.7.2.3 滑道集材

将木材放在人工修筑的沟、槽中,使其靠自身重力下滑以实现集材,称为滑道集材。

(1) 滑道的类型

滑道按结构特点分为土滑道、木滑道、冰雪滑道、竹滑道、塑料滑道等类型(图 6-29)。

①土滑道。沿山坡就地挖筑的半圆形土槽,修建简单,投资少。适用于集材量小、木材分散、坡度在 29°以上的伐区。但生产效率低,木材损失大,易造成水土流失。

②木滑道。槽底和槽墙用原木铺成,槽宽取滑材最大直径加 10 cm。

③冰雪滑道。利用伐区自然坡度,取土筑槽,表面浇水结冰后构成半圆形的槽道,冰层厚度保持在 5 cm 以上为宜。它具有结构简单、成本低、滑速快、生产效率高等优点。

④竹滑道。利用竹片或圆竹按一定的纵坡铺成的滑道。

⑤塑料滑道。德国、奥地利等国采用塑料滑道集材。材料用软型聚乙烯(图 6-30),每节滑道长 5 m、厚 5 mm、半径 350 mm、重 25 kg。它的优点是重量轻、安装转移快、节省木材。

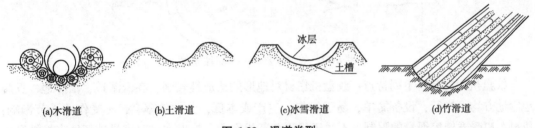

图 6-29 滑道类型

(2) 滑道集材的技术要求

滑道集材的技术要求包括:①滑道最好不刨地而成,可以筑棱成槽,以免破坏地表。②滑道线应尽量顺直,少设平曲线,拐弯处沟槽应按材长相应加宽。③完成集材任务后,滑道应及时拆除,恢复林地原貌。④集材中,可将大材、小材、软材、硬材分别堆放。⑤木材在滑道中滑行时,应小头在前,大头在后。⑥弯曲木材留在最后滑放。

(3) 滑道集材对森林环境的影响

土滑道对林地的破坏较大,容易引起水土流失,其他滑道应该尽量筑棱成槽,并在集材作业完成后恢复植被以减少水土流失。

图 6-30 塑料滑道集材

6.7.2.4 绞盘机集材

绞盘机集材是以绞盘机为动力,通过钢索将木材由伐区牵引到指定地点的一种机械集材作业方式(图 6-31、图 6-32)。绞盘机集材适于皆伐作业,集材距离一般可达 300 m。绞盘机集材按所拖集的木材形态分伐倒木集材、原条集材、原木集材 3 种。按拖集时木材的运动状态分全拖式集材和半拖式集材。

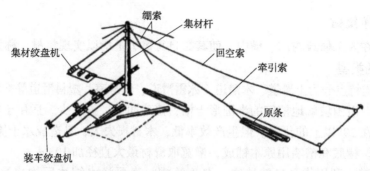

图 6-31 绞盘机集材——递坡集材

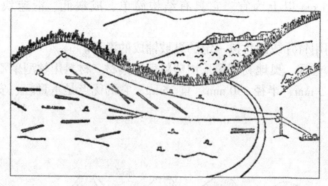

图 6-32 绞盘机集材——顺坡集材

绞盘机集材具有下列特点：绞盘机集材对地形的适应性较强，在低湿地、沼泽地、丘陵地等地方均可进行；设备简单，易于操作，生产成本低，劳动效率高；不受作业季节影响；集材距离受卷筒容绳量的限制，不适于择伐和渐伐作业；拖曳木材时容易破坏地表植被和土壤，在降水量大的地区，容易引起水土流失；当使用拖拉机集材受到限制时，可采用绞盘机集材，在地形变化的林区，可采用绞盘机集材和拖拉机集材两种方式组成接力式集材。

6.7.2.5 气球集材

气球集材是利用气球的浮力和绞盘机的牵引力进行集材的方式(图6-33)。这种集材方

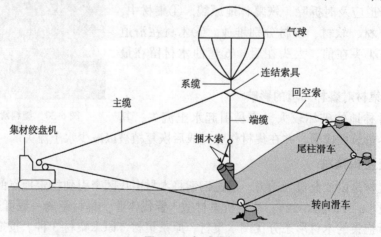

图 6-33 气球集材

式不受地形限制,不破坏伐区地表,但每次集材量低,成本高。此外,为获得较大的浮力,气球体积要求较大,集材时受风力影响大,气球不稳定。

6.7.2.6 直升机集材

利用直升机集材可大大减少道路修建费,减少集材对林地和保留木的影响,适合于道路修建费高或需要保护珍贵树种的采伐(图6-34)。直升机集材工作节奏快,需要较大面积的伐区楞场。目前,国外应用的直升机载量有:2.7 t、2.7~5.4 t 和 11.3 t。

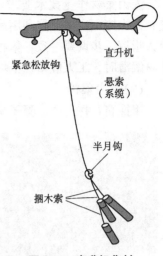

图6-34 直升机集材

6.7.2.7 运木水渠集材

在水资源充足的伐区,修建丁砌卵石渠道,引水入槽。木材在水槽内滑行或半浮式滑行集材,适用于水资源充分、坡度在15%以下的伐区(图6-35)。

6.7.2.8 人力集材与畜力集材

人力集材与畜力集材历史悠久,尽管劳动强度大且生产效率低下,但在森林资源分散、单位面积出材量和单株材积小且日渐重视森林生态环境保护的情况下,依然有其应用价值。

(1) 人力集材

人力集材一般与其他集材方式配合,有吊卯、人力小集中、人力串坡、板车集材等方式。

①吊卯。在畜力集材时,人力将原木进行归堆的作业称为吊卯。每堆原木的前端要用一根卯木垫起,每堆原木的数量要与畜力集材每次载量的整数倍相符。

②人力小集中。为提高集材效率,在集材前将分散的木材集中成小堆的作业称为小集中,也称归堆。用人抬或肩扛的方式进行小集中作业称为人力小集中。

③人力串坡。人力借地势将木材从坡上串放到坡下的作业称为人力串坡。串坡不设固定的串坡道。通常用于畜力和机械难以作业的伐区,有的从山上串到山下,有的从山上串到山中腰平缓地带,然后用畜力或机械接运。最适宜的串坡距离为100~300 m。

④板车集材。人力操纵装有2个胶轮的小车,将木材装在车上(图6-36)。集材道一般宽1.5 m,坡度不超过15°。板车集材适合于出材量小的伐区,由于板车道占用林地较少,对林地的破坏有限,有利于保护林地的土壤。板车集材机动性好,有利于保护保留木。当集材距离小于1000 m时,宜选用手板车集材。

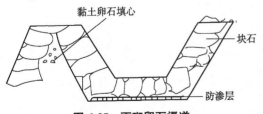

图6-35 丁砌卵石渠道

图6-36 板车集材

人力集材作业技术要求：在搬运之前，应按不同材种要求造材，尽可能减轻搬运重量；人力搬运应尽可能利用吊钩、撬棍、绳索，避免手足直接接触；几人共同作业时，应有人指挥，步调要一致；集材工人应配备劳动防护用品方可上山作业，如鞋帽、手套等；木材滚滑时，工人应站在上坡方向，下方不应站人。

(2) 畜力集材

用挽畜（牛、马、骡子等）进行集材作业（图 6-37）。集材时，木材的一端放在爬犁的横梁上，另一端拖在地上。畜力集材对林地和保留木（包括幼树）的破坏比拖拉机集材要小得多，单位面积出材量对生产率的影响也不及拖拉机集材大。因此，适合于伐前更新好、保留木多和单位面积出材量少，坡度不超过 17°的伐区，特别是一些边远、零散的伐区。

图 6-37　畜力集材

畜力集材作业技术要求：引导牲畜的工人应走在牲畜的侧方或后方；集材道上的丛生植物和障碍应及时清除；木材前端与牲畜之间至少应保持 5 m 的安全距离；集材道的最大顺坡坡度不超过 16°，坡长不超过 20 m；重载逆坡坡度不大于 2°，坡长不超过 50 m。

(3) 人力集材和畜力集材对森林环境的影响

人力集材和畜力集材尽管生产效率低，但对林地的破坏小，而且机动灵活，对保留木和幼树的破坏也很小，有利于生态环境保护。

6.7.2.9　接力式集材

当一种集材方式不能完成集材作业时可以采用接力式集材。接力式集材主要包括以下几种：

①拖拉机—架空索道接力式集材。这种集材方式适合于上部坡度缓和、出材量较多，而伐区下部坡度较陡的情况。

②架空索道—拖拉机接力式集材。这种集材方式适合于上部坡度较陡（坡度大于 25°）、出材量较多，而下部坡度缓和的情况。

③畜力—人力串坡接力式集材。这种集材方式适合于上部坡度和缓、出材量少，而下部坡度较陡的情况。

④畜力—架空索道接力式集材。这种集材方式适合于上部坡度和缓、出材量少，而下部坡度较陡的情况。

⑤索道—小型拖拉机接力式集材。这种集材方式适合于上部坡度较陡、出材量较少，而下部坡度和缓的情况。

6.8　伐区归楞与装车

6.8.1　伐区归楞

伐区归楞是指将集材到楞场的原条或原木分门别类地堆放以利于装车运输的作业。

(1) 伐区归楞的类型

伐区归楞分为两种类型：人力归楞和机械归楞。

①人力归楞。在下列情况下进行：中小径材的归楞；材质较轻的木材（如杉木、毛竹）的归楞；小楞场的木材归楞。对从业人员应采取安全保障措施，雨天或雨后地面泥泞、木材表面未干的情况下应停止作业。

②机械归楞。分为两种：拖曳式和提升式，均可与装车联合作业。下列情况采用机械归楞：楞场存材量大；木材径级大、木质重；集材作业时间集中。

(2) 归楞作业技术要求

每日集到楞场的木材应及时归楞。伐区归楞作业的技术要求如下：

①楞高。人力归楞以 1~2 m 为宜，机械归楞可达 5 m。

②楞间距。楞间距以 1.0~1.5 m 为宜，楞堆间不应放置木材或其他障碍物。在楞场内每隔 150 m 留出一条 10 m 宽的防火带（道）。

③楞头排列。应与运材的要求和贮木场楞头排列顺序密切结合。通常的排列顺序为"长材在前、短材在后，重材在前、轻材在后"。

④垫楞腿。每个楞底均应垫上楞腿，伐区楞场楞腿可以采用原木，原木的最小直径应在 20 cm 以上，并与该楞堆材种、规格相同，以便于装车赶楞，避免混楞装车。

⑤分级归楞。作业条件允许时，应尽量做到分级归楞。分级归楞标准应根据木材标准和各单位的生产要求而定，即按原木的树种、材种、规格与等级的不同进行归楞。

(3) 楞堆结构

楞堆结构类型的选择主要取决于归楞的作业方式、作业机械及对木材贮存的要求等因素，其类型主要分为以下几种：

①格楞（捆楞）。适用于拖曳式（架杆绞盘机）归楞，这种楞堆在归楞、装车作业时，便于机械操作（图 6-38）。

②层楞。适用于人力归楞，这种楞堆通风良好、木材容易干燥、滚楞方便，装车时也容易穿索，但要求同层原木直径相同或相近（图 6-39）。

③实楞。适用于机械归楞，这种楞堆归楞方便，不受径级限制；但楞堆密，通风差，木材水分不易散发。在气候干燥、木材容易开裂的地区采用此结构楞堆较好（图 6-40）。

(4) 归楞作业安全要求

归楞人员应严格按照有关操作规程进行，捆木工、归楞工和绞盘机司机应按规定信号

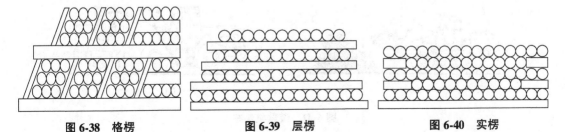

图 6-38　格楞　　　　　　图 6-39　层楞　　　　　　图 6-40　实楞

进行作业。归楞工待木材落稳、无滚动危险后方可摘解索带。发出提钩信号时，归楞工应站在安全地点。木材调头时，捆木工应站在木材两端，用工具牵引，不应用手推或肩靠，不应站在起吊木材下方操作。归到楞堆上的木材应稳牢，归楞工进行拨正操作时，其他人员应站到安全地点。

6.8.2 装车作业

(1) 装车作业要求

伐区装车(汽车)应按下列要求进行：①汽车进入装车场时，待装汽车对正装车位置后应关闭发动机，拉紧手制动，并将车轮用三角垫木止动。②装车前，装车工应对运材车辆的转向梁、开闭器、捆木索进行检查，确认状态良好后再装车。③装载原条时，粗大、长直原条应装在底层，并按车辆承载标准合理分配载重量。④起吊、落下木捆应速度平缓，不应砸车，捆木索不应交叉拧动。⑤木捆吊上汽车时，看木工应站在安全架上调整摆正。木捆落稳后，方可摘解索钩。⑥未捆捆木索之前，运材车辆不应起步行驶。⑦连接拖车时，驾驶员应根据连接员的信号操作。⑧平曲半径小于 15 m、纵坡大于 8°的便道不应拖带挂车。原条前端与驾驶室护栏的距离不应小于 50 cm；装车宽度每侧不应超出车体 20 cm；装车高度距地面不应超过 4 m；木材尾端与地面距离不应小于 50 cm；顶层最外侧靠车立柱的木材，超过车立柱顶端部分不应大于木材直径的 1/3；木材载重量分配合理，不应超载和偏重；装载的木材应捆牢，捆木索应绕过所有木材并将其捆紧至不能移位。

(2) 装车作业方式

伐区装车与伐区归楞的作业性质相似，其作业方法和所用机械也一样，包括架杆绞盘机、缆索起重机、汽车起重机、颚爪式装卸机等。在南方林区，根据不同材种、树种，可采用机械和人力相结合的方式进行。

①装载机装车。利用颚爪式装载机装车，其装车的作业过程如图 6-41 所示。

②缆索起重机装车(图 6-42、图 6-43)。

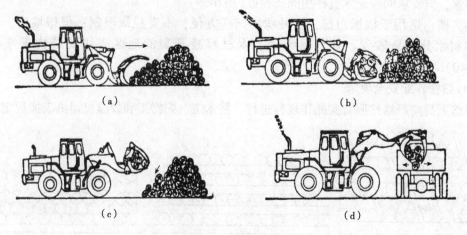

图 6-41 装载机装车

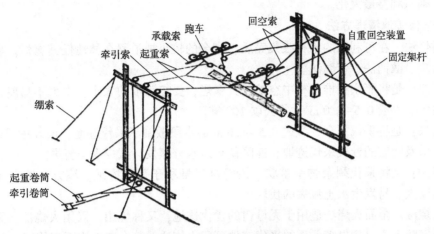

图 6-42　固定式缆索起重机

图 6-43　缆索起重机原条装车作业

6.9　伐区清理与林地环境恢复

伐区清理是提高森林资源利用率，保护和恢复林地环境，为更新创造条件的重要作业环节。

6.9.1　采伐迹地清理与林地环境恢复

(1) 采伐迹地清理要求

采伐迹地清理要求包括：长度 2 m、小头直径 6 cm 以上的木材宜全部运出利用；将采伐放倒的病虫木，以及在采伐作业中受到严重伤害的树木的可利用部分造材运出采伐迹地；将打枝、造材作业中的剩余物（如枝丫、梢木、截头等）按要求集中归成一定规格小堆；在水土容易流失的迹地宜横向堆放被清理物；从生物多样性保护的角度考虑，不应将灌木、藤条全部砍除；用堆腐、带腐、散铺、火烧（病虫害严重的采伐迹地可用火烧法，其余迹地均不应使用）等方法恢复林地环境；与木材加工厂合作，以便综合利用木材；为那些未被充分利用的劣等材寻求市场；鼓励采伐商提高森林资源的利用率；采伐的剩余物商品化，确保利益最大化。

（2）采伐迹地清理方法

①腐烂法。在可利用的木材收集完后，剩余的较小枝丫留在林地任其腐烂。腐烂法又分为堆腐法、散铺法、带腐法。

堆腐法：是将剩余物堆在林中空地任其腐烂，要控制堆的大小，太大不易腐烂，太小占用林地多。一般 $0.5 \sim 2.0 \, m^3$，每公顷 100 堆。

散铺法：是将采伐剩余物截成 $0.5 \sim 1.0 \, m$ 的小段散铺于采伐迹地。该方法适合于土壤瘠薄、干燥及陡坡的皆伐采伐迹地，能降低林地水分蒸发，减少水土流失。

带腐法：是将采伐剩余物呈带状、沿等高线堆积于采伐迹地。该方法适合于皆伐迹地，且坡度大、易发生水土流失的伐区。

②火烧法。全面火烧法适用于无母树的皆伐迹地，又称炼山。采用火烧法，采伐迹地周围要开好防火道。病虫害严重的采伐迹地可用火烧法，其余迹地均不应使用。

采伐迹地的清理应该有利于林地生产力的恢复，防止水土流失，防止森林病虫害的发生。

6.9.2　楞场和装车场清理与林地环境恢复

楞场和装车场是木材生产中的临时设施，木材生产完毕后应进行适当的清理。楞场和装车场清理应有利于林地的水土保持，有利于林地生产力的恢复。主要工作内容包括：拆除楞腿、架杆、支柱和爬杠，同木材一起运出；整平场地，填平被堆集木所压的坑，整平车辙，维护好排水设施保证场地不积水；将树皮等采伐剩余物均匀分散到楞场和装车场，增加林地的有机营养物，清除场地内的非生物降解材料和所有固体废物，包括燃料桶和钢丝绳等，基本不留下剩余物。

6.9.3　集材道清理与林地环境恢复

集材道是集材作业时的临时性道路，其土壤和植被往往受到不同程度的破坏。集材作业通过次数越多的集材道被破坏得越严重，特别是各种地面集材设备对土壤和植被破坏较为严重。为保证森林更新，以及防止集材道上的水土流失，木材生产完成后，应对集材道采取一定的清理和保护措施（图6-44）。主要工作内容包括：采伐工作结束后应及时整平被严重拖压的路面；以与集材道呈 90°夹角的方式（适用于坡度较缓的地区）或呈 30°～60°夹角的方式（适用于坡度大于 20°的地区）将枝丫横铺于集材道上；在坡度大于 15°的地区宜挖羽状排水沟或修筑简易挡水坝；在凹形变坡点或山脚下宜修筑排水设施清除积水；简易挡水坝和排水沟的间距宜随坡度、降水量的增加而减小，南方地区应小于北方地区；填平集材道宜从道面两侧取土；水道清理，应清除水道内采伐剩余物及所有对下游有污染的废弃物；

图 6-44　经过清理和处理后的集材道路

选择适当的更新方式尽快恢复植被。

6.9.4 临时性生活区清理与林地环境恢复

临时性生活区的清理应保护作业区域的环境，有利于森林的更新和恢复。临时性生活区清理的主要措施包括：深埋临时性生活区的垃圾；所有可能积水的地方应排干，积水不能直接排入自然水体；清理所有临时性生活区的建筑和机械设备，拆除时应彻底清除或埋藏可降解的剩余杂物，移走容易引起火灾的油料、燃料、各种废弃物；受油料玷污的大片地面应挖埋；保持撤离后的地区干净、整洁。

伐区作业后，在楞场、集材道和临时性生活区应人工植苗更新，恢复森林植被。

6.10 伐区作业质量检查与环境保护评估

伐区作业质量检查的目的是使采伐作业规范化，有利于森林更新，有利于保护环境，有利于提高作业效率，有利于保证作业安全，实现以人为本、生态优先、效率至上。

6.10.1 伐区作业质量检查阶段划分

伐区作业质量检查分为以下几个阶段：伐区调查设计质量检查、伐区准备作业检查、采伐期间的检查、采伐完后的伐区验收。

6.10.2 伐区作业质量检查的主要内容

(1) 联合国粮食及农业组织推荐的伐区作业质量评估

联合国粮食及农业组织推荐的伐区作业质量评估主要包括以下内容：

①检查的时间。伐区作业质量评估分为过程中评估和作业过程后评估。作业过程后评估一般在作业后8~12个月，包括一个完整的雨季。评估应在作业完成后2年内实施，以便采取补救措施。

②评估道路、集材场、集材道的状况。永久性道路应保持良好。临时性道路和集材道应予以封闭，并恢复植被，进行水土保持处理。确定道路、集材场、集材道和索廊翻动的面积及宽度，以及与计划的差异。

③评估木材价值和数量损失及原因。木材价值和数量损失的常见原因包括：定向采伐效率差、伐根过高、横截不当、集运遗弃等。

④检查缓冲区是否完好。缓冲区是为保护作业区域内溪流、湖泊、湿地的水环境或特殊的野生动物和濒危物种栖息地，以及文化区、村镇等而设立的缓冲区域。缓冲区是不应采伐作业或机械进入的森林地段。

⑤检查确定要采伐而未采伐、应保留而未留林木的原因。

⑥检查作业设备是否符合作业要求，是否遵照安全条规进行操作。

⑦检查操作人员的证书及劳动保护装备。伐木员、检尺员和机械集材人员应持证上岗。主要设备操作者(如操作油锯、拖拉机、索道等工具的人员)应有被认可的培训机构颁发的技能或能力证书。

⑧检查确定使用的油料、化学品及其他废物和污染物是否得到妥善处理。

⑨检查劳动保护用品是否符合要求,主要劳动保护用品包括:高对比度服装、安全头盔、护目镜、面具、紧身服、耳套、手套、安全靴或鞋、安全裤等。

⑩预测作业对今后森林更新及其他植被、野生动物的影响。

以上检查和评估中涉及环境保护的内容主要包括:评估道路、集材场、集材道的状况;检查缓冲带是否完好;确定要采伐而未采伐、应保留而未留的林木原因;确定使用的油料、化学品及其他废物和污染物是否得到妥善处理;预测作业对今后森林更新及其他植被、野生动物的影响等。

(2) 亚太林业委员会推荐的采伐作业监督和评价项目

《亚太区域森林采伐作业规程》对采伐作业的监督和评价项目主要包括以下内容:

①检查时间与处罚。监督是检查采伐活动是否遵循了伐前制定的标准,检查工作应贯穿于整个采伐过程,包括伐前计划的检查、伐前野外调查质量的检查、采伐期间的多次检查、采伐完成后的检查。检查报告应提交给林业主管部门、采伐公司、森林经营单位或其他相关的机构。并视违反规程的程度采取适当的处罚行动,如警告、处以罚金、停止采伐活动、收缴采伐许可证等。林业部门每次检查都要对作业进行评估,评估间隔的时间最多为3个月,最好1个月检查一次。如果评估结果为暂停作业,继续作业之前须进行进一步的实地评估。

②评估检查的内容。

计划:是否有森林所有者、林务官及采伐者共同讨论的作业计划,采伐计划是否按规程完成。

禁伐区(缓冲区):是否按规定设置禁伐区,禁伐区内是否有作业。

道路:是否按规程修建排水设施,保持路面的中高边低,两侧有"V"形排水沟;是否沿道路两侧按一定间距开挖羽状横向排水沟;是否有植被清理最宽处超过30 m的路段。

楞场:是否按计划位置设置;排水方式是否正确;应设在禁伐区之外,距缓冲区边缘至少40 m,坡度小且易于排水。

集材:是否有未按计划修建的集材道;是否有宽度超过5 m的集材道;树木在集材道两侧被损坏的情况;修建集材道造成的土壤破坏。

对保留木的损害:是否有应保留的标记树被采伐。

定向伐木和原木造材的质量:定向伐木的要求是保证安全、尽量减少对其他立木或保留林分的破坏,有助于集材,防止树木搭挂。在原木造材过程中,应最大限度地创造价值和减少浪费,保持树干所锯横断面的平整。造材后,原木标注所有者的商标、原木编号、长度、质量、树种和直径。

伐后伐区的恢复工作:主要包括水道桥涵、道路、集材道、楞场、场地清理等工作。在同当地林地所有者协商后,关闭道路并拆除原木桥涵等临时性桥梁;在道路和集材道上开挖过的横向排水沟;在楞场恢复时,注意排水,可通过耕作或种植恢复植被。

在《亚太区域森林采伐作业规程》中,有关环境保护评估的主要内容包括:禁伐区(缓冲区)设置、道路排水、楞场设置、集材道修建、定向伐木、伐后作业区恢复等内容。

(3) 我国对伐区作业质量管理与环境保护的要求

我国对伐区作业质量管理与环境保护的主要内容包括：伐区调查设计质量管理、生产准备作业管理、生产作业监督、作业质量评估等。

①伐区调查设计质量管理。我国的伐区调查设计质量标准见表6-1。

表6-1 伐区调查设计质量标准

检查项目	标准分	技术标准	扣分标准
总分	100		
设计资料	10	完整、准确、规范，平面图表数字清晰，概算依据充分	缺、错一项扣5分
小班区划	15	位置准确，测量标志齐全，一个小班内不应出现1 hm² 以上的不同林分类型	标志缺一项扣3分，出现的不同林分类型扣10分
缓冲区	5	宽度合理、测量标志齐全	宽度不合理扣2分，测量标志不齐全扣3分
面积	10	允许误差5%(1:10 000 地形图勾绘面积允许误差为10%)	每超过±1%扣1分
株数	5	允许误差10%	每超过±1%扣1分
蓄积量	5	允许误差10%	每超过±1%扣1分
出材量	5	允许误差10%	每超过±1%扣1分
龄级	5	允许误差1个龄级	每超过2个龄级扣2分
树种组成	5	目的树种(优势树种)允许误差±10%	超过误差扣5分
郁闭度	5	允许误差±0.1	超过误差扣5分
采伐工艺设计	15	采伐类型、采伐强度、采伐方式、道路、集材道、楞场设计合理	缺、错一项扣5分
采伐木标记	15	允许误差5%	每超过±1%扣3分

在以上检查内容中，涉及环境保护的条款主要包括：采伐类型、采伐强度、采伐方式、道路、集材道、楞场设计合理等。

②伐区生产准备作业管理。主要检查楞场位置和修建、集材道路修建、生活点的位置和修建、运输道路修建等(表6-2)。

表6-2 伐区生产准备作业验收标准

检查项目		标准分	检查方法及评分标准
总 分		100	
道 路	1. 排水	10	符合设计要求，向两侧林地排水的得满分，不符合设计要求的不得分
	2. 水土保持	10	植被清理带最宽处超过30 m(无砾石处40 m)的或在坡度大于25°的侧坡上挖土的不得分
	3. 桥涵	10	未按设计修建水道桥涵的不得分
集材道	1. 排水	10	未向两侧林地排水的不得分
	2. 水土保持	20	未按采伐设计修建集材道的，水道两岸被铲坏或土壤被推入水道的不得分
	3. 桥涵	10	未按采伐设计修建桥涵的，桥涵修建不合理造成水流不畅的不得分

(续)

检查项目		标准分	检查方法及评分标准
楞场	1. 位置	10	未按设计位置设置楞场或大小、安全距离不符合要求的不得分。在禁伐区或滤水区设置楞场不得分
	2. 排水	10	排水方式不正确不得分
生活点		10	符合安全卫生要求的得满分,否则不得分

在以上检查内容中,涉及环境保护的内容主要包括:道路修建与水土保持、集材道修建与水土保持、楞场修建位置与排水、生活点修建等。

③伐区生产作业监督。提示限期补救的包括:违反安全管理操作规程;未按采伐设计设置缓冲区;标记树未被采伐;作业过程造成集材道,楞场排水方式不正确造成积水;生活区废物处理不当;各类油污未处理。警告限期补救并处以罚款项目见表6-3。

表6-3 伐区作业监督主要处罚项目

提示限期补救	警告限期补救并处以罚款	暂停作业
违反安全管理操作规程	严重违反安全管理操作规程	违反安全管理操作规程造成后果的
未按采伐设计设置缓冲区	缓冲区有采伐活动,有伐倒树木倒向缓冲区,未经批准有机器进入缓冲区	林分因子与伐区现地情况不符
现地标志不清晰	集材道排水不合理,未设水流阻流带,车辙、冲沟深度超5 cm	采伐设计未划定缓冲区
标记树未被采伐	树倒方向控制不好,造成树木搭挂或伐倒木砸伤损伤	改变采伐方式、越界采伐
作业过程造成集材道、楞场排水方式不正确造成积水	采伐未挂号的立木	伐区工作人员人为造成火灾火情
	伐根高度超过10 cm	发生食物中毒事件
生活区废物处理不当	集材道路被破坏,影响当地农林排沟灌渠	有人身伤亡事故发生
各类油污未处理	拖拉机下道,集材损坏树木和幼树	

在以上伐区生产作业监督的内容中,涉及环境保护的内容主要包括:缓冲区有无采伐活动;有无伐倒树木倒向缓冲区;有无未经批准机器进入缓冲区;集材道排水不合理,未设水流阻流带,车辙、冲沟深度超5 cm;树倒方向控制不好,造成树木搭挂或伐倒木砸伤损伤;集材道影响当地农林排沟灌渠;拖拉机下道集材损坏树木和幼树等。

④伐区作业质量评估。主要评估采伐、集材、造材、林地清理、装车等作业的质量(表6-4)。

表6-4 采伐作业质量检查标准

检查项目		标准分	检查方法及评分标准
总分		100	
(一)采伐质量	采伐方式	5	符合调查设计要求的得满分,改变采伐方式的为不合格伐区
	采伐面积	5	符合调查设计要求的得满分,越界采伐的为不合格伐区
	采伐蓄积量	5	允许误差5%,每超过±1%扣2分

(续)

检查项目		标准分	检查方法及评分标准
	总分	100	
(一)采伐质量	出材量	5	允许误差5%，每超过±1%扣2分
	应采未采木	5	应采木漏采0.1 m³扣1分
	采伐未挂号的树木	5	每采0.1 m³扣1分
	郁闭度	5	符合调查设计要求的得满分，否则不得分
	伐根	5	伐根高度超过10 cm比例应低于15%的，每超过1%扣1分
	集材	10	拖拉机不下集材道的得满分，下道的不得分；幼苗、幼树损伤率超过调查采伐面积中幼苗、幼树总株数的30%不得分
(二)伐区清理	随集随清	5	随集随清得满分，否则不得分
	清理质量	5	符合调查设计要求的得满分，采伐剩余物归堆不整齐，有病菌和害虫的剩余物未用药剂处理的不得分
(三)环境影响	缓冲区	10	发生下列情况之一的扣2分： 　每个未按采伐设计设置的缓冲区； 　每个有采伐活动的缓冲区； 　每个有伐倒树木的缓冲区； 　每个未经批准却有机器进入的缓冲区； 　每个被损坏的古迹和禁伐木
	水土流失	10	采伐作业生活区建设时破坏的山体未回填扣2分； 对可能发生冲刷的集材道未做处理扣4分； 对可能发生冲刷的集材道处理达不到要求扣2分； 集材道出现冲刷不得分； 集材道路未设水流阻流带，车辙、冲沟深度超5 cm扣8分
	场地卫生	5	发生下列情况之一的扣2分： 　可分解的生活废弃物未深埋； 　难分解生活废弃物未运往垃圾处理场； 　采伐作业生活区的临时工棚未拆除彻底； 　建筑用材料未运出； 　抽查0.5 hm采伐面积，人为弃物超过2件； 　轻度损伤的树木未做伤口处理的，重度损伤的树木未伐除
(四)资源利用	伐区丢弃材	10	丢弃材超过0.1 m³/hm²扣10分
	装车场丢弃材	5	装净得满分，否则不得分

6.11　伐区安全生产与劳动保护

伐区生产作业应做到安全第一、以人为本，保证作业人员的安全与健康，避免发生伤亡事故。

6.11.1　安全管理

安全管理主要包括以下内容：①主管部门和生产单位应建立相应的安全管理、监督、检查机构，明确相应的工作职责，制定严格的安全生产管理制度，对安全生产和劳动安全实施有效的管理、监督和检查。②主管部门应组织编写和不断完善修道、建桥(涵)、伐木、打枝、造材、集材、装车、归楞、清林、运材、拆除建筑、机械设备操作和运输等相关的安全技术操作规程。③当劳动保护设施不完备、机械设备有隐患、作业场地不安全、作业环境不适宜时，主管部门或生产单位应及时采取相应的措施，在不能保证作业人员安全与健康的情况下，作业人员有权拒绝正在从事的工作。④主管部门或生产单位应经常组织开展有关安全生产和劳动安全的教育，增强作业人员的安全意识。

6.11.2 劳动保护

生产单位或主管部门应为作业人员提供安全、健康的工作环境，不应超时作业；应为采伐作业人员提供足够的、符合饮用水卫生标准的生活用水；应为作业人员配备符合国际或国家标准的安全设备和劳动保护用品(表6-5)。主要包括：①具有不同作用的服装。服装的质地、面料和设计应充分考虑行业、工种的特性，采伐作业人员配备的服装颜色应与森林环境有较高的对比度；机械操作人员应配备紧身式的服装。②具有安全作用的头盔、鞋、靴、护腿等。③配备消除噪声的消音耳套、手套、眼罩、护面具等。④配备的劳动保护用品应在生产实践过程中不断加以改进，使其更加舒适、实用、安全可靠。⑤作业人员应掌握常见的预防、急救、自救方法(如流血、昏厥、虫、蛇咬伤等)。⑥作业点或作业点附近应有常用的急救药品和器具。⑦作业人员在作业现场应使用所要求的防护用品。

表6-5 劳动保护用品使用指南

保护部位		脚	腿	躯干四肢	躯干四肢	手	头	眼睛	面部	耳朵
相应设备		安全靴或鞋	安全裤	紧身服	高对比度服装	手套	安全头盔	护目镜	面具	耳套
伐木打枝造材	手动工具	✓		✓	✓	✓	✓			
	油锯	✓	✓		✓	✓	✓	✓	✓	✓
	机械化	✓					✓			✓
集运材	人力	✓			✓	✓	✓			
	畜力	✓			✓	✓	✓			
	滑道	✓			✓	✓	✓			
	拖拉机	✓		✓	✓	✓	✓			✓
	索道	✓			✓	✓	✓			
	绞盘机	✓	✓		✓	✓	✓			
归楞装卸车	人力	✓			✓	✓	✓			
	机械	✓			✓	✓	✓			
清林	人力	✓			✓	✓	✓			
	机械	✓			✓	✓	✓	✓		✓

6.12　森林防火与机械设备维护

6.12.1　森林防火

对于所有参与采伐作业的工作人员都应进行防火、灭火的培训与教育。

临时性居住场地防火应注意以下要点：为作业人员休息、吃饭所搭建的帐篷、简易房屋或其附近的活动场地，都应设置防火隔离带，清除隔离带中的杂草、灌木、枯木、倒木；居住场地应配备消防器材；用于取暖、做饭、照明的火源应有专人看管，火源周围不应有可燃物质；房屋外的烟囱应安装防火罩；及时清除容易引起火灾的油料、燃料、各种废弃物。

作业区防火应注意以下要点：在作业区不应用火，如遇特殊情况应用火时，应清理出场地，火源半径 3 m 内不应有任何可燃物质；作业人员离开火源时，应彻底将火熄灭。

机械设备防火应注意以下要点：清除机械设备表面多余的油污，以防高温或遇明火而引起火灾；机械加油时，应保证加油点 3 m 内无任何可燃物质；机械的排气、点火或产生高温的系统，应安装防火装置或采取防火措施。

火情处理应做到以下两点：一旦发生火情，应立即停止作业，采取必要的灭火措施，并向有关部门报告；火情处理时，应对火情进行危险性估计，以保证人身安全。

6.12.2　机械设备维护

机械设备的使用与保管应做到以下几点：使用的机械设备，应有详细的使用说明，并由专业人员操作，不应超负荷作业；机械设备应定期检修，各种机械裸露的传动、转动、齿轮部分，应有完整、有效的防护装置；机械设备在使用前应进行检测、清洗、润滑、紧固、调整，没有授权检测部门的认证，不应使用；采伐作业后，应对所有使用的机械设备进行检修、清洗、润滑、紧固、调整和妥善保管。

废物处理应做到以下几点：维修场地和排放的无毒废液应远离地上水域 50 m 以外；无毒固体废物应集中转移或埋入地下 0.5 m 以下；有条件时，应对有害废物、废液进行无毒处理，否则，集中转移至专门的处理区域。采伐的机械设备在作业过程中应避免燃料、油料溢出。

物品贮藏应妥善，备用的燃料、油料，以及其他化学制剂应有固定的场地和专用的容器，远离地上水域和居民点 100 m 以外，并设立特定的警示标志。

6.13　场地卫生与环境保护

(1) 场地设置

采伐作业人员的临时性居住场地应选择在地势平坦开阔、排水良好、不受山洪威胁的地段。居住场地选择后，应该进行精心设计，设计内容包括寝室、厨房、仓库、储藏室、活动场地、供电场地、厕所、排水沟、供水、污水、废物处理等。

(2) 生活用水

不应直接使用积水或受污染的河水，应取用达到引用标准的河水、溪水、雨水或泉水；以蓄水池为水源时，应采取防止蚊虫繁殖的措施并进行消毒处理。

(3) 垃圾处理

生活垃圾应集中倒入垃圾坑内，垃圾坑应设置在生活用水下游，坑底高于地下水位、地表水不能流入或远离地上水域和居住场地 50 m 以外的地段；垃圾坑应经常用土覆盖，难以分解的废弃物（如塑料等）应集中转移到专门的处理场所。

(4) 有毒、有害物品管理

①有毒、有害物品的使用。对有毒、有害物品应建立严格的控制、监督的管理制度，不应随意扩大使用范围，增加剂量，更不应流失。

②有毒、有害物品保存与处理。有毒、有害物品应有单独、封闭的存放地点，并设置特定的警示标志；存放地点应远离生活区域和地上水域 100 m 以外，放置于生活用水下游；有毒、有害物品应有专门的容器保存，不应泄漏，避免对人或野生动植物造成危害；有毒、有害物品的残留物应集中转移至专门处理区域。

复习思考题

1. 伐区木材生产工艺类型有哪些？它们各有哪些特点？
2. 伐区木材生产准备作业中，如何保护森林环境？
3. 如何正确确定伐木顺序和树倒方向？
4. 油锯伐木有哪些要求？伐木机伐木和油锯伐木各有哪些优缺点？
5. 油锯打枝作业有哪些要求？原木和原条剥皮有哪些要求？
6. 集材作业有哪些类型，各有什么特点？各种集材方式对森林环境有哪些影响，如何避免？
7. 伐区归楞和装车作业有哪些技术要求？
8. 伐区清理中，如何恢复林地环境以利于森林更新？
9. 我国伐区作业质量检查的主要环节有哪些？其中涉及森林环境保护的检查项目包括哪些？

第7章

竹材生产与可持续利用

7.1 竹类资源概述

竹类是热带和亚热带的植物，分布于北纬46°至南纬47°之间的热带、亚热带和暖温带地区，少数分布在温带和寒带。竹类植物有70多属1642种，世界竹区主要分布于亚洲、美洲和非洲。

以竹子资源开发利用的竹产业是世界公认的绿色低碳产业，竹子广泛用于建筑、交通、家具、造纸、工艺品制造等诸多领域。竹产业每年为全世界20多亿人提供经济收入、食物和住房。国际竹藤组织发布的《2019全球竹藤商品国际贸易报告》显示，2019年全球竹藤产品出口贸易总额达34.17亿美元，较2018年增长5.14%，其中，竹产品出口贸易额为30.54亿美元，藤产品出口贸易总额为3.63亿美元，分别占全球竹藤商品国际贸易总额的89.38%和10.62%；2019年，我国仍是全球最大的竹产品出口国。

竹子对生长环境要求不高，大多生长在山区等不适宜粮食作物生长的地方。从经营角度看，竹类资源开发利用投入小、产出大；从开发利用看，竹子从地下的竹鞭到地上的竹笋、竹秆、竹叶都可以开发利用。竹子1年栽种成活，2~3年精心管护成林即可割笋利用，4~5年经营可产笋产材，可连续收获60年以上。此外，竹笋的生长密度非常高，每年新生竹子的数量往往是老竹的几倍。可以说竹子是一次造林成功，永续利用。竹子在许多方面可以代替木材，是优质的非木质资源。竹林还有很好的生态效益，同等面积的竹林较一般树林可多释放35%的氧气，也能吸收大量的二氧化碳。在当今关注全球气候变化、木材短缺和低碳经济的背景下，竹子日益彰显其资源价值。

7.2 竹类资源的分布

世界竹区主要分布于亚洲、美洲和非洲。全球森林面积急剧下降，但竹林面积却以每年3%的速度增长，目前全球竹林面积约 4800×10^4 hm^2。

我国是世界竹子分布中心，是竹资源最丰富、竹产业规模最大的国家。目前，我国竹林面积达 701×10^4 hm^2，竹类植物有39属837种，占世界竹子种类总数的51%。截至2020

年年底，我国竹产业总产值近3200亿元，竹产品进出口贸易总额22亿美元，占世界竹产品贸易总额的60%以上，居世界首位。我国竹林资源集中分布于除新疆、黑龙江、内蒙古等少数省份以外的浙江、江西、安徽、湖南、湖北、福建、广东，以及西部地区的广西、贵州、四川、重庆、云南等27个省份的山区。其中以福建、浙江、江西、湖南4省最多。由于我国各地气候、土壤、地形的变化和竹种生物学特性的差异，竹子分布具有明显的地带性和区域性。我国竹类资源不仅丰富，而且栽培利用历史悠久。英国学者李约瑟在《中国科学技术史》中指出，东亚文明过去被称作"竹子文明"，中国则被称为"竹子文明的国度"。正如苏东坡所述："食者竹笋，庇者竹瓦，载者竹筏，炊者竹薪，衣者竹皮，书者竹纸，履者竹鞋，真可谓不可一日无此君也。"

7.3 竹类资源的开发利用

竹类资源与人类生产、生活的关系极为密切。竹材与木材相比有很多独特的优点；竹笋味道鲜美，含有多种氨基酸，是优良的食品，自古列为山珍之一；众多的竹副产品也都具有较高的利用价值，应用越来越广泛。

竹产业是指包含并以竹资源培育为基础及在此之上进行的以竹为主要原材料的产品加工和相关服务产业的综合。主要包括：第一产业，指以竹林资源为劳动对象，以经营笋竹林、用材林为主要途径，从事竹材培育、采伐、集运和贮存作业，向社会提供竹材以满足生产和生活需要的营林产业，以笋竹食品采集为主要内容的竹林副产品生产。第二产业，指包括以竹材为原料，生产各种竹材产品（板材及其他制品）的竹材加工和竹制品业、竹家具及工艺品制造业、竹浆造纸及纸制品业、竹化学产品制造业、笋竹食品加工业。第三产业，指竹生态服务业、竹文化、旅游服务业和其他竹服务业。可以认为，竹产业作为林业产业的重要组成部分，贯穿林业产业的第一、二、三产业。

竹林栽培、竹材加工和利用在增加农民收入、促进区域经济发展中的作用十分明显。我国已经成为世界最大的竹产品加工、销售和出口基地，其中原竹利用（竹编织品）、竹材加工、竹笋、竹炭、竹纤维等对竹子的开发利用闻名于世。

竹子的利用价值主要表现在以下几个方面：

(1) 优质非木质资源，以竹代木

在用途上，竹材的许多理化性质优于木材，如强度高、韧性好、硬度大、可塑性强等，是工程结构材料的理想原料，能广泛应用于建筑、工业、交通等领域，可以部分代替木材、钢材和塑料。竹材也有一些缺点，例如，与木材相比，存在径级小、壁薄中空、各向异性等缺陷。近年来竹材的改性加工有了较大的发展，已研究开发了多种竹质人造板，其机械物理性能比木材好，收缩量小而弹性和韧性好，如竹胶合板的顺纹抗拉强度和顺纹抗压强度分别为杉木的2.5倍和1.5倍。

竹质人造板主要有竹材胶合板、竹质刨花板、竹编胶合板。按生产工艺可分为竹材胶合板、竹集成材、竹编胶合板、竹帘胶合板、竹篾层压板、竹材胶合模板、竹材刨花板、竹木复合胶合板、竹木复合层积材、竹木复合地板、强化竹材刨花板等。

竹材胶合板强度高、硬度大、弹性好、幅面大、变形小，是一种良好的工程结构材料，已在车辆制造和建筑等行业广泛使用。我国研究开发的高强度竹胶合模板，是采用经特殊加工处理的毛竹作基材制成的。它可以代替木材、钢材制成建筑模板，还可制成地板、墙板等建筑材料及汽车车厢和火车车厢的底板、包装箱板等。

竹质刨花板是利用木质刨花板的加工设备，参照木质刨花板的加工工艺，以竹黄为主要原料制成的。产品的质量和性能都能与木质刨花板媲美。竹质刨花板制成的模板，可连续使用5次以上，而且密度较小、易脱模，特别适用于高层建筑。

竹编胶合板是先将竹材劈成很薄的竹片，然后把竹片编成竹席，再在竹席上涂胶，几张竹席经热压而制成，其生产工艺较简单。

竹集成材和竹材地板主要用于替代珍贵树种木材制作竹家具、竹制品、室内装修和铺设地板，具有重要的经济价值；厚型竹集成材既可作为结构材料，又可作为装饰材料。

(2) 竹浆造纸

竹材生产可以持续利用，不断供给工业原料。竹林单位面积年产纤维量一般比针叶林和阔叶林高1~2倍。在世界上造纸工业发达的国家，木浆在整个造纸原料结构中所占比例达95%。根据我国的森林资源现状，造纸工业原料结构不可能像美国、芬兰、加拿大那样以木浆为主，但可以用竹浆代替木浆，生产机制纸。印度是世界上使用竹浆最多的国家，在其各种造纸原料中，竹浆所占比例高达60%以上。竹子纤维素含量高，纤维细长结实，可塑性好，纤维长度介于阔叶树和针叶树之间，是除木材之外最好的造纸原料，适宜于制造中高档纸，可以替代部分木材原料。缅甸、印度是世界上主要将竹材用于制浆造纸的国家，也是我国竹浆纸产品的主要进口贸易伙伴。竹材制浆造纸对于弥补我国木材制浆造纸原料资源的严重短缺具有重要替代作用。可使用100%竹浆生产的纸种有牛皮纸、袋纸、弹性多层纸、包装纸、优质书写纸、证券纸、复写纸、纸板、印刷纸、新闻纸等。

我国利用竹材造纸的历史悠久，据史料记载，始于西晋时期，至今已延续了1700余年。

(3) 农业

很早以来，亚非拉产竹国家的人民就用竹材建造房屋，制作生产、生活用品及文化娱乐用具，食用竹笋，用竹林避风、遮阳，改善居住环境等。英国学者李约瑟说："东亚文明乃竹子文明。"这种"竹子文明"，在非洲、南美洲和其他太平洋沿岸的产竹国家也可以看到。我国农业人口众多，农业生产用具和生活用具很多都是用竹子制造的，特别在南方农村，农民的衣食住行用等都与竹子有密切的关系。

(4) 手工业

我国手工业生产竹制品的历史悠久，品种繁多，制作技艺高超，能用竹子制作出各种用品。如用竹编制出各种人物、动物形象，用竹竿制作各种管弦乐器，用竹箨、竹叶编制凉帽、地毯，用竹蔸雕塑出各种山水、人物形象。我国竹制品除满足国内市场外，每年都向世界几十个国家出口。韩国的竹钓竿和东南亚国家的竹乐器、竹编等也畅销世界各地。

竹编制品，产品丰富，包括竹席、竹帘、竹毯、竹篮筐、竹凉席、竹伞、竹扇等竹制日用品与竹工艺品，产品非常丰富，已实现机械化生产。竹凉席是我国竹制日用品的大宗产品，在南方各地均有生产。我国是世界竹席、竹帘最大的生产国和出口国。

此外，日用竹制品常见的主要有竹筷、竹签等。竹筷、竹签可以替代木筷、木签，是世界市场大宗产品。

(5) 建筑业

竹子质轻坚韧、抗拉、耐腐，是理想的天然建筑材料。竹亭、竹楼、竹屋自古有之。竹材在建筑工程中用途很多，如建筑椎架、脚手架、地板、竹瓦、竹板墙、篱笆墙、竹水管、竹筋混凝土等。在南方旅游风景区中，用竹材建造楼、台、亭、牌坊、长廊、围篱、餐馆等，十分普遍。我国西双版纳以及缅甸、越南农村的傣族竹楼，结构独特，美观适用。南美、非洲等产竹区的竹制民居也到处可见。竹建筑成本低廉、技术要求低，质量可靠、经久耐用、容易维护、节省空间。"竹子是很好的建筑材料"这一观点已经得到越来越多国际建筑师的赞同。建造相同面积的建筑，竹子的能耗是混凝土能耗的1/8，是木材能耗的1/3，是钢铁能耗的1/50。

(6) 食品加工业

竹笋食品享有"素食第一品"美誉，富含植物蛋白和膳食纤维。竹笋的生长环境无污染，被国际市场认为是最佳的有机食品，不仅为产笋国喜爱，也深得北美、欧洲、大洋洲等无笋地区的喜爱。竹笋是一种全营养的天然食品，含有糖、蛋白质、纤维素，以及多种矿质营养元素和维生素。竹笋作为商品生产的主要有中国、日本、泰国、越南、菲律宾、韩国等国。我国有丰富的竹笋资源。竹笋食品现已发展到玉兰片、竹笋罐头、保鲜笋、竹汁饮料等。我国是世界上最大的竹笋生产国和出口国。

(7) 医药业

竹子的秆、枝、叶、鞭等都可入药，竹叶能清热除烦、生津利尿，竹茹能化痰止吐，竹沥能养血清痰，竹黄能滋养五脏，竹砂仁能治疗风湿性关节炎和胃病等。

(8) 竹炭

竹炭是以竹材为原料经过高温炭化获得的固体产物，按原料来源可分为原竹炭和竹屑棒炭，按形状可分为筒炭、片炭、碎炭和工艺炭等。竹炭细密多孔，表面积是木炭的2.5~3.0倍，吸附能力是木炭的10倍以上，具有除臭、除湿、杀菌、漂白、阻隔电磁辐射等功能，在制药、食品、化学、冶金、环保等领域具有广泛用途，并可开发出多种系列环保产品，如竹炭床垫、竹炭枕、除臭用炭、工艺炭等。当竹炭达到饱和状态后，可以通过加热、降压等抽真空的办法为其脱附，这样可以多次重复利用。我国是世界最大的竹炭生产国、消费国和出口国。

竹醋液是竹材炭化时所得到的价值可观的液体产物，主要用于净化污水等化学净化，竹醋液还可用作土壤杀菌剂、植物根生长促进剂等。

(9) 观赏与园林

竹子挺拔秀丽，不畏寒霜，质朴无华，枝叶婆娑，深受人们喜爱和推崇，是中国园林的特色之一。意大利、德国、法国、荷兰、英国引进了大到毛竹，小至赤竹10多个属的100多种竹子，大量用于庭园绿化。

(10) 竹纤维

竹纤维是一种新型竹产品，通过化学及物理方法将竹纤维分离后经过纺织手段制成布料，应用于服装加工等行业。竹纤维属于高科技绿色生态环保产品。目前生产的竹纤维有两种：一种为竹原纤维，也称天然竹纤维，由于技术原因，天然竹纤维在短时间内还难以实现产业化；另一种为竹浆纤维，也称再生竹纤维，是以竹子为原料，先经一定工艺制成满足纤维生产要求的竹浆粕，再将竹浆粕加工成纤维。

7.4 竹类资源的生态效益

竹类资源除经济效益外，还有调节气候、涵养水源、保持水土的作用。在江河湖库沿岸和上游种植竹子有良好的固土护岸和涵养水源的作用。此外，竹林是大熊猫、金丝猴等珍贵动物的栖息地。

(1) 水土保持功能

竹林浓密多层的林冠和众多的秆茎对降水具有良好的截留作用，改变了降水降落的方向和方式，滞缓了降落的速度，从而减轻了降水对土壤的直接侵蚀和径流对土壤的冲刷，有效地保持了林地水土。

(2) 调节气候功能

竹类植物具有明显的降温保湿及增加降水的功能，还可以吸附灰尘、净化空气。竹子和树木一样，具有固碳释氧的功能，在缓解气候变化方面发挥着重要作用。

(3) 水源涵养功能

竹林的地下根系发达，每公顷毛竹林活鞭的长度为 $5 \times 10^4 \sim 17 \times 10^4$ m，加之微生物的活动，使竹林土壤疏松多孔，使降水能够较好地渗入地下。因此，竹林可以起到很好的涵养水源的功能。

(4) 生物多样性保护功能

竹林中生长的许多乔木、灌木、草本和藤本植物组成各具特色的物种丰富的竹林生态系统。竹林为许多动物提供食物和栖息场所。

7.5 竹林分类

(1) 材用竹林

材用竹林是以竹材为主产品进行生产和经营的竹林。我国材用竹林种类多，现有的500多个竹种中，一半以上都可以作为材用竹种，其中不乏材质和材性优良的品种，如毛竹。

材用竹林又可以分为胶合板竹林、造纸材竹林、建筑竹林。我国毛竹林面积占竹林总面积的2/3，是我国用途最广、利用价值最高的竹种，也是世界上首屈一指的面积最大的优良竹种。

材用竹林按经营管理水平分为：Ⅰ类材用竹林（年产竹 $7.0 \sim 10.0$ t/hm²）；Ⅱ类材用竹林（年产竹 $3.5 \sim 7.0$ t/hm²）；Ⅲ类材用竹林（年产竹 3.5 t/hm² 以下）。

(2) 笋用竹林

笋用竹林是以竹笋为主产品进行生产和经营的竹林，而竹材和其他竹林产品为副产品。我国有上百种竹子的竹笋可以食用，但目前规模经营利用的笋用竹种只有30

种左右。

(3) 材笋两用林

材笋两用林是指将竹材和竹笋同时作为主产品进行生产和经营的竹林。材用竹林中，每年生长的 50%~60% 的竹笋不能成竹，竹笋可以利用。

(4) 纸浆用竹林

纸浆竹林包括刚竹属、苦竹属、方竹属、次竹属的竹种。集约经营的竹林每公顷可以年产 5 t 纸浆，粗放经营的竹林年产 1~3 t 纸浆。

(5) 特用竹林

特用竹林是指满足特殊需求的竹林，如乐器用竹林、观赏竹林等。

(6) 生态公益竹林

竹子在保持水土、涵养水源、净化大气、美化环境、栖息鸟兽等方面发挥着重要的作用。生态公益竹林包括以下类型：

①水源涵养竹林。指分布在江河湖库水系源头和沿岸，功能利用侧重为涵养水源的竹林。

②水土保持竹林。指生长在江河湖库近岸和溪流两旁，功能利用侧重为减少径流、稳固土壤的竹林。竹林有较强的地下根系，有很好的水土保持和护岸功能，在容易水土流失、易被冲刷的堤岸有很好的防护作用。

③防护竹林。指在河边、海边、人居地种植的旨在减轻风灾危害的竹林或在污染处种植的减轻空气和水等污染危害的竹林。

④碳汇竹林。碳汇竹林的功能侧重固碳释氧，进行碳汇交易。竹林生长速率快，年生长量大，其固碳释氧功能强，对缓解气候变化有重要的功能。

7.6 竹类植物的生长特点

(1) 生长周期短、生长速率快

竹类植物是世界上生长最快的植物，慢时每昼夜高生长 20~30 cm，快时每昼夜高生长达 150~200 cm。毛竹 30~40 d 可长高 15~18 m，巨龙竹 100~120 d 可长高 30~35 m。

竹类植物造林后，5~10 年就可以采伐利用，一株直径 10 cm，高 20 m 的毛竹，从出笋到成竹仅 2 个月，4~6 年的材质生长就可以利用，作为造纸原料，当年就可以利用。

(2) 产量高

生长较好的竹林每公顷年产竹材 20~30 t，大大超过一般速生树种的年生长量，超过杉木 1 倍，与速生杨树相当。

(3) 竹材质量好

竹材强度高、刚性好、硬度大，而且收缩量小，弹性和韧性均较好。竹材的缺点：可利用的部分少，出材率低；容易遭虫蛀，霉变；抗弯强度差；用作纸浆时，不容易蒸煮，特别是竹节部分，影响纤维质量；不容易加工、易劈裂等。

7.7 竹类植物的形态

(1) 地下茎

地下茎是竹类植物在土壤中横向生长的茎（图7-1），有节，节上生根，可以萌发为新的地下茎或出土成竹。地下茎是竹株的主茎，竹秆是竹株的分支，一片竹林地上分生许多竹秆，地下则互相连接于同一或少数主茎。地下茎按形态可以分为单轴型、合轴型、复轴型（图7-2）。

图7-1 竹子的地下茎

(a) 单轴型　　　(b) 合轴型　　　(c) 复轴型

图7-2 竹子的地下茎

①单轴型地下茎。细长，横走地下，称为竹鞭。竹鞭有节，节上生根，每节着生一芽，有的芽抽成新鞭，在土壤中蔓延，有的芽发育成笋，出土长成竹秆，这类竹子称为散生竹。

②合轴型地下茎。不是横走地下的细长竹鞭，而是粗大短缩，节密，并围绕老竹秆，顶芽出土成笋，又称为丛生竹。

③复轴型地下茎。兼有单轴型和合轴型的繁殖特点，既有在地下作长距离横向生长的竹鞭，又有长出成丛竹子的竹鞭。

(2) 竹秆

竹秆为竹子的主体，竹秆由下列部分组成：

①秆柄。竹秆的最下部分，与竹鞭或母竹的秆基相连，细而短，节间极为短缩，起着物质和能量的输送作用。

②秆基。竹秆的入土生根部分，由十余节组成，粗而短。

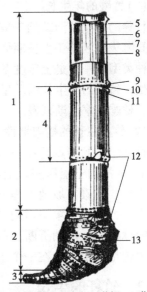

1.秆茎；2.秆基；3.秆柄；4.节间；5.节隔；
6.竹腔；7.竹青；8.竹黄；9.秆环；10.节内；
11.箨环；12.芽；13.根眼。

图7-3 竹秆

③秆茎。竹秆的地上部分，端正通直。每节间有两环，上环称为秆环，下环称为箨环，中间部分称节间。

竹秆的秆长和秆径因竹种的不同而不同，有的长 20 m、胸径 20 cm，如毛竹，也有秆长 30 m，胸径 30 cm 的龙竹，还有秆长仅几厘米、秆径几毫米的翠竹。竹秆的表面通常呈绿色或黄绿色，也有一些呈其他颜色。竹秆端正通直，节数多、长度大。竹秆的寿命一般为 10 年，毛竹 20 年。

(3) 竹枝

箨环与秆环之间的芽发育成竹枝。竹枝中空有节，竹秆每节生一或数枝（毛竹每节生两枝），秆茎的下部多无枝。竹枝圆而中空，竹枝具节，节上分枝，分枝上具叶。

(4) 竹叶和竹箨

竹枝小节每节生一叶，交错排列成两行。竹子主秆所生之叶称为竹箨，当节间生长停止后，竹箨脱落。

竹类植物的结构特点是竹连鞭、鞭生笋、笋长竹、竹养鞭。连年生长新竹，连年又有老竹衰退，形成自动调节。

7.8 竹林的生长周期与采伐

7.8.1 地下茎的生长

竹子的地下茎既是竹株间相互联接并进行物质交换的器官，又是吸收矿质营养元素和水分的器官，也是竹类植物的繁殖器官。

(1) 竹鞭的年生长

竹鞭的年生长活动始于春季，止于冬季，年生长期一般 5~8 个月。同一竹种，高纬度和高海拔地区的年生长期低于低纬度和低海拔地区，阴坡较阳坡短。竹鞭的年生长活动有两种类型：一种是上年度冬季停止活动的竹鞭，另一种是由竹鞭段上的侧芽春季萌发新的竹鞭。竹鞭的年生长活动呈现慢—快—慢的节律，7~8 月，竹鞭生长速率最快，生长量最大，秋季速率逐渐减慢。

(2) 竹鞭生长的横向地性

竹鞭生长的特点是在土壤中横向蔓延生长。横向蔓延生长集中在林地土壤上层，以 10~30 cm 深的土层居多。上层土壤的水肥气热等条件较表层土壤和深层土壤更适宜竹鞭的生长。竹鞭在坡地上蔓延生长的方向以水平侧和上坡向集中，下坡向鞭梢容易出土而死亡。竹鞭在土壤中横向蔓延并非固定在一个方向，遇到小的障碍则绕行，遇到不可逾越的障碍时，鞭梢折断，等断口附近的侧芽成熟后，又会萌发形成新的竹鞭。竹鞭的横向生长也不是保持在一个平面上，而是随地形和土壤状况的变化呈上下波浪式推进。

7.8.2 竹秆的生长

竹秆的生长分为竹笋生长、竹秆形态生长和竹秆材质生长。

(1) 竹笋生长

竹笋生长指笋芽分化、竹笋形成、竹笋膨大，整个过程都是在土壤中完成的。竹笋春季出土前的生长至关重要,秆基部分的粗细决定性地影响着新竹的粗度,秆基粗壮的竹子竹秆才可能粗壮。影响竹笋生长的因素主要为降水和温度。

①降水。久晴不雨、空气干燥、土壤干燥,则成笋数量少,竹笋生长质量差。竹笋生长期间,降水量应不少于400 mm,并分数次降落。

②温度。寒冬低温时,入土较浅竹鞭上的笋会冻死,春季低温也将抑制竹笋的生长。

(2) 竹秆形态生长

竹笋出土生长至竹秆抽枝发叶完成是竹秆的形态生长阶段,也称竹笋—幼竹生长阶段。

①竹秆的高生长。初期,笋尖露出地面,笋体仍然处于土壤中,基部各节继续膨大生长,生长量不大,日生长1~2 cm;上升期,竹笋生长活动移至地上部分,生长速率逐渐加快,日生长10~20 cm;盛期,高生长量直线上升,毛竹昼间高生长量可达50~100 cm;末期,竹秆高度生长速率显著减慢,最终停止。竹枝由下部节向上部节依次伸展,随后枝叶全部绽放。竹笋出土生长如同大多数植物秆茎高生长一样,呈现慢—快—慢的节律。

②竹秆的节间生长。竹秆节间生长与竹秆高生长节奏变化大体对应,即在竹秆高生长初期,节间生长量小,上升期节间生长量逐渐加大,盛期节间生长量最大,末期生长量变小。故节间长度的变化呈现基部最短、中部最长、再往上直至梢部逐渐变短的趋势。

影响竹秆形态生长的主要因素是营养条件和气候条件。竹笋在短短的数十天内迅速成长为粗壮、高大、枝叶茂盛的新竹,所需的养分和水分全靠鞭—竹系统供给。在土壤肥沃的林地,结构良好的鞭—竹系统吸收矿质元素和水分能力强,能制造和储藏丰富的营养物质,可以较充分地满足竹笋—幼竹阶段生长的需要,竹笋出土率高,竹笋生长势旺,竹秆生长量大,新竹质量好。

在竹笋—幼竹生长期间砍伐竹子,破坏了以竹—鞭系统为组成单元的竹林结构,立竹变稀,叶面积减小,影响光合产物的制造和积累,以及对水分和矿质元素的吸收。不当的挖笋作业,大量割断鞭根,破坏了竹笋养分和水分的供应链,减少了供应量,导致退笋增加,成竹数大幅度减少,而且新竹质量差。

(3) 竹秆材质生长

竹秆形态生长完成后,竹秆既不会再长高,也不会加粗,进入材质生长阶段。新竹竹秆幼嫩、含水量高,干物质少,只有成熟竹秆的40%,其余60%的干物质靠日后生长。竹秆材质生长按照竹子制造光合产物的能力、竹秆干物质重量、竹材力学强度,可以划分为3个阶段:

①材质增进期。在此期间,随着竹龄的增长,根系吸收面积增大,生活力增强。竹叶面积增加,光合能力增强。竹子营养物质含量丰富,容积重迅速增加,含水率下降,力学强度增高,竹叶中营养物质含量增多,同时,立竹所连地下茎抽鞭发笋能力逐渐增强。毛竹的材质增进期一般在竹笋出土后1~4年。

②材质稳定期。竹材容积重、力学强度、竹叶营养物质含量等都稳定在最高水平,其所连地下茎逐渐老化,基本失去抽鞭发笋能力。毛竹的材质稳定期一般在竹笋出土后5~8年。

③材质下降期。在此期间,随着竹龄的增长,竹株根系吸收面积减小,生活力下降;

竹叶面积减少,光合能力下降,加之自身的呼吸消耗和物质的转移,竹秆的重量和竹材的力学强度也相应下降,竹子的生长衰退,容积重、力学强度、竹叶营养物质下降。毛竹一般竹笋出土后 9~10 年后进入材质下降期。

(4) 竹叶生长

在竹秆材质生长的数年间,竹叶也在不断地进行更新生长,在竹秆高生长的末期,竹枝抽发之际,叶芽开始分化,竹叶继而绽放。竹子通常每年换一次叶,老叶脱落,新叶抽发。唯毛竹例外,2 年换一次叶。

7.8.3 竹林的生长与环境

(1) 生物条件

竹林主要分布在热带和亚热带地区。这里气候温暖、雨量充沛、太阳辐射强,为众多植物生长提供了条件。竹林中,竹子经常与乔木、灌木、草本、藤本植物相伴而生,多样性丰富,伴生植物与竹林生长关系密切。伴生植物多的竹林中,枯枝落叶多,能减少地表径流,有利于水土保持,枯枝落叶腐烂增加了土壤有机质。伴生植物能改善林内小气候。林内的气温和空气相对湿度影响竹林生态系统的竹笋及竹秆发育。

(2) 非生物条件

竹林生长与气候有着密切的关系,主要表现在以下几个方面:

①竹林生长与温度。温度决定竹子的分布,例如,在毛竹自然分布区内,年平均气温 12~22 ℃,极端最低气温-20 ℃,-20 ℃成为毛竹向高海拔和高纬度自然分布的限制因子。毛竹越冬生长活动需要一个低温时期,若冬季月平均气温高于 10 ℃,毛竹越冬休眠会受阻。冬季月平均气温高于 10 ℃是毛竹向低纬度、低海拔分布的限制因子。

②竹林生长与降水。年降水量小于 400 mm 的地方,竹林自然分布困难,即使栽植也必须进行灌溉。竹林不仅出笋长竹期需要充沛的降水,而且在整个生长过程中都需要水分,研究表明,上年度降水天数比上年度降水量对新竹竹秆材重量的影响更为显著。

③竹林生长与土壤。土壤容重小、团粒结构好、孔隙度大、质地疏松、通气良好的土壤,有利于竹鞭的延伸。在土壤结构较好的土壤中,竹鞭较粗,节间长而匀称,年生长量大。土壤结构不好的土壤中,竹鞭较细,节间长短不均,年生长量小。土壤厚度对竹林生长影响较大,影响竹地下系统的活动空间,还影响土壤水分和矿质元素的供应。土层越厚,立竹的径级越大。

④竹林生长与地形。按竹林的海拔分布可划分为高山竹区、低山竹区、高丘竹区、低丘竹区。高山竹区海拔 1500 m 以上,分布着耐寒的竹林。光照总量南坡高于北坡,气温南坡高于北坡,空气湿度北坡高于南坡,因而坡向影响竹林的生长。林地坡度影响土壤的厚度、有机质含量,进而影响竹林的生长。

7.8.4 竹林的采伐

(1) 竹林采伐方式

竹林为异龄林,只能采取龄级择伐。竹子的繁殖主要借地下茎的分生实现,竹鞭每年或隔年发笋成竹，在同一竹林中错生着不同年龄的竹子，原则上只采伐达到采伐年龄的竹子。

(2) 竹林采伐年龄

砍伐幼竹，竹子的力学强度不够，破坏更新基础。采伐老龄竹，立竹活力降低，材质变差。此外，竹株留养太久，占地耗养，林地生产力下降。采伐年龄最好在材质稳定期，具体采伐年龄依竹种和竹林的经营目的而定，如大径竹种的采伐年龄应大些，造纸用竹林应比材用竹林的年龄小。在高温多湿的肥厚土壤上，集约经营的竹林生长旺盛持续时间较长，材质稳定期的到来较迟，伐竹年龄可推迟。在低温少雨的瘠薄土壤中，竹子老化快，伐竹年龄应小些。

竹子的年龄单位一般采用"度"：一度为1年生；二度为2~3年生；三度为4~5年生；四度为6~7年生；五度为8~10年生；六度为11~12年生。用材毛竹的采伐年龄确定为：存三、去四、不留七，其含义是三度以下的立竹留养，四度以上的立竹采伐，七度以上不再保留。

采伐竹子时，判断竹子的年龄很重要，一般可采用标号法标明竹笋出土年份，往后读其标志就可判断立竹的年龄。也可以根据竹秆皮色判断，竹秆的皮色随年龄不同而异，一般幼龄竹为绿色，中龄竹为黄绿色，老年竹为黄色或古铜色。

(3) 伐竹季节

春夏生长季节为竹液的流动期，竹子的生理代谢旺盛，此时伐竹会引起大量的伤流，伤流营养丰富，容易染菌发酵，导致竹子的腐烂。在生长季节伐竹，常常使竹林退笋增多，新竹矮小畸形，同时竹子的力学性质不好，易腐烂、虫蛀。

冬季伐竹，竹子的生理活动减弱，竹液的流动缓慢。秋冬之时，可溶性营养物质运输到竹鞭贮存起来，竹材的力学性质好，不易虫蛀。

(4) 立竹度和采伐量

立竹度是指采伐时单位面积保留的株数。采伐量多，立竹度小；采伐量少，立竹度就大。立竹度的大小与竹林的新竹产量有密切关系，立竹度小，竹子稀疏，竹叶量少，叶面积指数低，不能充分进行光合作用，新竹产量低。立竹度大，老竹多，消耗大于积累，也不能提高产量。根据实际情况，立地条件好的竹林，立竹度可以大些；集约经营的竹林，立竹度可以大些。

合理的立竹度还应考虑立竹的年龄组成，原则上应以幼壮龄竹为主。尽量使竹林疏密均匀。

集约经营的毛竹林，立竹度可为370~450株/1000 m^2，一般竹林为150~200株/1000 m^2。毛竹林的株数按年龄的组成为：一度、二度、三度各占25%；四度和五度共占25%。

(5) 竹林采伐方法

采老留幼、采坏留好、采大留小、采密留稀；控制倒向，根据伐区地形，应有利于集材；降低伐根，伐根高度一般应为5~7 cm，并应防止破坏竹青和破裂秆茎；保护母幼竹，枝叶归还土壤。竹子采伐可采用轻型油锯、砍刀。采伐后可以采用溜放、滑道、肩运、板车、架空索道等方式进行集材。集材后，可通过公路或水路运输。

7.9 竹林的更新改造

竹林的更新分为有性更新和无性更新，利用种子更新的为有性更新，利用营养器官的更新为无性更新。

7.9.1 有性更新

(1) 天然有性更新

竹子也会开花结实，但一般周期较长，多数为 60~70 年。竹子的结实与开花相伴，竹子开花结实以后，竹秆枯黄死亡，所连地下茎变黑腐烂，失去萌发力，必须重新天然下种或人工更新。竹子的种子成熟脱落以后，在适宜的气候和土壤条件下，会发芽长成天然下种苗。竹类植物的开花结实率都不高，种子寿命也较短。竹类植物的种子极易丧失发芽力，1~2 个月便失去发芽力。

(2) 人工有性更新

竹林的人工有性更新指的是利用竹类植物种子播种繁殖苗木，1/3 的苗木能体现竹种的遗传品质。

7.9.2 无性更新

(1) 天然无性更新

竹林的天然更新一般为无性更新，就是从地下的竹鞭萌芽出笋，成竹。

(2) 人工无性更新

人工无性更新的方法主要包括：

①利用原有的竹鞭萌芽成林。秋冬季采伐竹子，采伐时尽量降低伐根，将采伐剩余物收集成堆或平铺林地。在原竹林地下系统健全、立竹数量较多的情况下适用。竹子开花影响竹林的持续利用，故改善水肥条件，促进竹鞭的不断发笋，就可能推迟竹子开花。此外，竹子经营中还包括除草，松土等辅助措施。

②竹林复壮。经长期采伐利用，竹鞭老化、死亡，新鞭蔓延受阻，新竹产量降低，可以采取复壮措施。一般在冬季，深翻 30 cm 左右，除去竹林土壤中的老鞭、石块，保留健壮竹鞭，施肥。

③散生竹类的移鞭繁殖。选 2~4 年生的健壮竹鞭，在竹鞭出笋前 1 个月左右进行。挖出竹鞭后，切成 60~100 cm 的小段，多带宿土，保护好根芽，种植于穴中，将竹鞭卧平，覆土 10~15 cm。

④丛生及混生竹类的人工栽植。选择生长旺盛的 1~2 年生竹秆，在离其秆 25~30 cm 外围，扒开土壤，找出其秆柄，然后用利凿切断其秆柄，连蔸带土掘起。一般丛生竹竹篼上的芽都具有繁殖能力，故可采用移竹的方法繁殖。

复习思考题

1. 竹类资源有哪些用途？竹类资源的生态效益表现在哪些方面？

2. 竹子的生长周期分为几个阶段,各阶段有什么特点?
3. 竹子的生长环境包括哪些因素,这些因素如何影响竹类的生长和发育?
4. 如何确定竹林的采伐年龄和保留的立竹度?
5. 竹林的更新改造有哪些方法,各适用于什么条件?
6. 竹子和木材相比有哪些优缺点?

第 8 章

合理造材与贮木场作业

8.1 原木材种和原木标准概述

原木的材种是对原木用途的分类,原木的标准化是社会化大生产的需要,也是木材交易的需要。以下是我国现行的主要原木产品标准。

(1)《小径原木》(GB/T 11716—2018)

用途:农业、轻工业、手工业木制品及民需其他用料。

树种要求:针阔树种。

尺寸要求:检尺长 2~6 m,按 0.2 m 进级,长级公差允许+6/-2 cm;检尺径 4~13 cm;直径按 1 cm 进级,不足 1 cm,0.5 cm 进级,不足 0.5 cm 舍去。

缺陷限制:如弯曲、漏节、腐朽、虫眼等。

(2)《造纸用原木》(GB/T 11717—2018)

用途:造纸。

树种要求:针阔树种。

尺寸要求:检尺长 1~4 m;检尺径自 4 cm 以上。

缺陷限制:腐朽。

(3)《坑木》(GB 142—2013)

用途:矿井的支柱、支架。

树种要求:松科树种、杨树及硬阔树种。

尺寸:检尺长 2.2~3.2 m、4 m、5 m、6 m;检尺径 12~24 cm。

缺陷限制:漏节、腐朽。

(4)《檩材》(LY/T 1157—2018)

用途:民房屋顶。

树种要求:针叶树种、杨树及硬阔树种。

尺寸要求:检尺长 3~6 m;检尺径 8~16 cm。

缺陷限制:弯曲、劈裂、心材腐朽等。

(5)《橼材》(LY/T 1158—2018)

用途：民房屋顶。

树种要求：所有针阔树种。

尺寸要求：检尺长 1~6 m；检尺径 3~12 cm。

缺陷限制：弯曲、心材腐朽、虫眼等。

(6)《旋切单板用原木》(GB/T 15779—2017)

用途：适于作为制作胶合板的旋切单板。

树种要求：针叶树种如马尾松、云南松、落叶松、湿地松等；阔叶树种如椴树、桦木、枫香树、杨树、木荷、桉、橄榄木等。

尺寸要求：适合胶合板的尺寸。检尺长 2.0 m、2.6 m、4.0 m、5.2 m、6.0 m；检尺径，自 14 cm 以上，按 2 cm 进级。

缺陷限制：节子、虫眼、弯曲、腐朽、夹皮。

(7)《特级原木》(GB/T 4812—2016)

用途：适用于高级建筑装修、文物装饰、家具、乐器和各种特殊用途。

树种要求：云杉、樟子松、华山松、柏木、杉木、水曲柳、檫、樟、楠、榉树。

尺寸要求：检尺长 2~6 m；检尺径，针叶树 22 cm 以上；阔叶树 24 cm 以上；检尺长 0.2 cm 进级，检尺径 2 cm 进级。

缺陷限制：节子、虫眼、弯曲、腐朽。

(8)《刨切单板用原木》(GB/T 15106—2017)

用途：用于覆贴在刨花板、中密度纤维板和胶合板等板材的表面，是高档家具、乐器及建筑装饰的主要材料。

树种要求：针叶树种如落叶松、云杉、冷杉、福建柏、柏木、云南松等；阔叶树种如槭树、桦木、椴树、水青冈、柞木、水曲柳、泡桐、榉树、檫等。

尺寸要求：检尺长 2.0 m、2.6 m、4.0 m、5.2 m、6.0 m；长度公差，+6 cm，−2 cm；检尺径，20 cm 以上，2 cm 进级；实际尺寸不足 2 cm 时，足 1 cm 增进，不足 1 cm 舍去。

缺陷限制：腐朽、节子、弯曲、纵裂等。

(9)《锯切用原木》(GB/T 143—2017)

用途：锯割成板、方材，适用于建筑装饰、家具、船舶、车辆、胶合板、乐器、工艺品、文教用具、体育器具等。

树种要求：针阔树种。

尺寸要求：检尺长，针叶树 2~8 m，阔叶树 2~6 m，按 0.2 cm 进级；检尺径，14 cm 以上，按 2 cm 进级。

缺陷限制：节子、虫眼、弯曲、腐朽、扭转纹。

(10)《短原木》(LY/T 1506—2018)

用途：工农业、民用。

树种要求：针阔树种。

尺寸要求：检尺长 0.5~1.9 m，按 0.1 m 进级；检尺径 8 cm 以上，不足 14 cm 的按 1 cm 进级，不足 0.5 舍去。

(11)《小原条》(LY/T 1079—2015)

用途：小原条主要指森林抚育采伐生产的只经打枝、剥皮而未造材加工的小原条，广泛应用于工农业生产等民用领域。

树种要求：所有针阔树种。

尺寸要求：检尺长自 3 m 以上，从根端锯口（或斧口）量至梢端短径足 3 cm 处止，以 0.5 m 进级，不足 0.5 m 的由梢端舍去，经进舍后的长度为检尺长；检尺径自 4 cm 以上，从根端锯口（或斧口）2.5 m 处检量，短径足 4 cm 以上，以 1 cm 进级，实际尺寸不足 1 cm 时，足 0.5 cm 增进，不足 0.5 cm 的舍去，经进舍后的直径为检尺径。

缺陷限制：腐朽、外伤、虫眼等。

(12)《木杆》(LY/T 1507—2018)

用途：农具、工具、棚架、木制构件。

树种要求：针阔树种。

尺寸要求：检尺长 1~6 m，不足 2 m 的按 0.1 m 进级，2 m 以上的按 0.2 m 进级；检尺径 3~8 cm，按 1 cm 进级。

缺陷限制：弯曲、死节、纵裂等。

(13)《加工用原木枕资》(LY/T 1503—2011)

用途：适用于铁路标准轨普通木枕加工用原木。

树种要求：落叶松、马尾松、云南松、云杉、冷杉、樟子松、桦木。

尺寸要求：检尺长 7.5 m；检尺径自 26 cm 以上按 2 cm 进级。

缺陷限制：弯曲、心材腐朽、边材腐朽等。

(14)《直接用原木电杆》(LY/T 1294—2012)

用途：用作交通、邮电系统架线用电杆，也适用于其他临时性线路施工作业。

树种要求：落叶松、杉木、樟子松、马尾松。

尺寸要求：检尺长，樟子松、马尾松 6~7 m，落叶松、杉木 6~10 m。检尺径 12~16 cm。检尺长按 0.2 m 进级；检尺径不足 14 cm 的按 1 cm 进级，14 cm 以上的按 2 cm 进级。

缺陷限制：边材腐朽、心材腐朽、偏枯等。

8.2 木材的缺陷与检量

木材的缺陷是指影响木材使用的各种缺陷，这些缺陷可能是在生长过程中形成的，也可能是采伐和储存过程中形成的。木材缺陷是木材分级的重要依据，也是一些材种的限制性条件。

8.2.1 木材的缺陷

(1)节子

节子是包含在树干或主枝木材中的枝条部分(图 8-1)，分为活节、死节和漏节。活节是树木的活枝条形成的，节子与周围木材紧密连生，质地坚硬，构造正常。死节是树木枯死枝条形成的，节子与周围木材大部或全部脱离。树枝枯死时，树枝的形成层停止生长，但绕过树枝的主干的形成层还继续分生，树枝与树干间的木材组织的连续性被破坏，节子与周围木

 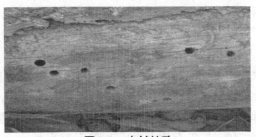

图 8-1 木材节子　　　　　　　图 8-2 木材蛀孔

材产生脱离，通常称为死节，在板材中有时死节脱落而形成空洞。此外，节子还包括漏节，漏节不仅是节子本身的腐朽，而且腐朽深入到树干内部，并且与树木内部腐朽相连。

节子是树木的正常生理现象，但却是木材使用的缺陷。节子不仅破坏了木材构造的均匀性和完整性，还降低了木材力学性能。因节子的纹理方向与木材纵向成一定的角度，同时还使周围木材纤维产生弯曲，产生乱纹，改变了木材各向的力学性能，含节子的木材明显降低了抗弯强度和顺纹抗压强度。此外，节子影响木材的加工性，活节、死节本身硬度较周围木材大 1.0~1.5 倍，增加了切削阻力，难以加工，死节还往往形成孔洞。节子影响木材利用率及其物理性能，其在承重木构件中的使用应加以限制。

节子是评定木材等级的主要因子，据统计，70%~90% 的场合下，木材等级取决于节子。一些用途的木材对节子有所限制，特别是漏节，例如，坑木，在全材长范围内不许有漏节；旋切单板用原木，全材长范围内不许有漏节；小径原木，全材长范围内仅允许有 1 个漏节。但节子可以构成美丽的木纹图案，所以带节子的木材又是优良的装饰材料和家具材料。预防节子最有效的方法是通过适时抚育采伐和打枝培育少节或无节良材。

(2) 变色

变色是指木材正常的颜色发生了改变，可分为化学变色和真菌性变色。化学变色是指新伐或新锯解的木材暴露于空气中，由于化学反应产生浅棕红色、褐色或橙黄色。化学变色对材质的影响一般比较均匀，仅限木材表面，深度 1~5 mm，对木材力学性质无影响，但有损装饰材的外表(如胶合板)。化学变色经干燥后即褪色变淡。真菌性变色分为霉菌变色、变色菌变色和腐朽菌变色。霉菌变色、变色菌变色均对木材的强度影响不大，不会引起腐朽。腐朽菌变色是木腐菌侵入木材初期的象征，是腐朽的第一阶段，最常见的是红斑，有的呈浅红褐色。

从变色部位来看，有心材变色和边材变色。心材变色指活立木在变色真菌和腐朽真菌的作用下，心材产生不正常的变色条纹。边材变色指在变色真菌的作用下，原木或锯材的边材部分出现的变色。

(3) 虫眼

虫眼又称蛀孔，是昆虫蛀蚀木材留下的沟槽和孔洞(图 8-2)。不同的害虫对木材危害不同，有的只危害树皮、边材，有的蛀入木质部。主要的木材害虫有：天牛、吉丁虫、象鼻虫、树蜂、小蠹虫、白蚁，以吉丁虫、天牛及白蚁危害严重。大多数木材害虫主要以幼虫蛀蚀木材，危害的主要对象是新采伐的木材、枯立木及衰弱立木，有时也会侵害健康立木。

各种害虫的危害程度不同，有的蛀入木质部但虫眼较浅，有的深入内部。小蠹虫只危害树皮及圆材表面，虫眼小而浅，天牛和吉丁虫则钻入木质部深处，其幼虫在木材中可生活数月至数年之久。白蚁专门危害已伐倒的树木或木制建筑构件，危害木材的内部，遗留下未受破坏的外表，受害木材塌陷前都难以察觉木材内已呈蜂窝状破坏。

虫眼按侵入木材的深度分为：表层虫眼，其径向深度小于 3 mm；浅层虫眼，其径向深度小于 15 mm；深层虫眼，其径向深度大于或等于 15 mm。按虫眼直径分为：小虫眼和大虫眼。虫眼对木材的力学强度会有影响。表面虫眼和虫沟常可随板皮一起锯除，故对木材的利用基本上没有什么影响，分散的小虫眼对木材利用的影响也不大，危害较大的是深度在 10 mm 以上的大虫眼和深而密集的小虫眼，能破坏木材的完整性，并降低其力学强度。虫眼是引起边材变色和腐朽的重要通道，容易造成真菌腐朽。许多用途的原木根据虫眼确定等级，例如，锯切用原木根据虫眼确定等级。

预防虫害最有效的方法是加强木材科学管理，保证按标准归楞，保持楞堆通风干燥，发现害虫及时处理。

(4) 腐朽

木材腐朽是由于腐朽菌侵入木材引起的，严重影响木材的力学性质，使木材力学强度降低。木材腐朽分为边材腐朽（外部腐朽）和心材腐朽。边材腐朽是林木伐到后，木腐菌自边材外表侵入形成的，又称外部腐朽。通常枯立木、倒木容易引起边腐。木材保管不善是形成边腐的主要原因，如遇合适条件，边腐会继续发展。心材腐朽是立木受木腐菌侵害形成的心材部分的腐朽，多数心材腐朽在木材伐倒后不会继续发展。木材腐朽也可以分为白腐和褐腐。白腐是白腐菌造成的，木材显露纤维状结构，外观多似蜂窝状、筛状，称筛孔状腐朽。颜色多为白色、浅淡黄色或浅红褐色。褐腐是各种褐腐菌破坏木材纤维形成的，木材颜色呈红棕色或褐棕色，褐腐后期，受害木材可捻成粉末，又称粉末状腐朽或破坏性腐朽。白腐有时还能保持木材一定的完整性，褐腐对木材力学强度的影响最为显著，褐腐后期，木材力学强度基本上接近于零。

对于腐朽材的使用应严格加以限制，尤其是承重结构。腐朽木材用于造纸，纤维得率和纸张强度下降；用于薪炭材，炭的产量和木材燃烧热值下降。木材使用中，腐朽是严格限制的缺陷，例如，坑木，在全材长范围内不许有边材腐朽和心材腐朽；特级原木，全材长范围均不许有边材腐朽和心材腐朽；旋切单板用原木，全材长范围内不许有边材腐朽；锯切用原木，根据边材腐朽、心材腐朽划分等级；造纸用原木，边材腐朽厚度不得超过检尺径的 10%，心材腐朽面积不得超过检尺径断面面积的 25%。

(5) 裂纹

裂纹是木材的常见缺陷之一。按类型和特点，裂纹可以分为端裂和纵裂。端裂分为径裂、轮裂（年轮与年轮之间出现的开裂）；纵裂是指在原木的材身与端面同时出现裂纹。木材出现裂纹的原因包括：

①干裂。所有木材干燥时都能产生裂纹。大多是由木材表面向内干裂。木材干燥时，首先从表层蒸发水分，到一定程度，表层木材开始收缩，但此时邻接内层木材含水率仍较高，不发生收缩，表层木材的收缩受到内层木材的限制，产生裂纹。干裂预防的有效措施是在造材和木材保管过程中要注意木材中水分的变化速率。

②冻裂。由低温引起的径向纵裂，如霜冻使树干外部收缩随即又遇暖和气候而膨胀开裂。

③劈裂。树木或伐倒木在采伐、集材过程中,受到巨大冲击,产生纵裂。

木材裂纹对木材使用的影响主要包括:破坏木材的完整性,降低木材的强度,尤其是对顺纹抗剪、横纹抗拉强度影响较大。裂纹,特别是贯通裂破坏木材的完整性,明显降低木材的力学性能。木材裂纹降低木材的利用率,在接合处,承重木构件对裂纹木材的使用应加以限制。木腐菌易从裂隙侵入,木材害虫在裂缝中产卵。加工用材均将裂纹列为缺陷,但可作为造纸用原木。

(6) 木材干形缺陷

①弯曲。是指由于树干变形使原木纵轴偏离两端面中心连接的直线所产生的缺陷。按形状分为单向弯曲和多向弯曲。弯曲对木材使用的影响主要表现在:弯曲木材影响木材的抗压强度,弯曲木加工锯材不仅降低出材率,且使锯出的木材多斜纹,降低强度。供旋切和支柱用材时,应对弯曲加以限制。但弯曲有利于造船等弯曲构件的制作。弯曲常见于各种树种,有些树种在自然条件下容易形成弯曲木,如部分阔叶树;有些树种则比较通直,如大部分针叶树。形成弯曲的原因很多,例如,顶芽死亡,由侧枝替代;由于风力、树冠重心偏移等,使树干受侧向力。弯曲木材的利用原则是变大弯为小弯,见弯取直(图 8-3)。

②尖削。是指树干下部直径与上部直径相差悬殊的现象(图 8-4)。尖削的产生是树木保持直立稳定性的生理需求。尖削形成的原因:通常郁闭度大的林地生长的林木尖削度小,孤立木或林木稀疏地带生长的林木往往有较大的尖削度。尖削的圆材加工,容易产生斜纹,降低强度,并增加废材量。弯曲、尖削的林木可以通过合理密植措施加以预防。

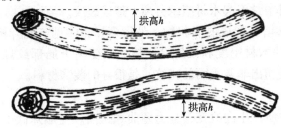

图 8-3 弯曲木材

图 8-4 尖削木材

③树包。立木常因枝条折断或树干局部受伤,在愈伤组织保护和增长过程中,由于真菌的活动而形成封闭或开口式不同形状和大小的鼓包,称为树包。树干局部明显突起,包内常有不同程度的腐朽或空洞。树包可以通过贴平树干打枝的措施处理。

④大兜和凹兜。大兜指树干根基特别肥大的部分呈圆形或近圆形,它是树干根端直径特别增大但不很高的部分。大兜材常发生在热带的一些树种,它的形成大致归因于树木保持独立稳定性的生理需求。大兜对材质的影响与尖削相同。凹兜指树干靠根基部分凹凸不平的现象,在原木端面呈波浪形,而在原木侧面上呈纵深的凹状沟,形成原因与大兜同,通常凹兜与林木的板根同时存在。凹兜是热带树种的一个明显特征。凹兜是根雕及高级工艺品的好材料,也是装饰微薄木的好材料。

(7) 木材构造缺陷

①扭转纹与斜纹。扭转纹是指原木材身木纤维排列与树干纵轴方向不一致而形成的螺

图 8-5 扭转纹木材

旋状纹理(图 8-5)。原木的扭转纹锯切成板材时,在板面上形成斜纹,而严重降低强度。扭转纹对抗弯、抗冲击等强度的影响较大。扭转纹形成的机理:由于受生长环境的影响,使原木身上的纹理呈螺旋状排列,多出现在树干基部,尤其是稀疏林木或孤立木;也有属于树种固有习性形成的,如大叶桉、荷木、龙眼等树种。防除扭转纹与斜纹的主要措施是加强林木的经营管理和无节良材的良种选育工作。

②双心或多心。原木的一端有两个或多个髓心并伴随独立的年轮系统,而外部被一个共同的年轮系统所包围,其特点是横截面多呈椭圆形。双心或多心增加木材构造的不均匀性,容易引起翘曲和干裂。双心或多心主要是不合理造材而形成的(图 8-6)。

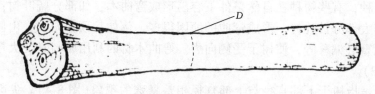

图 8-6 多心木材

③偏枯。树木在生长过程中,树干局部受机械损伤或烧伤后,因表层木质枯死裸露而形成。通常沿树干纵向伸展,并伴有径向凹陷。

④夹皮。树木受伤后继续生长,将受伤部分的树皮和纤维全部或部分包入树干而形成,伴有径向或条状的凹陷。夹皮在锯材中常引起木材组织分离,造成裂纹。

⑤树瘤。树干上局部木材组织不正常增长形成的瘤状物,外形多样,多见于阔叶树,很少见于针叶树。树瘤木材较树干部分的木材密度和硬度高,树瘤改变树干局部纹理方向,使木材局部强度降低。但树瘤木材能切出非常美丽的花纹,是很好的装饰材料。

(8) 木材变形

木材变形是木材在干燥、保管过程中所产生的改变,分为翘曲和扭曲。变形降低了木材的利用率。

(9) 木材损伤

木材损伤指树木受到的机械损伤,如在采脂、采伐、造材、运输过程中,木材因各种工具或机械作业造成的损伤。

①采脂伤。树干木质部由于采脂或割胶造成的损伤。

②砍伤或锯伤。木材因受刀(斧)砍或锯割而造成的刀(斧)口或锯口伤。

③抽心。树木伐倒时,树干部分未锯透的部分产生抽拔或撕裂所造成的损伤。

④锯口偏斜。木材截端面与轴心线不垂直造成的偏斜缺陷。

⑤风折木。树木在生长过程中,受强风气候因素的影响,使其部分纤维折断后又继续生长而愈合所形成,因其外观似竹节,故又称竹节木。

⑥磨损。原木在运输过程中因摩擦而造成的损伤。

机械损伤破坏木材的完整性,降低木材质量,使木材难以按要求加工使用,对木材的力学强度也有一定影响。

8.2.2 木材缺陷的检量

(1) 节子检量

节子的检量包括以下内容：

①节子数量。活节，在检尺长范围内任意节子数量最多的 1 m 中查定，对跨在该 1 m 长交界线不足 1/2 的不计；死节和漏节，不论大小，均应查定全材长范围内的数量，还应计算节子直径(图 8-7)。

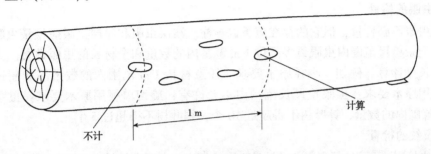

图 8-7 节子数量统计

②节径比。节径比 = 最大节子直径/检尺径。

木材缺陷中的节子评定以节子的数量及节径比为标准。例如，特级原木要求：任意 1 m 材长范围内，节子直径不超过检尺径 15% 的数量，限制在针叶树最多 2 个，阔叶树最多 1 个；旋切单板原木要求任意 1 m 材长范围内，节子数量针叶树最多 8 个，阔叶树最多 4 个，节子直径不得超过检尺径的 30%；刨切单板用原木要求：节子直径不超过检尺径的范围阔叶树为 15%，针叶树为 10%，任意材长 1 m 范围内允许数量阔叶树最多 5 个，针叶树数量不限。

(2) 腐朽检量

①边腐。通过腐朽部位径向量得的最大边腐厚度[图 8-8(b)]，单位为毫米(mm)。缺

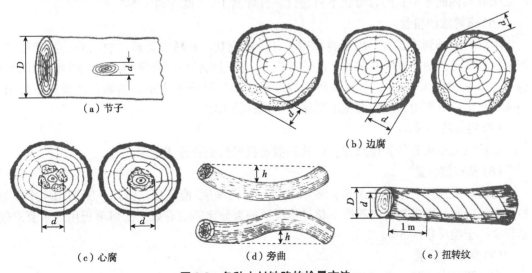

图 8-8 各种木材缺陷的检量方法

陷表示方法：边材腐朽比率=边腐厚度与检尺径相比的百分率(%)。例如，刨切单板用原木要求：大头最大腐朽厚度不超过检尺径的5%，小头不允许有；旋切单板用原木要求：边材腐朽全材长范围内不允许有。

②心腐。直接检量心腐材的直径，椭圆形的心材计算平均直径[图8-8(c)]。缺陷表示方法：心材腐朽比率=心材腐朽直径与检尺径相比的百分率。例如，特级原木要求：腐朽心材直径不得超过检尺直径的百分比：大头10%，小头不许有；锯切用原木要求：以心材腐朽评定等级时，以腐朽直径不得超过检尺径的百分比划分等级；造纸材要求：心材腐朽直径不得超过检尺径的65%。

(3) 虫眼的检量

表层虫眼不必检量，但它的存在应予以标注。浅层虫眼和深层虫眼应检量虫眼的大小和深度，记录检尺范围内虫眼最多部位1 m范围内的数量和全材长的虫眼数量。大块虫眼按影响的长度计算。例如，小径原木要求：任意材长1 m范围内的数量不能超过10个；刨切单板用原木要求：虫眼检尺长范围内不允许有；旋切单板用原木要求：虫眼最多的1 m材长范围内的数量，针叶树不得超过10个，阔叶树不得超过5个。

(4) 裂纹的检量

纵裂应检测端面裂纹的宽度和沿材身方向的长度。在原木的材身与端面同时出现裂纹时，可用纵裂的长度与检尺长相比的百分率表示。例如，刨切单板用原木要求：纵裂长度不超过检尺长的10%。端裂分为径裂、轮裂、单径裂，可用裂纹宽度或其与原木直径的比表示。

(5) 弯曲的检量

弯曲木材降低抗弯、抗压强度，影响出材率。

①单向弯曲的检量。检测最大弯曲处在全长度偏离直线的拱高(h)[图8-8(d)]，用拱高与内曲水平长度的百分比表示或拱高与检尺径的比值表示。

②多向弯曲的检量。检测检尺长度内最大弯曲处的拱高，用拱高与内曲水平长度的百分比或与检尺径的比值表示。评定等级以拱高最大的为准。例如，特级原木要求：最大弯曲处拱高与内曲水平长的百分比不得超过：针叶树1%，阔叶树1.5%。

(6) 扭转纹的检量

木材纤维排列不正常，出现斜纹理，并呈螺旋状。扭转纹降低木材抗拉、抗弯强度，制成板材容易翘曲。在小头材长1 m的范围内，检量扭转纹起点至终点的倾斜高度[图8-8(e)]，单位为厘米(cm)。用倾斜高度与检尺径的比百分率表示。例如，特级原木要求：小头材长1 m范围内，倾斜高度不得超过检尺径的10%。

(7) 尖削的检量

应检测大小头直径和检尺径，以其差值占检尺长的百分比表示。

(8) 偏枯的检量

检量径向深度，单位为厘米，表示方法：径向深度/检尺径。例如，锯切用原木以偏枯确定等级时，要求按径向深度不超过检尺径的百分比确定等级；刨切单板用原木要求偏枯深度小于检尺径的5%。

(9) 夹皮的检量

应检测内夹皮的最大厚度，用最大厚度或最大厚度与检尺径的比值表示。

8.3 原木检量

8.3.1 原木检量的概念

原木检量指对原木长度和直径的检量。材长以米为单位,量至厘米,不足1 cm 的舍去。直径以厘米为单位。宽度和厚度以毫米为单位,不足1 mm 不计。材积以立方米为单位。原木的检尺长和检尺径是木材标准中规定的长度和径级。例如,刨切单板用原木要求:检尺长为2.0 m、2.6 m、4.0 m、5.2 m、6.0 m;检尺径为20 cm 以上,按2 cm 进级。

检尺长和检尺径的意义在于:便于木材的商品化管理;便于供需双方在生产、使用上定型设计;简化尺寸种类,减少分级归楞量。此外,根据检尺长度和检尺直径可查材积表得到材积。

8.3.2 原木的材长和检尺长

材长指原木两个端面间的最短距离。原木的材长是在大小头两端面之间相距最短处取直检量,量至厘米,不足厘米者舍去。

检尺长是木材标准中规定的长度。例如,坑木检尺长规定为2.2~3.2 m、4 m、5 m、6 m。旋切单板用原木检尺长规定为2.0 m、2.6 m、4.0 m、5.2 m、6.0 m。特级原木检尺长,针叶树规定为4~6 m;阔叶树规定为2~6 m,按0.2 m 进级,长级允许偏差(+6、0)cm。检尺长检量中,如检量的材长小于原木标准规定的检尺长,但不超过负公差,则仍按标准规定的检尺长计算,超过负公差则按下一级检尺长计算。例如,刨切单板用原木规定检尺长为2.0 m、2.6 m、4.0 m、5.2 m、6.0 m;长度公差为:+6 cm,−2 cm。

8.3.3 原木的直径和检尺径

直径指原木去皮后的实际直径,单位为厘米;短径指通过原木断面中心的最短直径;长径指通过原木断面中心的最长直径。

检尺径指木材标准中规定的原木小头直径。原木检尺径检量方法:通过小头端面中心先量短径,再垂直检量长径。长短径之差2 cm 以上的,以其长短径的平均数经进舍后作为检尺径;长短径之差小于2 cm 的,以短径进舍后为检尺径。检尺径不足14 cm 的,以1 cm 为增进单位,实际尺寸不足1 cm 时,足0.5 cm 的增进,不足0.5 cm 的舍去。检尺径14 cm 以上,2 cm 为一个增进单位,实际尺寸不足2 cm 的,足1 cm 增进,不足1 cm 舍去。例如,旋切单板用原木要求自20 cm 以上,按2 cm 进级;刨切单板用原木要求自20 cm 以上,按2 cm 进级。特殊情况的直径检量:小头下锯偏斜,检量直径时,尺杆应保持与材长方向垂直。双心材、三心材,检尺径应在原木的正常部位检量。偏枯、夹皮,可用尺杆横贴原木表面检量。大头已脱落的劈裂原木,应让长级。

8.4 合理造材与资源节约

合理造材是指对木材长度的合理利用和将木材缺陷合理分布(包括影响木材力学强度

和使用的缺陷，如死节、漏节、虫眼、腐朽等），将原条锯截成符合市场要求和国家标准的原木。

8.4.1 合理造材

在木材生产过程中，合理造材是充分利用资源、节约木材和提高木材产品质量的重要环节。在木材生产中，造材应遵循的原则包括：根据质量和测量的要求，充分利用原条的全部长度，提高造材率；材尽其用、优材优造、劣材优造；应先造特殊材，后造一般材；先造长材，后造短材；先造优材，后造劣材（优材不劣造，坏材不带好材），提高经济材出材率；在符合国家木材标准的前提下，按用材部门提出的要求进行造材。具体来说，在执行《原条造材》(LY/T 1370—2018）的同时，还要坚持以下原则：树干通直、节子小、无病腐的健全原条造材应优先造特级原木、长材；多节原条造材应将节子多、节径大的区段造成直接用原木（如造纸材），在造加工用原木时，可将节子集中或分散，提高每段的等级；腐朽原条造材尽量将腐朽部分集中在一段原木上，避免好材带坏材、坏材带好材；树干形状缺陷原条造材应截弯取直，尖削度大的原条应造短材，避免造长材，防止材积损失；有虫眼的原条造材应根据虫眼的大小和密集程度，决定将虫眼分散或集中在一段原木上，以提高原木的综合材质，或造对虫眼不加限制或限制较宽的一般用材；木材构造缺陷原条造材，如扭转纹原条应多造直接用材（如造纸材、纤维材）；损伤原条造材也多造直接用原木等。另外，造材时要实行原条拨开造材，保持树干所锯横断面的平整，防止锯口偏斜，不应锯伤邻木，不应出劈裂材，以减少造材过程中木材的损伤和浪费，提高等级品率，提高原木产品质量。

研究表明，以130株杉木人工林采伐样木为基础，采用7种不同的造材方式进行实际造材，对不同造材方式的出材率和平均销售单价进行比较，结果表明，不同造材方式的出材率、平均销售单价之间均有显著差异。杉木人工林不同造材方式出材率最大的为88.04%，出材率最小的为85.94%。此外，不同的生长年份，不同径级木材的木质并非完全一样，用途也可以不同。应该避免大材小用、优材劣用、浪费木材。如大径级树干用作锯材和胶合板材，中径级树干用于加工用原木或制造纸浆，小径级树干用于造纸、纤维板和刨花板生产原料、薪炭材等。弯曲、小径的次加工用材用作造纸、纤维板和刨花板生产原料，做到材尽其用。对于枯立木、风折木、火烧木、梢头等符合原木标准的，都要造材利用，做到充分利用。

8.4.2 充分利用采伐剩余物

木材生产中的抚育采伐和主伐均会产生大量的树枝、树梢、截头等剩余物。当前，我国采伐造材所得的原木的材积仅为立木蓄积量的65%左右，其余均作为剩余物。因此，充分合理利用采伐剩余物将会缓解森林资源紧缺和木材供需的矛盾，实现工业生态学中的物质减量化目标。

通过延长产业链，树根、树枝、树皮、树叶、锯末等各种采伐剩余物均能得到有效利用。目前，采伐剩余物利用的途径主要包括：小木制品加工，如利用采伐剩余物生产地板块、小规格板方材（包装箱板）、细木工板（芯板）等；枝丫材削片加工成木片用于纤维板、刨花板生产，以及用作造纸原料等；许多树木中的树干、树皮、树根、树叶、果壳中，均含有纤维素、木素、单宁、色素等化学物质，经提炼加工可制备栲胶、化学漆、松节油、松针油、松针粉、松针膏等化工原料等。

采伐剩余物利用面临的主要问题是剩余物分散，小集中搬运距离较远，功效低，工人的劳动强度大；采伐剩余物密度小、体积大，运输困难。因此，应加快发展专用的采伐剩余物捡拾机械和小集中工艺，发展专用的运输车辆。此外，在生产组织上，伐木、造材、打枝等作业要为清林和剩余物利用创造条件。在木材生产中要将采伐剩余物有效利用列入作业内容，并配备相应的人员和设备。

在采伐剩余物的利用中要充分考虑林地生产力的维护，由于树枝、树叶、梢头等采伐剩余物的腐烂是林地营养成分的重要来源，因此，在采伐剩余物的利用中，要充分考虑其营养库的功能，在林地上保留适当的采伐剩余物。

8.5 贮木场生产

8.5.1 贮木场的概念与分类

贮木场是林区木材生产的最终楞场，是木材的集散地和贮存场所，就其性质和作用来说，既是木材商品的仓库，也是木材商品的销售处。木材商品体积大、质量重、数量多、品种繁杂，露天存放占地面积大，按树种、材种、材长和等级区分并分别归楞，少则几十个，多则两百多个。

贮木场按到材的种类，分为原条到材、原木到材和原条原木混合到材。在木材生产中，到材的种类，对贮木场的场址选择、工艺布局以及所需的机电设备至关重要，是贮木场生产管理中的主要事项(图8-9)。

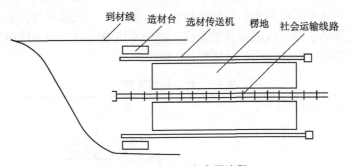

图8-9 贮木场双向布局流程

8.5.2 贮木场生产工艺流程

贮木场生产工艺流程为卸车—造材—选材—制材—剥皮—归楞—装车。具体的工艺流程可以分为两类：原条到材、铁路、公路外运工艺(图8-10)和原木到材、铁路、公路外运工艺(图8-11)。

8.5.3 贮木场生产作业

贮木场生产作业的内容主要包括：卸车、造材、选材、剥皮、归楞、装车等。

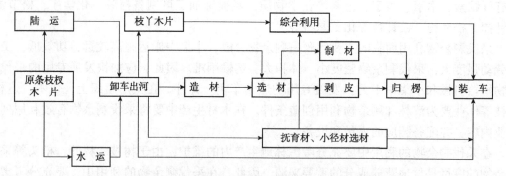

图 8-10 原条到材、铁路、公路外运工艺流程

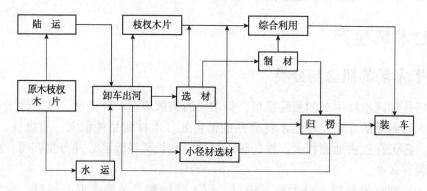

图 8-11 原木到材、铁路、公路外运工艺流程

(1) 卸车

卸车是贮木场的作业之一,主要是原木、原条及其他产品(枝丫、木片等)的卸车。原条、原木卸车的方法主要取决于卸车的机械设备类型。由于成捆原条、原木卸车是一项笨重的作业,必须借助于卸车机械设备来完成。按卸车机械设备的动力传递方式可分为兜卸法、提卸法、拉卸法、推卸法和抓举法等(表 8-1)。

表 8-1 贮木场卸车方法

原条捆运行方式	动力传递方式	图 示	适用贮木场
滑移式	推卸法		小型
	拉卸法		小型
	兜卸法		中小型

(续)

原条捆运行方式	动力传递方式	图 示	适用贮木场
空吊式	抓举法		中型
	提卸法		中小型
	提卸法		大中型

注：引自王立海，2001。

①兜卸法。主要用于兜卸原条，也用于可兜卸原木。兜卸原条、原木时，除兜卸机外，还要有卸车台的配合。兜卸设备由动力机、兜卸架杆、钢索导绕系统和卸车台组成。

②提卸法。主要采用缆索起重机和门式起重机。我国原条提卸最早采用的是缆索起重机，其动力采用绞盘机。因起重机要具有起升、牵引和回空3种功能，故须选用3筒绞盘机。我国林业上使用的卸车门式起重机分固定型和移动型两类，在移动型中，有桁架结构和箱形结构、无悬臂和有悬臂之分。

③拉卸法。采用钢索导绕系统和绞盘机与卸车台配合，可卸原木和原条。

④推卸法和抓举法。这两种方法都是利用装载机卸车，推卸法适用于原条和原木卸车，抓举法适合于原木卸车。

(2) 造材

贮木场原条造材已基本实现机械化，常见造材方法包括电锯造材、圆锯机造材、链锯机造材等。

①电锯造材。电锯是一种手提式机具，机具重量和电机功率是两大指标，两者之比称为比质量。电机的最佳转速为 12 000 r/min。造材电锯的锯链有直齿、弯齿、混合齿等类型。

②圆锯机造材。圆锯机造材的特点是锯机固定、原条移动，即锯截一个锯口原条向前移动一次（图 8-12）。因此，在锯截之前要解决原条的供料和送料问题，锯截过程中要解决

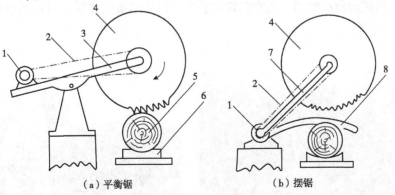

(a) 平衡锯　　　　　　　　(b) 摆锯

1. 电动机；2. 三角皮带传动；3. 平衡架；4. 圆锯片；5. 原条；6. 传送机；7. 摆架；8. 压木杆。

图 8-12　圆锯机造材

定长、夹锯和防止木材翻动问题，锯截后要解决原木的出料和排料问题。因此，固定造材作业是一个比较复杂的过程。

(3) 选材

原木生产时，可在楞场进行初选或终选，一般先在楞场进行初选，集中到贮木场再进行终选。原条生产是在贮木场进行一次性选材。初选的分选项目较粗，通常是按材长或树种分选，主要目的是便于下一步的运输。终选的目的是向需材单位进行产品的供应和销售，因此要求精细和严格。选材是各企业按照制定的原木分级归楞方法进行的，其作业的关键是选得准、分得清，尽量避免混楞现象。从技术角度看，选材分为人力选材和机械化选材。

①人力选材。在贮木场，选材距离短的几十米，长的几百米甚至上千米，因此，靠人抬肩扛是困难的，通常要采用简易的搬运设备。目前，人力选材已被输送机、动力平车、龙门小吊、装载机等机械替代了。

②机械化选材。在人力推平车基础上改造成的动力平车主要包括钢索拉平车、电动平车等，还包括龙门小吊、输送机选材(图8-13)等。

(4) 贮木场归装

①原木楞堆形式。实楞是古老、传统的堆放形式，适用于各种归楞方法和设备。格楞和层楞适用于吊运的方法与设备。格楞分方格楞和斜格楞。格楞左右用木桩分隔，上下用垫木分隔。虽然采用格楞需要大量的分隔原木，但捆挂木材和装车的效率较高，既减轻了劳动强度，又增加了楞堆的通风，降低了腐朽变质的风险。层楞没有垂直分隔，只有水平分隔，形成多层次的楞堆结构。层楞具有通风好，便于账卡管理和调拨检验，提高装车效率，楞堆不易散垛等优点。楞基主要指楞腿，楞堆应铺在楞腿上，与地面隔离。楞腿原木直径需在30 cm以上。许多贮木场用石块和水泥砌成长方形楞腿，以节约木材。

②归楞作业。归楞要求楞头断面一头齐，楞间距离1.5~2.0 m。短材楞高一般不超过4 m，4 m以上的长材楞高一般不超过8 m。归楞与装车的作业过程大同小异，归楞方法也与装车方法相同。因此，贮木场的归楞与装车应当是联合作业，所选择的机械必须具备能完成这两种作业的功能。

③装车。根据采用的设备，贮木场的装车方法可以分为固定式架杆机装车、移动式架杆机装车、塔式起重机装车、缆索起重机装车、门式起重机装车、原木抓具装车、装载机装车(图8-14)等。

图8-13 贮木场输送机选材

图8-14 装载机装车

复习思考题

1. 我国的主要木材标准包括哪些？这些标准都对木材做了哪些方面的限定？
2. 木材的主要缺陷都有哪些？这些缺陷都是什么原因形成的？
3. 木材的各种缺陷对木材的使用性能都有哪些影响？
4. 合理造材的基本原则包括哪些？造材中如何合理处理木材的各种缺陷？
5. 贮木场的生产工艺流程包括哪些作业环节？各环节的作业方法有哪些？
6. 采伐剩余物的充分利用都有哪些途径？

第 9 章

木材运输与森林环境保护

9.1 木材运输概述

9.1.1 木材运输的概念

就广义而言，木材运输是指从立木伐倒后到需材单位的全部运输作业。它包括从立木伐倒地点运到与运材道相衔接的装车场或运到与河道相衔接的河边楞场，这是第一段运输，称为集材；再从装车场陆运或再从河边楞场水运到贮木场，这是第二段运输，称为运材；从贮木场运往全国各需材单位，这是第三段运输，称为社会上的木材运输。前两段运输属于林区内部运输，第三段运输为林区外部的社会运输。当需材单位（木材加工厂等）设在林区附近，平均运距不大，仅由前两段运输即可将原木直接运抵需材单位，此时无须设置贮木场，这种木材运输形式为北美、北欧等许多国家广为采用。如需材单位分布在距林区相当远的城镇中，则需要采取上述的第三段运输，即木材经过林区内部的前两段运输后进入贮木场，然后以铁路、公路、水运等运输方式将木材运到需材单位，这是我国经常采用的方法。

这里所讲的木材运输主要指的是木材在林区内部的运输，特指木材从楞场运往贮木场的运输。

木材运输在木材生产中占有重要地位，尤其是基础设施的修建和运输工具的购置需要较大的投资。因此，木材运输的成本在木材生产的总成本中所占比例也较大。

9.1.2 木材运输的分类

由于全国各林区森林分布的自然条件、技术经济条件相差很大，采用一种通用的运材方式和运输类型来解决所有的木材运输问题是很难实现的，所以就必须根据具体条件选择适宜的木材运输类型。

木材运输类型基本上分为陆运、水运、空运和管运（即管道运输）4种。在木材陆运中，按地形分为山地运输、平原运输；按年使用时间分为季节性运输、常年运输；按运输木材的形态分为原木运输、原条运输、伐倒木运输、工艺木片运输和枝杈运输等。目前，我国的木材运输以汽车原木运输和汽车原条运输为主。

9.1.3 木材运输的特点

(1) 木材运输范围大、运输距离比较远

木材运输与一般的工业企业运输相比,具有运输范围大,运输距离远的特性。为了完成分散的木材运输,林业企业或林区需要根据条件修筑专用的公路。

(2) 木材的长大、沉重特征

木材作为一种运输货物与一般货物相比,它具有长大、沉重的特征,因此,在选择木材运输工具时,要采用适于运输长货的车辆;车辆承载装置的容量要适当,使其充分利用车辆的额定载量;车辆的结构要坚固、可靠和耐用。在道路设计时,其参数的选择也应适应此种特征。

(3) 木材的漂浮性

木材和竹材与一般货物不同,大多数的木材和全部的竹材具有漂浮性,因此可不采用水上运输工具而直接利用流水动力进行运输。

(4) 木材运输货流的汇集性

森林是广阔的,但是单位面积上的蓄积量却是有限的,这种情况说明林木是相当分散的。为了有效收获这些木材,必须在广阔的林地上将分散的木材逐步汇集到一个点上来,这种特性称为货流的汇集性。而货流的汇集性最适宜采用网络式的运输道路,这种运输道路在林业上称为林区道路运输网(图9-1),简称林道网。

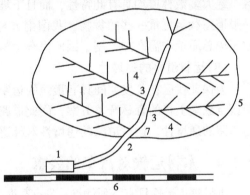

1.贮木场;2.干线;3.支线;4.岔线;5.境界线;
6.社会运输线路;7.干线与第一条支线的衔接点。

图9-1 林区道路运输网

林道网由干线、支线和岔线组成。干线在路网总长度中所占比例最小,但是每年通过的运量最大,而且越靠近贮木场,干支线衔接点的运量越大,干线与第一条支线的衔接点至贮木场一线运量最大,它等于林区的年运材量与年货运量的总和。木材运输车辆在干线上的运行路程是最长的,因为各装车点的木材运输出伐区到达贮木场都要经过干线。因此干线道路的修建标准比较高,以达到车辆运行阻力小、速度高、消耗低,效率高的目的。岔线的总长度在林道网中所占的比例最大,但是车辆的每一周转在岔线上的运行路程最短。支线是连接干线和岔线的道路,同时也具有运输木材的功能,其通过的运量在干线与岔线之间,道路的修建标准也介于干线与岔线之间。

(5) 运材岔线的临时性

在林道网中,由于岔线的吸引范围小,运输木材的数量有限,在短时间内即可运出。但林木生长的时间却很长,无论采用何种采伐方式再回来采伐和运输,均需相隔很长的时间。因此,以运材为目的的岔线,一般都修建临时性的廉价道路。例如,在我国北方林区,冬季修筑的冻板道(在秋末整修路形,经冬季冻结而成)、夏季修筑的枝丫道(以枝丫为垫层,以较厚的天然砾石土、天然碎石土为底层和面层),在南方修筑简易的便道等。

但是为了集约经营森林,仍需修建一定数量的常年岔线,应增大林道网密度,与此同时,在采伐结束后将留下一部分岔线道路作为营林、造林用(留下的道路通过养护成为永久性道路),而另一部分道路则恢复成造林地。

(6) 木材运输货流的单向性

木材运输货流是由伐区向贮木场单方向流动,这些木材流动的数量相当多,而反向货流仅为林区的生产生活物资和居民生活用品等,数量有限,因此两个方向的货流相差悬殊,故称为木材货流的单向性或不均衡性。为了弥补空载行程的损失,林道坡度设计在重载方向上应遵循:道路上坡宜缓,下大坡宜短,下缓坡宜长,以提高车辆重载行程的载量和保持适宜车速;营运期间,在汽车列车的空载行程中,尽量实行"载运挂车回空"(适用于原条挂车),以节省燃料,降低运材成本。在农林交叉的林区尽量利用空载行程,积极组织货源,尽量做到有载回空,增加实载率。

(7) 木材重载方向的下坡性

森林往往分布于海拔较高的山区,因此木材的流向是从山区向平原流动,这是广义的木材运输重载方向的下坡性。从林区内部运输来看,伐区的装车点海拔较高,而贮木场(与社会运输的衔接点)的海拔较低,因而形成道路重载方向的下坡性。我国北方林区多为丘陵地区,绝大多数林道均具有此特性,而且下坡较缓,因此车辆在车重分力的作用下,往往比一般道路载运更重一些的货物;我国南方林区的下坡往往比较陡峻,多不利于车辆运行,故车辆总质量均需严加控制,因此汽车运材一般采取单车,条件适宜才能采用汽车列车。

(8) 运材道路的递增性

为保证伐区在开发期间具有最短的运距和较少的道路投资,所以采用由近及远、采伐衔接点逐渐上移的森林开发方案,因此道路的修建必然也是逐年延伸的,这种特性称为运材道路的递增性。运材道路的递增性对林道网的修建具有重要意义。

9.1.4 木材运输对汽车的要求

木材汽车运输具有下列优点:具有高度的灵活性和机动性,适应当前森林资源分散的特点;对地形有较强适应性;重型车(功率 100 kW 以上)满载、低速、爬坡度可达 21°;公路可通行多种交通工具,支岔线可供营林、人工更新使用;改善当地交通;运材岔线可延伸到伐区,可缩短集材距离,降低集材成本;各载量吨位的汽车对运量有适应性。

木材汽车运输对运材汽车的要求包括以下方面:

①运材汽车的发动机功率应与运材汽车(或汽车列车)总质量相适应。运输距离长,运输量大,大径级木材采用重型汽车;但功率过大,发动机功率利用率降低,燃料经济性下降。

②为保证适当的牵引性能和使用条件下的经济性,动力传动应具有足够的传动比范围。汽车变速器的作用是变速、变扭,即增速减扭或减速增扭。爬坡、高速行驶各需要不同的传动比。

③运材汽车的制动系统应保证其安全行驶。汽车具有在行驶时在短距离停车且维持行驶方向的稳定性和在下长坡时维持一定车速的能力,还应具有在一定坡道上长时间停放的能力。

④为适应木材的长大、笨重以及林区公路质量标准低的特点，运材汽车各类装置应有足够的强度、刚度及较轻的自重。

⑤悬架有良好的功能。悬架传递作用在车轮和车架间的一切力和力矩，衰减由冲击载荷引起的承载系统振动；汽车良好的行驶平顺性能保证人员舒适性，保证货物完好，降低燃料消耗，提高运输生产率，延长零件使用寿命。

⑥对操纵稳定性的要求。汽车能正确按照驾驶员所给定方向行驶；抵抗各种干扰，无抖动、摆动；操纵轻便，方向盘向一个方向极限转弯时不超过一定转数；直线行驶时，方向盘的自由行程最小；转向器要有较小的逆效率，减少传到方向盘的冲击，又保证驾驶员有路的感觉。

⑦配件充足、维修保养容易。

⑧通过性、机动性能好；能以足够高的平均车速通过各种坏路和无路地带。

⑨燃料经济性好。燃料经济性指标包括行驶里程的燃油消耗量（百公里燃油消耗，用于比较相同容量的汽车燃料经济性）、单位运输工作的燃料消耗量[即L/(100 t·km)，常用于比较和评价不同容载量的汽车燃料经济性，其数值越大，汽车燃料经济性越差]。

⑩承载装置的尺寸应根据所运原条、原木的平均材积的单位面积确定。

9.1.5 木材运输对运材挂车的要求

运材拖带挂车运输的优缺点包括以下几点：大幅度提高了汽车运材能力，降低了运材成本；解决了长材、原条、伐倒木的运输；提高了劳动生产率；制造挂车所需设备、材料较少，技术比较简单；增加运输能力更为直接；窄而长的形态优势；汽车列车安全性能比单个汽车差(图9-2)；汽车列车的后退行驶较为困难；由于汽车列车行驶时后面挂车的偏摆和冲击，往往要求扩大道路宽度。

木材运输对运材挂车的要求：满足木材规格的要求，足够的强度，修理方便，便于载运挂车回空，良好的通过平、竖曲线的性能，自重轻、载量大、阻力小，良好的传递牵引力和制动力，与运材汽车匹配。

图9-2 木材汽车列车运输

9.1.6 木材运输发展趋势

(1) 运材岔线深入伐区

在山岭区和丘陵区，运材岔线一般在展线较少的条件下尽量伸向伐区腹部，以缩短集材距离，这是降低木材采运总成本的有效方法。一般来说，凡是根据自然地表、稍加土方工程或稍加展线即能满足林区公路工程设计规程所允许的最大坡度，运材岔线均应延伸上山，尽量接近伐区腹部。当条件合适时，甚至可以无须集材，而采用直接运材的方法，其优点是减少了集材装卸工序，从而可使木材生产的生产率提高，成本下降。

(2) 木材汽列穿梭式运输法

该方法是在装车场进行预装,当汽车载运挂车行驶到装车场后,立即卸空挂重,一台汽车根据实际情况可配备2~3台挂车。此法的优点在于基本上取消了木材的装卸时间及等装待卸时间,缩短了木材运输的周转时间。

(3) 原条运输中,汽车列车实行载运挂车回空

载运挂车回空即在贮木场将空挂车装到汽车上,并运到伐区装车场(图9-3)。其优点是显著减少挂车轮胎和机件的磨损,节省燃料,提高回空速度,增加空载行程的附着力,改善回空汽车的机动性和安全性,减小双车道路面宽度和错车道长度,减轻路面磨损,减轻驾驶员的体力和精力方面的负担。

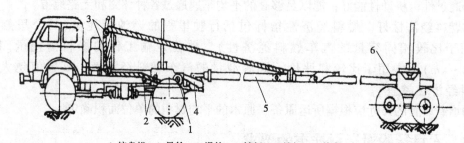

1.绞盘机;2.导轮;3.滑轮;4.铺板;5.辕杆;6.挂车。

图9-3 原条运材汽车列车载运挂车回空

9.2 林道的作用与森林环境保护

9.2.1 林道的作用

在大多数林业作业中,林道是必不可少的。林道为人们提供了进入森林的通道,不但为实施森林经营和采伐作业提供了方便,而且能充当运材道,将木材运出森林。此外,道路对于以林业为生或从事相关行业的人也非常重要,有了林道,以前无法到达的地方也畅通了。具体说,林区道路的作用包括:林道是木材生产的基础设施,是木材商品进入市场的通道;林道为森林经营和森林保护提供了通道,如森林病虫害防治、森林抚育采伐、森林火灾扑救等;林道能促进林产品交流,带动山区、林区经济的发展;林道是连接林区和城镇的纽带,能够促进森林旅游业的发展。

我国的林道等营林基础设施建设严重落后,林道网、森林经营作业道密度低、等级差。目前,全国林道网密度平均每公顷只有1.8 m,处于较低水平。奥地利、德国的林道网密度达89~100 m/hm^2,美国、澳大利亚、英国等国达10~30 m/hm^2。德国、日本、美国等国家各级政府投入的资金占林道等基础设施建设总资金的60%~80%,而我国尚没有专门用于林区道路建设的固定资金投入渠道。

9.2.2 林道选线与设计的环境保护原则

林道选线与设计的环境保护原则包括以下方面:

①林道应尽量避免大的填挖方。为此,应确定有最小坡度的道路位置,依地形修建道

路，尽量减少土体的移动，特别是土体的填充，以免减低土壤的稳定性。如有可能，道路尽量沿等高线设计。

②充分考虑降低对环境的影响。禁止在禁伐区、靠近河流和不稳定坡面上修建林道。

③林道应有良好的排水设施。

④林道两边要有不小于 50 m 的缓冲区，以保持山体稳定，维护道路安全。

⑤应绕开主要的生物多样性保护区和高保护价值森林区域，避免道路的接近效应，避免为非法狩猎提供方便。

⑥林道修建应保护河岸缓冲带。

⑦在易发生火灾的森林中，应将林道作为有效的防火隔离带，其宽度增加一倍。

⑧林道修建应避免扰乱动物迁徙模式，应修建动物通道。

⑨林道规划设计与修建应避免费用高，使用寿命短。

⑩林道修建应尽量少占林地、农田。

⑪应该有计划地、系统地发展林道，既不能零敲碎打，也不能修建超过需要的道路，从而加剧土壤侵蚀、江河沉积，以及道路的修建保养费用过高。

⑫在现地规划林道前，应在地形图上找到潜在的楞场和桥涵的位置。

⑬新建的永久性的林道应当尽可能地沿着等高线设计。

⑭应使林道的数量、长度和宽度最优化。

⑮尽可能在山岭的南侧或西侧设置林道，以使道路接受更多阳光。

9.3 林道设计

9.3.1 平面设计

林道是带状建筑，其平面设计主要包括路线线形设计和用地设计。林道路线线形设计首先应满足汽车行驶要求，同时符合行车安全、迅速、经济的要求，包括平曲线设计和直线设计。具体要求如下：

①所有林道都应留以足够的宽度，以保证车辆的安全通行，但是又不能过宽，以防止森林的过度采伐和过多的土壤裸露。

②林道修建所需的最大采伐宽度，应留出足够的地带，以利于阳光照在路面，使路面在雨后能很快晒干。

③保证林道拐弯处的最大能见距离。

9.3.2 纵断面设计

林道沿中心线纵向剖开，即呈现出道路的纵断面。由于沿线地面的起伏，经常要沿路线方向设置纵坡。道路路线的纵坡设计要保证汽车以一定车速行驶时的平顺性，也要考虑施工中的填挖平衡，还要考虑汽车的动力性和纵向排水性能。为减少汽车通过纵断面上变坡点时的冲击，在变坡点应设置竖曲线。竖曲线按变坡点在曲线上方或下方分别称为凸形竖曲线或凹形竖曲线，竖曲线一般设计成圆弧或抛物线，其弯曲半径应保证行车安全。

林道坡度设计在重载方向上应遵循：道路上坡宜缓、下大坡宜短、下缓坡宜长等，借以提高车辆重载行程的载量和保持适宜车速。

9.3.3 横断面设计

垂直于道路平面中心线所作的剖面称为横断面，主要反映路基的形状。路基是公路的主体，林道一般是土路基。路基是路面的基础和行车部分的基础，必须保证行车部分的稳定性，防止水分和其他自然因素的侵蚀和损害，要求具有足够的力学强度和整体稳定性，具有足够的水温稳定性，同时兼顾经济性。路基横断面通常包括路面、路肩、边沟、边坡等部分。路基顶面高于自然地表的称为路堤，反之则称为路堑，另外还有填挖结合路基。

横断面设计应保证最大降水量所产径流通过的最小边沟面积，保证水能从路面流走所必需的最大弧度，应具有将水流从边沟排到森林中的岔沟。

9.3.4 林道路面设计

路面是在路基上用各种筑路材料铺筑的供车辆行驶的结构层。路面设置的目的是加固行车部分，使之在行车和各种自然因素作用下保证一定的强度和稳定性，满足行车的安全、迅速、经济、舒适的要求。

在路面设计施工时，应保证路面具有以下特性：一定的刚度和强度；足够的水温稳定性；足够的抗疲劳强度和抗老化性能；抗变形积累的耐久性；一定的平整度和抗滑性能；少尘性等。为达到以上特性，路面一般设计成不同材料的多层结构。

(1) 林道的面层

面层是路面的上层，按面层材料的不同，可分为沥青路面、水泥混凝土路面、块料路面和粒料路面。面层直接承受行车垂直力和水平力的反复作用，直接受自然因素的影响，因此要求表面坚实、平整、抗滑、耐磨、无尘，同时具有良好的抗高温、低温损坏和密封不透水的性能。

目前，修筑路面面层的主要材料有水泥混凝土、沥青混凝土、沥青碎（砾）石混合料、沙砾或碎石掺土或不掺土的混合料以及块料等。通常在砂石路面上加铺磨耗层或保护层，以增加面层的稳定性。

(2) 林道的基层

基层主要承受由面层传来的车辆垂直荷载，并将其向垫层和土基扩散，因此要求基层具有足够的强度、刚度、水温稳定性以及与路床良好的黏结性。修筑基层的主要材料有各种结合料（如石灰、水泥等）稳定土或稳定碎（砾）石、天然砂砾、各种碎石和砾石、各种工业废渣（如煤渣、粉煤灰矿渣、石灰渣等）组成的混合料以及它们与土、砂石组成的混合料。

(3) 林道的垫层

垫层主要起到改善土基温度和湿度状况的作用，保证面层和基层的强度和刚度的稳定性。但不是所有的路面都设置垫层，而是根据其所处位置的地质条件来确定。通常在排水不良、地下水位较高的地区设置垫层。修筑垫层所用的材料强度要求不高，但水温稳性和隔热性要求较高。常用的材料有两类：一类是松散粒料（如砂、砾石、炉渣、片石和圆石）组成的透水性垫层；另一类是由整体性材料（如石灰土、炉渣石灰土等）组成的稳定性垫层。

9.4 木材水运

木材水运是指将伐区生产的木材、竹材通过水路运送至贮木场的作业，是利用河流、水库、湖泊及海洋等水路条件，依靠水流产生的动力或船舶完成木材运输的一种运输方式。木材水运方式主要有3种：单漂流送、排运和船运。

9.4.1 木材水运的特点

木材水运的主要优点：

①基本建设投资小，收益大。木材水运利用天然河道，只用少量基建投资，将河道的限制段稍加整治和修建一些必要的工程设施，河道的通行能力就可倍增，效果显著。在运材量几乎相同的情况下，木材水运的基建投资一般仅为木材陆运投资的10%左右，且投资回收期短，收益大。

②运量大。与其他运输方式相比，木材水运具有运量大的优点。例如，轮拖木排的体积一般为2000 m^3，一些较大河川及沿海的木排运输，一次可拖运10 000 m^3以上。

③成本低。木材水运成本比公路运输成本低。据统计，一般木材水运的成本为公路运输的1/20~1/8。

④燃料消耗少。在木材单漂流送和人工排运中，基本上不需要消耗燃料。轮拖排运中，其油耗仅为汽车运输的1/30~1/15。

⑤单位功率的效果大，运输工具占用少。拖船的单位功率拖运木材量约为75 m^3/kW；在单漂流送和人工排运中，无需运载工具，只需辅助作业用的船舶和机械。轮拖木排，一艘拖轮可拖运2000 m^3，相当于400辆载重5 t的汽车。

⑥污染小，占用农田少。木材单漂流送和人工排运一般不消耗燃料，基本上不产生污染。轮拖排运和船运耗油比陆运少得多，其污染也较小。大部分水运工程设施建在河流和水域中，占用农田少。

木材水运的主要缺点：水运周期较长；在单漂流送中，木材易沉没，损失较大；高密度木材浮力小，流送困难；水运不如陆运准时，并且容易发生意外事故；运输线路由河川流向决定，多数为单向运输；水运工作条件差，受气候、季节性影响大。

9.4.2 木材水运河道

(1) 木材水运河道的分类

根据木材水运河道的特点，可按以下几种方法进行分类：按流域面积和年平均最大流量分为小河、中河和大河3类；按地理、地形、水文特征和水面比降分为平原、丘陵和山岳3类；按年内径流分配特征分为春汛类、春汛和夏洪类、夏洪类3类；按河面宽度由大到小和水深由深到浅分为Ⅰ~Ⅴ等，共5等河流；按河道是否经过人工治理分为3级河流。

应该指出，天然河川的类型、等级是根据自然条件划分的，而河川的级别则是根据河道整治情况来评定的。同一河川，其各个河段的等级不一定相同。河道经过治理，其等级可以上升；反之，年久失修或遭破坏，其等级会降低。

(2) 木材流送线路参数

流送线路的基本特征包括河道的宽度、水深、弯曲半径、桥下净空高度等，它决定单漂流送与木排流送物体的吃水深度、宽度和最大长度等参数。

①流送物体吃水深度。漂浮的木材沉入水中的深度，即吃水深度。木材底部与河床间的距离为流送后备水深，单漂流送时应大于 0.15 m，排运时应大于 0.2 m。

②流送物体宽度。河道宽度限制流送木材和木排的允许宽度。单漂流送、放排和拖运时的允许宽度各不相同。在单漂流送过程中，流送线路宽度应大于原木最大长度加上后备宽度。对于放排，其流送线路宽度应大于流送木排的最大对角线长度。在通航河川上拖运木排或驳船时，流送线路宽度应大于木排宽度与船队的宽度之和加上后备宽度。

③流送物体的最大长度。取决于流送线路的最小曲率半径。船舶或木排的允许最大长度一般为线路曲率半径的 1/6~1/5，单漂流送的木材长度应在河道线路曲率半径的 1/3 以内。

④桥下净空高度。在流送线路上如遇到桥梁，应考虑到木材或通航船舶在最高水位时，仍具有一定的空间尺寸，以保证船舶及木排的顺利通过。

9.4.3 木材流送

有些林区一般距木材使用地较远，陆运条件差，充分利用一些中小河川，通过单漂流送或排运(放运小木排、排节或筏)的方式将木材运出，既经济又合理，有时也是唯一的木材运输方式。

(1) 单漂流送

单漂流送是将单根木材推入流送河道之中，利用木材的浮力和水流的动力将木材流送到终点(图 9-4)。密集的木材顺流而下，好像放牧的羊群，所以也称"赶羊流送"。单漂流送的主要特点是运量大、速度快、成本低、无需运载工具、对流送河道的治理要求简单等。但是，单漂流送也存在着阻碍通航、损失率大、木材容易变质等缺点。所以，单漂流送只能在不通航或短期通航的河道上进行。单漂流送的主要工艺过程为到材—归楞—推河—流送—收漂。

图 9-4 木材单漂流送

①到材。在流送之前，将需要流送的木材集运到河边的推河场地称为到材。可采用索道、拖拉机、板车和人工等方法将木材运到河边推河场地。

②归楞。将河边推河场地所到的木材，按照贮存和推河作业的要求，堆放成一定形式的楞堆(如格楞、层楞、实楞等)，以满足迅速推河的要求。

③推河。是指将楞堆木材通过人工或机械的方式推入流送河道。人工推河采用捅钩、撬棍、爬杆等工具，利用木材的重力使木材滑入河中。机械推河采用拖拉机、绞盘机、装载机、起重机等机械进行作业。

④流送。是指将推入河中的木材沿着流送河道顺利地流送到目的地。流送方式主要有 4 种：分段负责制流送、分批逐段流送、大赶漂式流送、闸水定点流送。

⑤收漂。是指对单漂流送到达终点的木材进行阻拦，使其进入收漂工程（如拦木架、河埂和"羊圈"等）。收漂的目的是进行木材转运。

(2) 小排流送

在不适宜采用单漂流送的河道上，可采用小排流送。一般小排由人工操纵流送方向，既可以直接流送到下游，也可以在河道较宽的地方将若干小排合成大排以便继续流送或利用船舶拖运。

①小排的结构要求。小排结构要求前面硬后面轻，即"头硬尾轻"，尾部可以上下运动，增强其穿越乱石浅滩的能力。

②小排的类型。我国常用的小排结构有小招排、蓑衣排和连子排。小招排上设有"招"（舵）以控制方向，它由数个排节用硬结构或软结构连接而成；蓑衣排是将原木的小头用索具连接在一起，大头则不连接，任其松散，如同蓑衣；连子排是一种山区小溪人工放运的较好排型，它由数个排节组成，其长度、宽度、厚度（或层数）则由河道条件决定。

9.4.4 木材排运

在通航的河川上由于不能进行单漂流送，同时河道中流速可能很小甚至为零，有时还需要逆水运输，这时就需要采用木材排运或木材船运。

(1) 木材排运的方式

木材排运是利用索具将木材按一定的方式编扎在一起，以水流或机械为动力，使其沿水路漂运至目的地（图 9-5）。木材排运有两种方式：放排和拖排。以水流为动力，工作人员在排上仅控制方向，这种方式称为放排。以机械（通常为船舶）为动力，使木排运行并控制其方向的称为拖排。

图 9-5 木材排运

(2) 木排的类型

木排按结构分为 3 种：平形排、木捆排和袋形排。

①平形排。是用索具将原木编扎成一个平整的结构，利用船舶拖运。平形排分单层和多层。平形排结构适用于既不满足单漂流送又不满足木捆排运输的河道。它与木捆排相比主要缺点为：编扎困难，生产效率低，劳动强度大，编扎需要的辅助用材多，索具一般不重复使用，运行过程阻力大，工序复杂，编扎质量不易保证。

②木捆排。是由多个木捆联结起来的木排。木捆是将长度基本相同的材种用索具捆扎在一起，其端面呈椭圆形。特点：编扎和拆散方便，容易实现机械化作业，生产效率高。另外，针阔叶材混合编扎，可解决大密度木材的运输困难问题；索具可以重复使用，降低了编扎索具费用。它易于合排和拆排的特点更能适应市场多客户、小批量的需要，在运输沿途可以解散几个木捆向客户供应木材，而不影响整个运输过程。木捆的出河工艺也比较

简单，利用起重机可以直接将木捆起吊出河并吊至运材汽车上运出。木捆的编扎主要有两种：立柱式和绳索式，一般采用机械进行。

③袋形排。是将散聚的木材围在一种漂浮的柔性排框之中，用船舶进行拖运。由于其排框形似口袋将木材装在其中，故称为袋形排。它是介于单漂流送和排运之间的一种木材水运方式。袋形排的编扎工艺比较简单。袋形排拖运速度不能太大，一般相对速度（相对水流速度）不大于 1 m/s。袋形排的规格主要依据流送线路的特征而定。在通航水域中，袋形排的宽度不得超过航线宽的 1/3。在非通航条件下，宽度不得超过流送线路的 2/3。袋形排的长度一般为宽度的 1.2~4.0 倍。

9.4.5 木材船运

木材船运是利用船舶的载货能力来运送木材（图 9-6）。在木材水运中，虽然木材船运的运输成本最高，但其木材损失率小，安全可靠性高，既可顺流运输，又可逆流运输，优势明显。对于大密度木材、珍贵木材和木材的半成品，采用船舶运输较其他方式运输更为合适。我国进口木材主要依靠远洋船运。

图 9-6　木材船运

木材船运也适合于社会运输，根据运输线路不同一般分为 4 种：内河（包括湖泊与水库）船运、江海直达船运、沿海船运和远洋船运。在我国内河及江海直达木材船运中，长江、珠江、闽江、黑龙江和松花江等水系覆盖了我国主要的木材生产地区和使用地区。沿海木材船运线路主要集中在大连—上海、上海—青岛（烟台），以及广西、广东、福建到浙江、上海等航线。

木材货物包括原木、锯材、木片、纸卷和纸浆等。在运输过程中，木材船运与其他货物船运基本相同，但在木材装卸上与其他货物有一定的区别。木材的装卸是船运中的一个重要环节，也是一项十分繁重的工作，一般采用起重机械或升运传送机械完成。

(1) 木材船运船舶的类型

木材船运船舶有拖轮、驳船、散货船和专用运木船等。拖轮用于牵引木排或其他船舶。驳船分为有自航能力的载货驳船和不能自航的机驳船。

江河木材专用船舶和运木驳船通常在甲板上载运，也可采用仓装运输。湖海木材专用船舶通常为仓装运输，也采用甲板堆放，可散装、捆装和排运。对于木片运输船舶，因木片密度小，船舶结构力求取得最大的货舱容积。纸和纸浆运输专用船舶应具备宽敞的货舱、较大的仓口以及平整的垂直舷墙，以提高载货空间和载重利用系数，并防止装卸、堆放和运输过程中出现货物损坏。

(2) 装船作业

装船作业指利用各种装卸设备从水上或岸上将木材装到运木船的船舱或甲板上的作业过程。装船方式一般有两种形式：一种是采用升运机或水上起重机由水上向船舱或甲板上装载木材；另一种是利用船上起重机或港口起重机由岸上向船上装载木材。

原木和锯材在船上的堆放有两种形式：散装和捆装。散装是在船舱内顺着船舶将木材堆成木剁；对于驳船，木材可以从头至尾顺序堆放。捆装时，如为短木垛，可以纵向或横向堆放，上、下层同方向堆放；当长、短木捆同时装载时，应先装短木捆，然后再装长木捆，长木捆一般装在甲板上。船舶一般不允许散材和捆材同时装载，在特殊情况下，应先装散材，然后装捆材。

(3) 卸船作业

原木的卸船分为两种情况：直接卸到岸上和先卸入水中再出河。利用港口的起重设备可直接将木材卸到岸边贮木场地或卸到运载车辆上将木材立即运走。在一些大的木材码头，由于船运木材的数量较大，需要进行分类，然后进行调拨或销售。这时一般先用水上起重机将木材卸入水中，然后进行分类等作业，最后用出河机或其他起重设备将木材出河，进行归楞存放或装车运走。

复习思考题

1. 木材运输与其他货物运输相比，有哪些特点？
2. 木材汽车运输对汽车和挂车有什么要求？
3. 林区道路选线设计的环境保护原则有哪些？
4. 木材水运有哪些优缺点？木材水运有哪些类型？
5. 林区道路的路面设计应满足哪些要求？
6. 木材运输的发展趋势是什么？

第 10 章

森林采伐规划设计与森林环境保护

10.1 森林采伐规划设计分类

森林采伐规划设计是森林经营规划的一部分。森林采伐一方面是合理利用森林资源，为经济建设和社会需求提供木材原料；另一方面也是科学调整森林结构（年龄、树种、林种），为培育后续森林资源创造条件的重要手段。此外，森林采伐还具有改善林分质量，提高林地生产力，通过合理采伐保护人类生存环境的作用。

为保证科学有序进行森林采伐，必须重视对森林采伐规划设计的管理和指导。例如，通过控制年采伐量和颁发采伐许可证的措施，合理规范森林采伐活动。森林采伐规划设计分为：长期规划（10年规划）、中期规划（5年规划）、年度计划（1年规划）、施工作业计划（几个月）。森林采伐规划的主要内容包括：明确采伐作业区范围；确定合理采伐量；确定各种采伐类型及比例；确定木材生产工艺；规划林区基础设施；规划森林恢复等。

10.1.1 森林采伐长期规划

10.1.1.1 森林采伐长期规划的考虑因素

森林采伐长期规划应考虑的因素包括：

①森林资源稳定及增长。森林是可更新资源，森林采伐规划应考虑采伐量与生长量的平衡，采伐量不超过生长量。《森林法》规定："国家严格控制森林年采伐量。省、自治区、直辖市人民政府林业主管部门根据消耗量低于生长量和森林分类经营管理的原则，编制本行政区域的年采伐限额，经征求国务院林业主管部门意见，报本级人民政府批准后公布实施，并报国务院备案。重点林区的年采伐限额，由国务院林业主管部门编制，报国务院批准后公布实施。"《森林法》还规定："采伐林地上的林木应当申请采伐许可证，并按照采伐许可证的规定进行采伐；采伐自然保护区以外的竹林，不需要申请采伐许可证，但应当符合林木采伐技术规程。"通过采伐成熟林，合理造林、低产林改造、抚育间伐等措施促进森林蓄积量的不断提高。尽量保持采伐量的稳定，满足社会的需求及经营者的经济利益。

②经济发展对木材资源的需求。为了满足经济发展对木材资源的需求，在森林采伐规划中，短轮伐期工业原料林、速生丰产林（培育大径级木材）、一般人工林要各占一定的比例。

③森林经营者培育和经济方面的需要。通过积极发展林农间作发展林下经济，通过发展林草、林花、林菜、林菌、林药模式发展非木质产品，发展森林旅游业，以短补长。

④不引发或增加区域生态安全风险。森林采伐不应引起无法控制的水土流失、溪流水质严重污染、增加野生物种的生存风险。应综合考虑生态、经济、社会效益。

10.1.1.2 森林采伐长期规划的内容

(1) 明确禁伐区的范围和界限

具有下列一种或多种属性的高保护价值森林集中的区域，在功能区划中应优先区划出来，划定为禁伐区。

①在全球或国家水平上，具有重要保护价值的生物多样性显著富集的区域。

②在全球或国家水平上，具有重要保护价值的主要物种仍基本保持自然分布格局的大片森林景观。

③有珍稀、受威胁或濒危物种的生态系统区域。濒危物种是在短时间内灭绝率较高的物种，种群数量已达到存活极限。珍稀物种是国家法律法规，国际保护公约确定的珍稀物种。

④提供生态服务功能的区域。江河源头及两岸、水库与湖泊周围、重要湿地周围山地、对侵蚀控制非常重要的森林（坡度在30°以上，森林采伐后会引起严重水土流失的区域），以及土层瘠薄、岩石裸露、采伐后难以更新或生态环境难以恢复的森林都应划为禁伐区。

⑤满足当地社区如生存、健康等基本需求的森林区域。

⑥自然与文化遗产地、风景名胜地、历史遗址地周围山地第一重山脊或平地500 m内的森林区域。

⑦对当地社区的传统文化特性具有重要意义的森林区域。

⑧保护区域的位置能全面代表森林经营单位内各种森林类型的，如低地森林、河岸森林、高山森林等。

⑨具有特殊用途的森林，如国防林、母树林、种子园、实验林等。

⑩社区水源林。县城以上（含县城）唯一水源地周围第一重山脊内的森林。由于森林生态效益的外溢性，森林采伐利用仍然是森林经营者的重要经济来源，森林公益效益必须通过国家管制和社会公约的约束才能实现。

(2) 森林分类区划与经营布局

根据森林资源的主导作用、经营目的、经营利用措施，将林地分别归类组织，组成不同的森林经营单位，即经营类型，并形成一套完整的经营体系、经营措施。经营类型是森林资源的划分单位。

森林经营类型组织中应考虑的因素包括：林种、树种、起源、立地条件、经营目的、经营水平等。只有这些因素在都相同的情况下，才能组织某一类森林经营类型，如（人工）集约杉木大径材、（人工）一般杉木大径材等。森林经营类型的组织，尽可能与过去区划一致，以保持现有林分类型的稳定性与一致性。

(3) 确定采伐类型和采伐方式

采伐类型是一级分类，采伐方式是二级分类。采伐类型和采伐方式确定的依据是林种和林况(包括年龄结构、层次结构、树种结构等)。

采伐类型包括主伐、抚育采伐、低产(效)林改造采伐、更新采伐和其他采伐。以上采伐类型涵盖了现实林分采伐的全部采伐类型,长期采伐规划应确定不同经营区的采伐类型和采伐方式。长期采伐规划中,应针对现有森林资源状况,初步确定需要采取相应采伐措施的森林资源,并进行采伐措施归类,即主伐型、抚育采伐型、改造采伐型、更新采伐型等。

采伐方式中,主伐方式包括皆伐、渐伐、择伐,抚育采伐方式包括透光伐、生长伐,低产林改造采伐包括皆伐改造、择伐改造。

(4) 确定合理年采伐量

合理年采伐量测算应根据采伐类型,按采伐量不超过生长量的原则确定。根据森林资源调查资料,进行合理年采伐量测算,采用模拟测算法。模拟测算的原则:能够保证可持续轮伐,在一个轮伐期内年伐量稳定。

(5) 伐区配置

根据森林资源状况、地利条件、社会需求,从优化森林资源和满足社会需求的角度,对采伐时间进行地域上的分布,称为伐区配置。伐区配置应考虑以下因素:

①对于地利条件允许的低产林应优先开展低产林改造采伐。

②在中幼林资源占优势的经营单位应侧重中幼林抚育。

③在采伐量低于生长量的基本原则下,尽可能先安排过熟林的采伐,为林地更新创造条件。

④考虑与道路规划的互动,尽可能优先考虑地利条件好的成、过熟林,由近及远地安排伐区,促进道路的延伸。

⑤尽可能考虑对环境影响较小的成、过熟林采伐。山脊处、土层浅薄处的森林不采伐。在未来10年可进行采伐的小班,要包括即将进入成、过熟阶段的小班;对短轮伐期林培育而言,包括现有的采伐迹地,但必须在采伐缓急布局中加以说明。

(6) 林道规划

森林资源大多在山区,进行一定数量的林道建设仍是必需的,甚至可成为当地基础设施建设的基本构成。长期采伐规划中应对主要道路或关键道路进行规划,有计划地发展木材采伐运输系统。林道规划的考虑因素包括:

①要充分考虑现有的集材方式及使用条件。林道分为干线、支线和岔线,干线通往贮木场,支线通往伐区(作业区),岔线通往各装车点应与集材楞场衔接。

②考虑环境影响与运输安全。例如,确定有最小坡度的道路位置,依地形修建道路;尽量减少土体的移动,特别是土体的填充,以免减低土壤的稳定性;道路尽量沿等高线布设等。

③结合伐区配置,确定大体的林业主要运输道路规划。应该有计划、系统地发展林道,避免零打碎敲。

④确定合理的道路密度。道路密度不足也会增加木材生产的成本,并影响森林经营活动。但道路密度越高,受损的森林面积越大。

⑤对于深入具体伐区的非主要道路,如通往楞场的岔线以及10年规划期内不进行采

伐的森林不在规划之列。

⑥林道规划设计与修建应避免费用高、使用寿命短。干、支、岔线应采用不同的标准。林道规划的内容应包括修建林道的长度、桥梁数量、涵洞数量；确定建设和保养所需的年度劳动力需求量；在图面上标示初步的线路图、桥梁和涵洞的位置，以及特别注意的事项，如保护区、危险区等。

(7) 配套设施修建与维护

长期采伐规划中应对主要配套措施进行规划，结合森林采伐配置、林区道路规划，以及周边居民点的分布，确定主要集材点或临时集材点、工人主要生活区、人员数量，确定需要修建的主要设施设备、机械类型和数量，并在图面上标出主要建设点。

(8) 伐区森林恢复

伐区森林恢复的主要内容有：造林树种、更新方法、更新时间。要结合长期森林可持续和森林培育的需要，考虑今后市场的可能需要，规划长、中、短期造林的主要树种，要注意保持乡土树种、速生树种、珍贵用材树种的合适比例。造林树种的选择原则一般包括：按培育目标定向选择树种；按适地适树的原则选择树种；对比分析选择树种；现有人工林的调查；树种选择方案的择优确认。用材林树种选择集中反映在速生、丰产、优质等目标上。

①速生性。我国是世界上人均森林资源数量最低的国家之一，我国森林资源与飞速发展的经济对木材的需求产生了突出的矛盾。发展速生树种造林是全世界的共同趋势。意大利、法国、韩国在杨树造林中取得显著成效，意大利仅用林地面积的3%，生产全国工业用材的50%，新西兰营造大面积辐射松，仅以全国林地面积的11%，生产木材产量的95%。我国的乡土速生树种很多，如北方的落叶松、杨树，中部的泡桐、刺槐。南方的杉木、马尾松、毛竹等。此外，从国外引进的松树、桉树都是很有前途的用材树种，这些树种少则10年就能成材利用。

②丰产性。树种的丰产性要求树体高大，材积生长的速生期维持时间长，又适于密植，因而能在单位林地面积上最终获得比较高的木材产量。有些树种既能速生，也能丰产，如杨树和杉木。有些树种速生期早，但维持时间比较短，因而只适合稀植，不适合密植，这些树种只能速生，但不能丰产，如刺槐、旱柳、臭椿。有些树种速生期较晚，但进入速生期后的生长量较大且维持时间长，如红松、红皮云杉等。

③优质性。良好的用材树种应具有良好的形态，主要是指树干通直、圆满、分枝细小、整枝性能良好。所谓质，是指材质优良，经济价值较高。一般用材要求材质坚韧、纹理通直均匀、不易变形、干缩小、容易加工、耐磨、抗腐蚀等。家具用材除上述特点外，还要求材质细密、纹理美观、具有光泽。大部分针叶树有良好的性状，这是目前针叶树造林面积多于阔叶树的主要原因。阔叶树中，也有树干比较通直的，如毛白杨、檫木等，但大部分阔叶树的树干不够通直或分枝过低、主干低矮(如泡桐、槐树)，或树干上有棱状突起，不够圆满，但阔叶树纹理美观。大径级高质量的木材用途广、易加工、利用率高，仍是大量需求的商品用材，尤其是一些有特殊用途的珍贵用材越来越少，供不应求。森林恢复应适地适树，对用材林树种说，要达到成活、成林、成材，适地适树还要有一定的稳定性，即对间歇性灾害有一定的抵抗能力。

(9) 投资与成本估算

根据森林采伐、林道及配套设施修建与维护、森林恢复等劳动力需求量、机械设备类型与数量、材料类型与数量，以及物价利率水平估算投资与成本。

(10) 约束性与合理变动

说明可能变化的情况、变动的可能原因和规划变动方法，提出规划允许变化的合理范围和程度，且同样应遵循编制的基本原则，如突发性的自然灾害可能导致更多的低产林改造，国家政策调整可能导致林种的变化等。

(11) 特别事项说明

除对生态环境影响、安全、卫生等内容提出原则性说明外，还要根据采伐规划中可能出现的重大问题（如危险区林道建设、受采伐影响的居民区），在图上标注，提出解决原则。

(12) 附表

附表包括森林资源现状统计一览表、采伐规划一览表、林区道路规划一览表。

(13) 附图

①森林资源分布图。以地形地貌、行政界线、经纬线为基础，应标示经营单位的资源分布范围，并标出行政中心、乡镇、河流、道路和主要特征点，如山峰高程、文化遗迹等及基础设施。如有可能，图面上应包括等高线、森林覆盖类别。

②采伐经营布局图。以森林资源分布图为底图，要求有林种区的划分，标注禁伐区、限伐区、常规采伐区，以及保护区域或保护点、采伐时间分割线、主要道路规划、主要设施点、重大问题点或问题区。

10.1.2 森林采伐中期规划

森林采伐中期规划的意义在于落实长期规划，基于现有森林资源状况，对长期采伐规划进行必要调整，用于指导年度计划。

10.1.2.1 森林采伐中期规划与长期规划的关系

长期森林采伐规划包括两期的中期采伐规划，前5年的采伐规划构成前期采伐规划，伐区落实到前5年，后5年仅做规划性的安排。因此，后5年的采伐规划需要在内容框架与长期采伐规划保持一致的基础上，将长期规划中规划后期的内容细化，并进行必要的调整。

10.1.2.2 森林采伐采伐中期规划的内容

森林采伐中期规划的主要内容包括经营类型调整、制定采伐限额、伐区配置调整、造林恢复、林道规则、投资与成本测算、约束性与合理变动等。

(1) 经营类型调整

经营类型调整的依据：①多年营造林使地类、树种等资源状况发生变化。例如，短轮伐期工业原料林变成了采伐迹地；纯林变成了混交林。②政策变化导致的林种结构变化。例如，商品林变为公益林。我国2017年全面停止天然林商业性采伐。③由于森林培育、木材生产与加工等产业技术的改进导致了森林资源利用方式、利用效率的变化。例如，生产旋切单板用材,原来受加工技术限制,会剩余 12 cm 的木芯,加工技术改进后,剩余的木芯 3 cm,许多厂家可利用径级 14 cm 以下原木。原来培育大径材的经营类型可以作调整,提前采伐。再如,由于森林遗传育种技术改进,培育出新的速生丰产树种,原有森林经营规划就可能发生变化。④市场需求发生变化。例如,如果市场对中径级速生丰产林需求旺盛,就要采伐一部分原培育大径级的速生丰产林。

(2) 制定采伐限额

中期采伐规划的编制,也是采伐限额的编制和落实到伐区的过程,需要按照采伐限额测算方法重新测算年伐量。《森林法》规定:"国家严格控制森林年采伐量。省、自治区、直辖市人民政府林业主管部门根据消耗量低于生长量和森林分类经营管理的原则,编制本行政区域的年采伐限额,经征求国务院林业主管部门意见,报本级人民政府批准后公布实施,并报国务院备案。重点林区的年采伐限额,由国务院林业主管部门编制,报国务院批准后公布实施。"森林采伐限额分为商品林限额和公益林限额。采伐限额按采伐类型分为主伐、抚育采伐和其他采伐限额。其他采伐包括低产林改造和能源林采伐、"四旁"树采伐、散生木采伐、经济林采伐等。

(3) 伐区配置调整

将后 5 年的伐区落实到小班地块。伐区配置应考虑:低产低效林分必须及时更新改造;经营上特殊需要,如林道建设,不论林况与林龄都必须采伐;需要及时抚育采伐的中幼林、过熟林分应及时采伐;伐区尽可能相对集中,有利于林道修建,尽可能由近及远;皆伐面积按坡度限制;不采伐严禁采伐和难以更新的林分;年度之间,采伐资源应好坏均匀搭配。

(4) 造林恢复

造林恢复应与采伐小班的计划相结合,根据小班的特点,考虑市场需求、立地条件及树种培育技术的改良,选择优良更新品种,树种变动的幅度不应过大。

(5) 林道规划

林道规划要根据伐区配置进行调整。在第二期中期采伐规划中,由于采伐时空的变化,森林经营方案中后 5 年林道修建发生变化,要根据现有状况重新规划,并在图面上标示规划结果。

(6) 投资与成本测算

投资与成本估算的要求与长期采伐规划一致。根据森林采伐、林道及配套设施修建与维护、森林恢复等需要的劳动量、机械设备类型与数量、材料类型与数量,以及物价利率水平估算。

(7) 约束性与合理变动

由于未来的不确定性,中期规划还应考虑年度采伐计划允许的变动范围。

10.1.3 森林采伐年度计划

森林采伐年度计划是森林采伐作业设计的主要依据,应落实到伐区。年度计划于实施前半年制定,实施期 1 年。

森林采伐年度计划的主要内容包括:确定伐区位置和界限;按作业小班,确定采伐类型、采伐方式、采伐强度、采伐量、采伐时间;确定各级缓冲区的长度、宽度、面积;确定森林更新计划,包括更新树种、更新方式;道路、集材道和楞场的修建计划;主要潜在危险的处理方法,例如,采伐、集材、道路方面危险的应急处置;约束性和合理变动,约束性和合理变动是考虑到年度内的可能变化因素,确定的变化范围;采伐年度计划的框架内容基本与采伐中期规划涉及的内容一致,并将采伐数量落实到具体小班;伐区分布图和更新作业图也是必需的,伐区分布图包括拟采伐伐区范围,以及设置的缓冲区、道路、集材道、楞场等,更新作业图包括拟更新树种规划图。

森林采伐年度计划编制完成后,应申报森林经营单位的直接主管部门进行审核、审批,并报所在县级林业主管部门备案。森林经营单位应严格按采伐年度计划实施,林业主管部门负责监督或委托相关部门负责监督采伐年度计划的组织实施。

10.1.4 森林采伐施工作业计划

(1) 编制时间

森林采伐施工作业计划应在采伐许可证已经审批和伐区的招投标完成后进行编制。施工作业计划的内容包括:任务计划安排、材料设备安排等。

(2) 工作程序

①现场查对。森林经营者或森林所有者通过公开招标、邀请招标、直接指定的方式,邀请拟参与采伐施工的作业者,并组织他们实地了解伐区状况,明确采伐作业设计确定的各项任务。

②确定采伐作业队伍。在现场查对的基础上,通过招投标或直接指定的方式,森林所有者或经营者确定采伐作业队伍。

③任务拨交。三方(林政管理人员、森林经营者或森林所有者、施工作业者)在现地分配和拨交采伐作业任务。

④编制施工计划。施工计划的主要内容包括:a. 明确各项作业的实施地点、时间和顺序,包括一个完整的采伐更新过程(楞场、集材道、生活点修建;伐木、打枝、造材、集材、归楞、装运;伐后林地清理、更新等)。b. 编制各项作业的工程数量、工程造价。c. 编制物资材料计划。d. 编制突发事件对策。施工作业者将完成的工作计划提交森林经营单位审批。如审批通过,可以按施工作业计划开展森林采伐作业,森林经营者以此向施工作业队伍支付相应的采伐作业费用。

10.2 伐区调查设计

10.2.1 伐区调查设计的概念

伐区指的是同一年度内用相同采伐类型进行采伐作业的、在地域上相连的森林地段。伐区调查设计指具有伐区调查设计资质的森林资源调查规划设计单位,受森林经营者委托或林业行政主管部门指令后,按有关规定,在限定的范围内开展调查设计。伐区调查设计是在资源和地形调查的基础上选择合适的采伐方式、集运材方式、清林方式、更新方式和工程设计(楞场、集材道、运输道路、生活区),并测算成本和产量等。伐区调查设计是申请林木采伐、核发采伐许可证的主要依据。《森林法》规定:"采伐面积或蓄积量超过省级以上人民政府林业主管部门规定面积或者蓄积量的，还应当提交伐区调查设计资料。"伐区调查设计在前，施工计划在后。

10.2.2 伐区调查设计程序

伐区调查设计程序：森林经营者申请—行政主管部门审批—委托林业调查设计单位开展伐区调查设计—森林经营者全面审核—林业行政主管部门审批—森林经营者组织采伐。

10.2.3 伐区调查设计的内容

(1) 伐区定位

在地形图上大致确定伐区位置，明确大致的四至范围，包括经纬度、临近的乡镇、林班号(或村庄)、小班号，以及其所在的小地名或可标识的相邻地名。

(2) 初步设计

初步辨识陡坡、缓冲区，拟定集材点、楞场，标示集材道路、运输道路、控制点(山脊、河流、陡的地形)等。

(3) 实地确定伐区界限和面积

根据伐区的四至，据图找到伐区位置。利用罗盘仪导线实测方法确定伐区面积和形状。利用罗盘仪定向，测距形成闭合导线圈，确定伐区界限，求算面积；或用GPS沿伐区界限绕测一周，每隔一段距离定点，用定点多边形求算伐区面积。

采用刮皮标记伐区界限：将伐区外靠近伐区的树木，刮皮为记，并标明伐区号。

(4) 伐区概况调查

伐区概况调查的主要内容包括：

①地形、地貌、土壤情况调查。内容包括：坡向(包括东、南、西、北、东南、西北、东北、西南)、坡位(包括山脊、坡上、坡中、坡下、谷地)、坡度(包括平坡、缓坡、斜坡、陡坡、急坡、险坡)、土壤厚度和土壤质地。

②林分情况调查。内容包括：树种组成、树种年龄、郁闭度、平均胸径、平均树高、林分密度、林分蓄积量、林下更新情况调查(主要是下层植被中幼树和幼苗的生长情况)、木材采集运条件调查(包括已有的林区道路、桥梁、河流状况调查)，以及珍稀树种、母树、特殊保护地段的调查。

(5) 伐区工艺设计

①采伐作业设计。包括缓冲区设计、采伐类型和采伐方式设计、伐木标识、伐木顺序与倒向设计等内容。

缓冲区设计：伐区内分布有溪流、湿地、湖沼或伐区边界有自然保护区、人文保留地、野生动物栖息地、科研试验地等应设置缓冲区。

采伐类型和采伐方式设计：应根据森林经营的林种、林分年龄、林分特征、树种更新特点、地形、采伐经济条件等，按有利于水土保持、有利于森林更新和方便木材生产的要求，因林因地选择采伐类型和采伐方式。

伐木标识：对采伐木、需特殊保护的树木应标号。

伐木顺序与倒向设计：伐木顺序与倒向设计应为集材创造条件，根据地形地势、集材道，设计每个采伐地块总的树倒方向和伐木顺序。要有利于采伐安全、有利于保护保留木，有利于集材作业。树倒方向一般倒向集材道，最好与集材道方向呈斜角。

②集材方式设计。集材方式受地形（技术限制）、出材量（经济收益）、生态保护（保护土壤，保留木）的制约。集材类别包括绞盘机、索道、拖拉机、板车、渠道、滑道、畜力、人力、空中集材、接力式集材等。集材方式尽量使用对地面破坏最小的设备，减少对保留木和更新幼树的破坏，尽量降低成本。

③伐区清理方式的选择。归堆适合于择伐、抚育采伐的伐区；归带适合于皆伐迹地、坡度大、剩余物多，易于发生水土流失的伐区；散铺适合于土壤瘠薄、干燥及陡坡、剩余物较少的伐区；火烧法适合于遭受严重病虫害的林分。

④造材设计。造材设计的一般原则：长材不短用、优材不劣用，尽量造大尺寸的材种；碰弯下锯、缺陷集中、弯曲分散、尽量不降低木材等级；留足后备长度，锯口要平直。

⑤更新设计。更新方式分为人工更新、天然更新、人工促进天然更新。更新设计的原则：因地制宜，确定合适的更新造林树种、更新方式；尽可能快速恢复植被；分别采伐迹地、集材道、楞场等确定更新要求；按林种要求，制定相应的造林技术措施，合理造林。

人工更新：人工更新适合于皆伐迹地、更换树种的采伐迹地、集材道路、楞场、低产林皆伐改造迹地、皆伐工业原料林迹地等。

天然更新：适合于渐伐、择伐迹地，择伐改造的低产林迹地，采伐后保留的目的树种幼苗、幼树较多且分布均匀的采伐迹地，采伐后保留天然下种母树较多或根蘖能力强的树桩较多的采伐迹地，以及需要保持自然生长状态，立地条件好，降水量大的采伐迹地。

人工促进天然更新：适合于渐伐迹地，补植改造的低产林地，采伐后保留目的树种的天然幼树、幼苗较多但分布不均的采伐迹地，以及其他适合于天然更新，但完全依靠自然力规定时间内达不到规定要求的林地。

(6) 伐区工程设计

伐区工程设计包括：临时居住场所设计、集材道设计、楞场设计、林区道路设计等。

①临时居住地设计。临时居住地应选择地势平坦、排水良好、临近水源、出入方便、手机和对讲机信号覆盖的区域。临时居住地应设置临时蓄水池、垃圾处理设施等。

②集材道设计。集材道包括拖拉机道、板车道、索道索廊、滑道、畜力集材道等。集材道布局的考虑因素包括：根据楞场位置，尽量缩短集材距离；尽量避开和远离河道、陡峭、不稳定地区；避开禁伐区和缓冲区；避免横向坡度；曲线数量尽量少，减少林地占用；工程量小；贯穿生产木材集中地带；应简易低价，易恢复林地。根据《森林采伐作业规程》(LY/T 1646—2005)，集材道主要技术参数包括：宽度、最大纵坡、最小平曲线半径、经济集材距离等（表10-1）。

拖拉机道、板车道、畜力集材道的设置包括：顺坡设道（作业区是一面坡，且坡度较缓，顺山坡设置主道）、斜坡设道或迂回设道（作业区内的坡度较陡，或超过拖拉机爬坡限度时，可斜坡设道或迂回设道）、综合设道（作业区地形复杂，采取一种方法不能完成集材道设置时，采取两种以上的方法设置集材道）和沟中设道（作业区处于两山夹一沟，若沟不宽，两山坡面又不大时，可在沟中设道）。

表 10-1 不同集材道的主要技术参数

集材道类型	宽度(m)	最大纵坡坡度(°)	最小平曲线半径(m)	经济集材距离(km)	备注
拖拉机道	3.5	25	7~10	2.5	如果半径取小值，弯道内侧应加宽
胶轮板车道	2.0	8	5	1.5	
索道		45		1.0	转弯偏角30°以下
人力、畜力集材道	2.0	15	人力不限；畜力20	0.5	
运木渠道	0.8(底宽)	7	50	2.5	
滑道	1.0	45	≥80	1.5	

索道线路应尽可能通过伐区木材最集中的地方以提高集材效率。尽量选择直线线路，不可避免时转变水平角不超过30°。线路的起、终点之间的平均坡度控制在7°~24°，最大不超过45°。中间支架间距300~500 m。

如与其他集材方式配合，山上楞场应设置在便于木材小集中的地方，山下楞场应选择在有较大面积的平缓处。

复习思考题

1. 森林采伐长期规划的内容包括哪些？需要考虑哪些因素？
2. 森林采伐中期规划调整的依据有哪些？
3. 森林年度采伐计划与施工计划的主要内容有哪些？
4. 伐区调查设计中的工艺设计包括哪些内容，应考虑哪些因素？
5. 伐区调查设计中的工程设计包括哪些内容，应考虑哪些因素？
6. 高保护价值森林包括哪些森林类型？

参 考 文 献

曹凑贵, 2006. 生态学概论[M]. 2版. 北京：高等教育出版社.
陈宏伟, 2006. 云南热区阔叶人工林可持续经营与发展[M]. 昆明：云南大学出版社.
陈陆圻, 1991. 森林生态采运学[M]. 北京：中国林业出版社.
储菊香, 2007. 对森林采伐限额编制的认识与思考[J]. 林业资源管理(3)：10-12.
邓盛梅, 2005. 人工林伐区常用采集运作业模式经济效益评价[J]. 森林工程, 21(1)：57-59.
翟明普, 沈国舫, 2016. 森林培育学[M]. 3版. 北京：中国林业出版社.
东北林学院, 1986. 木材运输学[M]. 北京：中国林业出版社.
窦营, 余学军, 岩松文代, 等, 2011. 中国竹子资源的开发利用现状与发展对策[J]. 中国农业资源与区划, 32(5)：65-70.
冯瑞芳, 杨万勤, 张健, 2006. 人工林经营与全球变化减缓[J]. 生态学报(11)：3870-3876.
国家林业和草原局, 2019.《中国森林资源报告(2014—2018)》[M]. 北京：中国林业出版社.
国家林业局, 2005. 森林采伐作业规程：LY/T 1646—2005[S]. 北京：中国林业出版社.
国家林业局, 2018.《全国森林经营规划(2016—2050年)》[M]. 北京：中国林业出版社.
黄国强, 郑新震, 2003. 伐区剩余物合理利用[J]. 林业建设(2)：18-20.
贾治邦, 2006. 大力推进林业又好又快发展, 发挥林业在建设节约型社会中的作用[J]. 中国林业(11A)：4-8.
李俊清, 牛树奎, 刘艳红, 2017. 森林生态学[M]. 北京：高等教育出版社.
李怒云, 何友均, 李智勇, 2011. 可持续森林培育与管理实践[M]. 北京：中国林业出版社.
李怒云, 李智勇, 董汉民, 2006. 可持续林业倡议与最佳经营指南[M]. 北京：中国林业出版社.
李培, 卢朗, 2013. 木材材料特性分析——木质材料在现代空间设计中的应用探析[J]. 设计(11)：83-84.
李振基, 陈小麟, 郑海雷, 2007. 生态学[M]. 北京：科学出版社.
李智勇, 李怒云, 何友均, 2011. 多功能工业人工林生态环境管理技术研究[M]. 北京：中国林业出版社.
林金叶, 2006. 杉木人工林不同造材方式的效果分析[J]. 福建林业科技, 33(1)：90-93.
刘能文, 曹长坤, 余小溪, 等, 2021. 2020年我国木材与木制品进出口贸易情况及2021年展望[J]. 林产工业, 58(5)：65-68.
刘能文, 2020. 我国木材与木制品行业发展现状及趋势[EB/OL]. [2020-01-03]. https：//www.sohu.com/a/364554203_813805.
刘能文, 2018. 我国木业发展与现状[EB/OL]. [2018-07-26]. https：//www.sohu.com/a/243804160_816234.
毛文永, 2003. 生态环境影响评价概论[M]. 北京：中国环境科学出版社.
牡丹江林业学校, 1982. 木材生产工艺学[M]. 北京：中国林业出版社.
南京林业大学, 1994. 中国林业词典[M]. 上海：上海科学技术出版社.
蒲莹, 张敏, 夏朝宗, 2012. 我国松脂资源状况及保护发展对策[J]. 林业资源管理(3)：42-44.
沈国舫, 2001. 森林培育学[M]. 北京：中国林业出版社.

石峰，2008. 应高度重视我国木材安全战略问题[J]. 中国林业产业(6)：48-51.

史济彦，肖生灵，2001. 生态性采伐系统[M]. 哈尔滨：东北林业大学出版社.

粟金云，1993. 山地森林采伐学[M]. 北京：中国林业出版社.

王斌斌，2019. 现代木结构建筑定位浅析[EB/OL]. [2019-01-14]. https：//www.sohu.com/a/288930618_714527.

王立海，2001. 木材生产技术与管理[M]. 北京：中国财政经济出版社.

夏景涛，姚贵宝，庞传洪，2001. 伐区剩余物的生产与综合利用[J]. 森林工程(5)：18-20.

萧江华，2010. 中国竹林经营学[M]. 北京：科学出版社.

肖兴威，2007. 森林采伐更新管理[M]. 北京：中国林业出版社.

肖兴威，2007. 森林采伐规划设计[M]. 北京：中国林业出版社.

肖兴威，2007. 森林采伐作业[M]. 北京：中国林业出版社.

谢力生，2010. 木材资源利用与气候变化[J]. 东北林业大学学报，38(9)：116-118.

徐峰，万业靖，2010. 木材检验理论与技术[M]. 北京：化学工业出版社.

徐化成，2004. 森林生态与生态系统经营[M]. 北京：化学工业出版社.

许恒勤，李洋，2010. 木材仓储保管与作业[M]. 北京：中国物资出版社.

亚太林业委员会，2000. 亚太区域森林采伐作业规程[M]. 国家林业局森林资源管理司，译. 北京：中国林业出版社.

易宗文，1995. 森林生态与经营学[M]. 北京：中国林业出版社.

詹正宜，2000. 国有林场木材采集工艺技术研讨[J]. 森林工程(5)：1-5.

张会儒，2007. 基于减少对环境影响的采伐方式的森林采伐作业规程进展[J]. 林业科学研究，20(6)：867-871.

张会儒，唐守正，2008. 森林生态采伐理论[J]. 林业科学，40(10)：127-130.

张建伟，王立海，2012. 小型环境友好集材装备的研究进展[J]. 森林工程，28(4)：31-36.

张久荣，2008. 木材利用与气候变化[J]. 木材工业，22(2)：1-4.

赵尘，2008. 林业工程概论[M]. 北京：中国林业出版社.

赵尘，2018. 森林工程导论[M]. 北京：中国林业出版社.

赵康，2016. 木材生产与森林环境保护[M]. 北京：中国林业出版社.

赵士洞，陈华，1991. 新林业——美国林业一场潜在的革命[J]. 世界林业研究(1)：35-39.

中国林业科学研究院，2009. 防止全球变暖与木材利用[J]. 广西林业(3)：8-10.

中国气象局气候变化中心，2022. 中国气候变化蓝皮书(2022)[M]. 北京：科学出版社.

中华人民共和国国家质量监督检验检疫总局，中国国家标准化管理委员会，2015. 森林抚育规程：GB/T 15781—2015[S]. 北京：中国标准出版社.

周芳纯，1998. 竹林培育学[M]. 北京：中国林业出版社.

DYKSTRA D P，HEINRICH R，2000. 联合国粮农组织标准森林采运方法规范[M]. Rome：Food and Agriculture Organization of the United Nations.